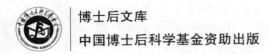

博士后文库

中国博士后科学基金资助出版

辽河流域微污染水源饮用水
净化理论与工程技术

郗玉楠　傅金祥　等　著

U0221375

科学出版社

北　京

内 容 简 介

　　本书针对辽宁省微污染饮用水水源（地表水和地下水）的水质特点和存在问题，从理论和技术两个方面进行了详细的阐述和分析，提出针对不同水源水质的处理集成技术。全书分为三个部分，第一部分主要介绍辽河流域及其水源地概况、水源地水质现状，以及我国饮用水卫生标准现状；第二部分主要针对地表水源大伙房水库的水质特点，阐述不同水处理技术的理论、工艺特点、技术参数；第三部分主要针对微污染地下水的水质特点，阐述不同水处理技术的理论、工艺特点、技术参数以及工程应用等多方面内容。

　　本书所阐述的研究内容可为辽宁省饮用水水质安全保障提供技术支撑，同时也可为全国供水行业的技术发展提供指导和示范，可供饮用水处理领域科研机构、水质检测部门、高校教学、管理部门等相关从业人员使用。

图书在版编目（CIP）数据

辽河流域微污染水源饮用水净化理论与工程技术 / 邰玉楠等著.—北京：科学出版社，2018.2

　　ISBN　978-7-03-056517-4

　　Ⅰ.①辽…　Ⅱ.①邰…　Ⅲ.①辽河流域–微污染–饮用水–供水水源–净化–研究　Ⅳ.①TU991.2

中国版本图书馆 CIP 数据核字（2018）第 024984 号

责任编辑：霍志国　金　蓉 / 责任校对：韩　杨
责任印制：肖　兴 / 封面设计：东方人华

科学出版社 出版

北京东黄城根北街 16 号
邮政编码：100717
http://www.sciencep.com

中国科学院印刷厂 印刷

科学出版社发行　各地新华书店经销

*

2018 年 2 月第　一　版　　开本：720×1000　1/16
2018 年 2 月第一次印刷　　印张：18 3/4
字数：378 000

定价：**128.00 元**
（如有印刷质量问题，我社负责调换）

《博士后文库》编委会名单

主要编著人员

主　编：郜玉楠　傅金祥　赵玉华　唐玉兰
参　编：周历涛　宗子翔　王信之　杨　勇
　　　　武卫斌　和娟娟　张文博　陈　芳
　　　　王　硕　常启雷　茹雅芳　王　静
　　　　梁　庚　白伏伟　张树冬　高国伟

《博士后文库》序言

1985年，在李政道先生的倡议和邓小平同志的亲自关怀下，我国建立了博士后制度，同时设立了博士后科学基金。30多年来，在党和国家的高度重视下，在社会各方面的关心和支持下，博士后制度为我国培养了一大批青年高层次创新人才。在这一过程中，博士后科学基金发挥了不可替代的独特作用。

博士后科学基金是中国特色博士后制度的重要组成部分，专门用于资助博士后研究人员开展创新探索。博士后科学基金的资助，对正处于独立科研生涯起步阶段的博士后研究人员来说，适逢其时，有利于培养他们独立的科研人格、在选题方面的竞争意识以及负责的精神，是他们独立从事科研工作的"第一桶金"。尽管博士后科学基金资助金额不大，但对博士后青年创新人才的培养和激励作用不可估量。四两拨千斤，博士后科学基金有效地推动了博士后研究人员迅速成长为高水平的研究人才，"小基金发挥了大作用"。

在博士后科学基金的资助下，博士后研究人员的优秀学术成果不断涌现。2013年，为提高博士后科学基金的资助效益，中国博士后科学基金会联合科学出版社开展了博士后优秀学术专著出版资助工作，通过专家评审遴选出优秀的博士后学术著作，收入《博士后文库》，由博士后科学基金资助、科学出版社出版。我们希望，借此打造专属于博士后学术创新的旗舰图书品牌，激励博士后研究人员潜心科研，扎实治学，提升博士后优秀学术成果的社会影响力。

2015年，国务院办公厅印发了《关于改革完善博士后制度的意见》（国办发〔2015〕87号），将"实施自然科学、人文社会科学优秀博士后论著出版支持计划"作为"十三五"期间博士后工作的重要内容和提升博士后研究人员培养质量的重要手段，这更加凸显了出版资助工作的意义。我相信，我们提供的这个出版资助平台将对博士后研究人员激发创新智慧、凝聚创新力量发挥独特的作用，促使博士后研究人员的创新成果更好地服务于创新驱动发展战略和创新型国家的建设。

　　祝愿广大博士后研究人员在博士后科学基金的资助下早日成长为栋梁之才，为实现中华民族伟大复兴的中国梦做出更大的贡献。

中国博士后科学基金会理事长

前　　言

辽河流域包括辽河和大辽河水系。辽河的流域面积为 21.9 万 km^2，全长 1390km，西辽河、东辽河、招苏台河、条子河等支流在辽宁省境内汇合形成了辽河，干流主要在辽宁省，从盘锦市入海；辽宁省的饮用水水源主要为地表水，地下水水源主要作为备用水源。大伙房水源设计城市总供水能力为 26.95 亿 m^3/a，由大伙房水库、桓仁水库、浑江桓仁段（西江水电站、凤鸣水电站）和跨流域输水隧洞及苏子河输水河道共同构成。它是辽宁省乃至东北地区最大的饮用水水源，供水规模位居全国第三位。大伙房水源总体水质较好，基本满足《生活饮用水卫生标准》的要求，但总氮、总磷超标，存在富营养化趋势。地下水水源面临着超量开采，铁、锰、氨氮、氟污染严重等问题。目前，还没有针对辽河流域饮用水水源特征所建立的系统处理技术体系，因此，本书作者结合多年来的项目研究成果，围绕辽河流域区域内饮用水水源水质存在的诸多问题，建立了一套完整的供水技术集成体系，为辽河流域饮用水水质安全保障提供了技术指导。

水是生命之源、生产之要、生态之基，是支撑经济、社会发展的重要自然资源。水质污染所引起的生态环境破坏和人体健康的危害，一定程度上制约经济的发展，影响可持续发展的进程。作者基于此编著本书，针对微污染饮用水水源，从理论和处理技术两个方面分别介绍了微污染地表水和地下水的净化理论与工程技术。希望能为辽宁省饮用水事业的发展和供水行业的质量提升做些贡献。

全书分为三大部分共 9 章，第一部分为总述，即为第 1 章；第二部分为大伙房微污染地表水净化理论与工程技术，包含第 2～4 章；第三部分为微污染地下水净化理论与工程技术，包含第 5～9 章。第 1 章"辽河流域饮用水水源现状"主要介绍辽河流域及其水源地概况、水源地水质水量现状、辽宁省地表水水源现状、地下水水源现状及我国饮用水卫生标准现状；第 2 章"微污染地表水超滤膜处理技术"主要介绍超滤膜在国内外的应用现状、混凝-超滤短流程工艺的特性研究和除污染性能分析，以及混凝-沉淀-超滤膜耦合工艺的试验研究；第 3 章"汛期高浊污染微絮凝-超滤深度处理技术"主要介绍微絮凝-超滤深度处理工艺的影响因素、最优组合参数及对高浊水的去除效果分析；第 4 章"微污染地表水超滤膜污染防治技术"主要介绍膜污染的成因、分类、膜清洗技术；第 5 章"微污染含铁锰地下水生物处理技术"主要介绍铁锰的来源与危害、优势菌群的筛选、跌水曝气生物强化过滤技术、最佳曝气量的计算；第 6 章"微污染含铁锰地下水氧化强化吸附处理技术"主要介绍氧化法、吸附法、不同氧化吸附集成工艺处理微污染含铁锰地下水；第 7 章"微污染含铁锰地下水改性沸石处理技术"主要介绍改性沸石的制备、单因素试验、多因素正交试验、改性沸石处理含铁锰地下水性能分析；第 8 章"微污染含氟地下水生物处理技术"主要介绍地下水氟的分布、危害、除氟技术、生物滤层处理铁锰氟的研究及生物除铁锰滤料再利用除氟的研究；第 9 章"微污染地下水水源处理工程应用"主要介绍沈阳水务集团第一水厂中试基地概况、跌水曝气-生物强化过滤工艺中试试验研究、中试工艺技术经济分析及示范工程工艺参数、运行效果。全书围绕辽宁省饮用水的水质特点、检测、分析、处理、应用等方面进行了详尽的分析阐述，可为辽宁省饮用水水质安全保障提供技术支撑。

本书写作分工如下：

第 1 章：郜玉楠、傅金祥

第 2 章：宗子翔、杨勇、梁庚

第 3 章：王信之、周历涛、茹雅芳

第 4 章：梁庚、白伏伟、王静

第 5 章：唐玉兰、武卫斌、和娟娟

第 6 章：郜玉楠、陈芳、张树冬

第 7 章：赵玉华、常启雷

第 8 章：傅金祥、王硕、高国伟

第 9 章：张文博、高国伟、张树冬

在本书编写过程中，引用了大量的国内外文献资料，以及相关专家的论文和专著，在此表示深深的敬意和感谢！

本书内容为国家科技重大专项、国家自然科学基金、辽宁省自然科学基金的研究成果。

本书可供饮用水处理领域科研机构、水质检测部门、高校教学、管理部门等相关从业人员使用。

受学识和水平所限，书中不妥之处在所难免，敬请专家和读者批评指正。

著　者

2017 年 10 月

目　录

第一部分　总　　述

第1章　辽河流域饮用水水源现状

辽河发源于河北省境内七老图山脉的光头山，流经河北省、内蒙古自治区、吉林省、辽宁省，全长 1345km。辽河流域地处中国东北地区西南部，东邻松花江、鸭绿江流域，西邻内蒙古高原，南邻滦河、大凌河流域及渤海，北邻松花江流域，流域总面积 21.9 万 km^2，占全国面积的 2.30%、松辽流域面积的 17.70%。辽河流域多年平均地表水资源量为 137.2 亿 m^3，地下水资源量为 139.57 亿 m^3，水资源总量为 221.9 亿 m^3，占全国水资源总量的 0.78%；水资源可利用总量为 115.04 亿 m^3，水资源可利用率（水资源可利用总量与水资源总量的比值）为 51.8%。其中，地表水资源可利用量为 63.28 亿 m^3，占可利用总量的 55.0%。

1.1　辽河流域饮用水水源地

1.1.1　辽河流域概况

辽河流域包括辽河和大辽河水系。西辽河、东辽河、招苏台河、条子河等支流在辽宁省境内汇合形成了辽河，其干流主要在辽宁省，从盘锦市入海。大辽河全长 97km，是由浑河、太子河汇合形成的，从营口市入海。

辽宁省经济比较发达的工业区、都市区都主要集中在辽河流域。经过 50 多年的建设，辽河流域成为我国重要的装备制造业基地、原材料工业基地、国家级精细化工基地、石化工业基地、催化剂生产基地。2009 年，区域人口达 3300 多万，占全省的 76.4%，平均人口密度 352 人/km²，城区 1240 人/ km²，城市化水平居全国前列。辽宁省辽河流域的国内生产总值达到 5739 亿元，占全省的 62%。

辽河流域水资源贫乏。人均地表水资源量仅为全国的五分之一；地表径流量受季节影响致年内分配不均匀，7 月、8 月最多，占年径流量的 60%，2 月最少，占年径流量的 0.1%。

将辽宁省辽河流域划分为 56 个二级控制单元，开展监控网络的构建研究（表 1-1）。

表 1-1　辽河流域子流域划分

序号	子流域名称	流经市（县）名称
1	辽河干流上游	铁岭：铁岭市区、调兵山市、开原市、铁岭县、西丰县、昌图县
		沈阳：康平县、法库县、新民市
		阜新：彰武县
		鞍山：台安县
2	辽河干流下游	锦州：北镇市、黑山县
		盘锦：盘山县、盘锦市区、大洼县
3	浑河上游	抚顺：清原满族自治县、新宾满族自治县、抚顺县
4	浑河下游	抚顺：抚顺市区
		沈阳：沈阳市区、辽中县
5	太子河流域	本溪：本溪市区、本溪满族自治县
		辽阳：辽阳市区、灯塔市、辽阳县
		鞍山：鞍山市区、海城市
6	大辽河流域	营口：营口市区、大石桥市

1.1.2　辽河流域水源地概况

1.水源地类型分析

辽宁省辽河流域共有水源地 87 个，其中河流型水源地有 6 个、湖库型水源地有 12 个、地下水型水源地有 69 个，各类型水源地数量分布情况见图 1.1。

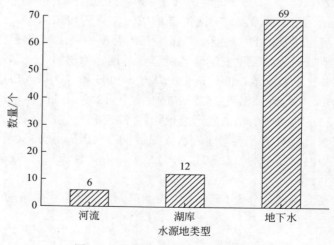

图 1.1　各类型水源地数量分布情况

辽宁省辽河流域共计 87 个城市集中式饮用水水源全部开展了水质监控。87 个水源地的服务总人口为 1475.302 万人，实际总供水量为 136902.558 万 t/a。地下水型水源地的数量、服务人口及实际供水量都在三种类型水源地中所占比例最大，分别为 79.31%、64.84%和 71.93%，河流型和湖库型这两种地表型水源地的数量、服务人口和实际供水量共占辽宁省辽河流域 87 个水源地的百分数分别为 20.69%、35.16%和 28.06%。各类型水源地现状所占百分数见图 1.2。

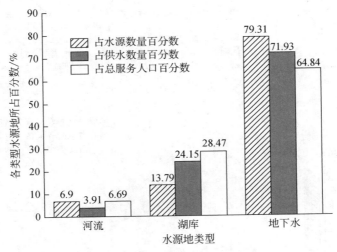

图 1.2　各类型水源地现状所占百分数

2.水源地行政区分析

辽宁省辽河流域 87 个水源地，按照各行政区分布在辽宁省境内辽河流域覆盖的铁岭、沈阳、鞍山等 8 个省辖市和锦州市黑山县等 3 个县（市）。湖库型和河流型水源地主要分布在铁岭市、抚顺市和本溪市。地下水型水源地主要分布在沈阳市、鞍山市、辽阳市、盘锦市和锦州市，营口市和铁岭市也有分布。

综合各类型水源地数量在行政区分布的情况（图 1.3），可知沈阳市水源地数量最多，有 38 个；其次为铁岭市，有 12 个；阜新市最少，为 1 个，沈阳市水源地数量占所有水源地数量的 43.68%。各行政区水源地数量、供水量、服务人口占所有水源的百分数情况见图 1.4。沈阳市水源地的服务人口最多，占总服务人口的 43.45%，其次为辽阳和抚顺，分别占总服务人口的 14.17%和 11.54%。沈阳市的水源地供水量最多，为 79534.4177 万 t/a，占总供水量的 58.10%，超过了总供水量的一半，其次是抚顺市的水源地供水量，占总供水量的 19.45%。

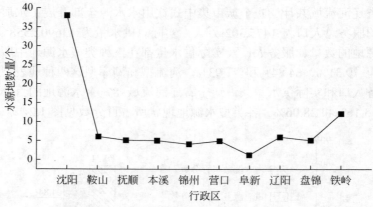

图 1.3　水源地数量在行政区分布情况

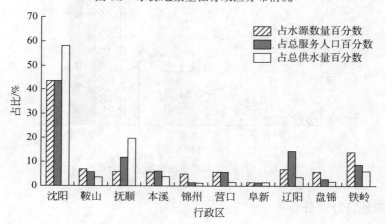

图 1.4　水源地现状在行政区分布情况

3.水源地控制单元分析

辽宁省辽河流域 87 个水源地,按水源地类型分布在 23 个不同的控制单元内。湖库型水源地分布在 10 个不同的控制单元内,地下水水源地主要分布在 17 个不同的控制单元内。

综合各类型水源地在控制单元分布的数量情况(图 1.5),可知控制单元 7 水源地最多,有 24 个,占水源地总数的 27.59%,其次为控制单元 1 和控制单元 36,各有水源地 7 个,占水源地总数的 8.05%。同样控制单元 7 的服务人口最多,为 427.702 万人,占所有水源地服务人口的 28.99%,其次为控制单元 37 和 19,分别占总服务人口的 11.18% 和 9.69%。供水量最多的依然是控制单元 7 的水源地,供水量为 54252.307 万 t/a,占总供水量的 39.63%,其次是控制单元 19,其供水量占总供水量的 18.41%。

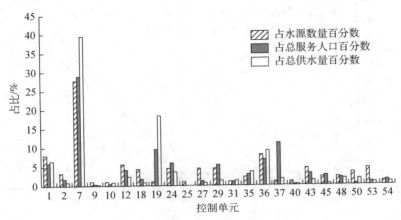

图 1.5 水源地现状在控制单元的分布情况

1.1.3 辽河流域水源地水质水量现状

辽宁省辽河流域不同类型水源地的水质达标情况见表 1-2，全部开展监测的 87 个水源地中 6 个河流型水源地全部达标；12 个湖库型水源地 3 个达标，3 个基本达标，6 个不达标；69 个地下水型水源地中 63 个达标，6 个不达标。河流型水源地达标总供水量百分数、总服务人口的百分数分别为 3.9%、6.7%；湖库型水源地达标（包括基本达标）总供水量百分数、总服务人口的百分数分别为 4.1%、13.6%；地下水水源地达标总供水量百分数、总服务人口的百分数分别为 70.3%、62.1%。不同类型水源地水源个数、水量、服务人口达标所占百分数情况如图 1.6 所示。

表 1-2 辽宁省各类型水源达标具体情况一览表

水源地类型	达标状况	水源地数量/个	总供水量/（万 t/a）	占总供水量百分数/%	服务人口/万人	占总服务人口百分数/%
河流型	达标	6	5356.94	3.9	98.7	6.7
	达标	3	3041.5	2.2	34.22	2.3
湖库型	基本达标	3	2558.92	1.9	167	11.3
	不达标	6	27464.4	20.1	218.74	14.8
地下水型	达标	63	96200.798	70.3	915.842	62.1
	不达标	6	2280	1.7	40.8	2.8
合计		87	136902.558	100.1	1475.302	100

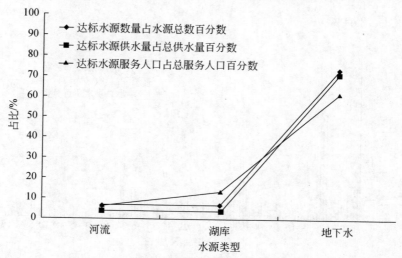

图 1.6　各类型水源地达标情况所占百分数

从供水量上来看，达标供水量（包括基本达标）所占比例为 76.4%，仍有部分供水不达标；从水源地所涉及的服务人口来看，水质达标（包括基本达标）的水源地涉及的服务人口所占比例为 71.1%，还有 17.6% 的居民所在的区域饮用水源水质出现不达标情况。供水量、服务人口达标情况所占百分数情况如图 1.7 和图 1.8。

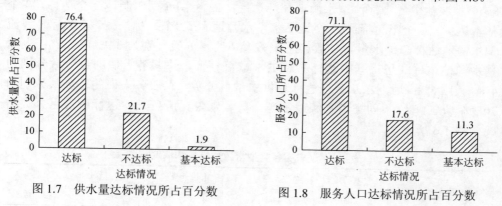

图 1.7　供水量达标情况所占百分数　　　　图 1.8　服务人口达标情况所占百分数

1.2　辽宁省地表水水源

1.2.1　大伙房水源现状

大伙房饮用水水源是全国城市供水重点水源地之一。随着大伙房输水工程的建设与开通，2010 年之后，大伙房水库将作为包括辽阳、鞍山、营口、盘锦、大连在内的辽宁七市生活饮用水水源地（杨勇，2012）。饮用水水源可以概括为"两库两河两流域"。"两库"是指抚顺市的大伙房水库和本溪市的桓仁水库。"两河"是指浑江输水河道和苏子河输水河道。"两流域"是指浑江所在的鸭绿江流域和辽河流域。

大伙房水库输水工程是辽宁省有史以来最大的水资源配置工程。一期工程主体为连续长 85.3km 的输水隧洞，开挖洞径 8m，成洞洞径 7.16m，引水口位于桓仁县凤鸣水电站，出水口位于新宾县木奇镇境内的苏子河。设计引水流量 70m³/s，多年平均调水量 17.86 亿 m³。二期工程是将调入大伙房水库的水通过 260.8km 的隧洞和管道输送到辽宁中部抚顺、沈阳等 6 个城市。二期工程分两步实施，先期建设一步工程，以后根据用水增长情况，再适时建设二步工程。二期一步工程供水规模 11.97 亿 m³，主要项目包括取水首部、29.1km 输水隧洞及连接段、231.7km 输水管道、6 座配水站、1 座加压站和 8 座稳压塔。为解决大连市缺水问题，在二期工程鞍山加压泵站设接口，每年向大连市供水 3 亿 m³。大伙房水库输水一期、二期工程分别于 2003 年 6 月和 2006 年 7 月正式开工建设。整个工程总投资 103 亿元。

大伙房水源设计城市总供水能力为 26.95 亿 m³/a，是辽宁省乃至东北地区最大的饮用水水源，供水规模位居全国第三位。由大伙房水库、桓仁水库、浑江桓仁段（西江水库电站、凤鸣水库电站）和跨流域输水隧洞及苏子河输水河道共同构成。该饮用水水源是在大伙房水库水源基础上，从浑江调水到大伙房水库的"东水西调"工程新建成的跨流域调水饮用水水源。大伙房水源系统构成详见图 1.9。

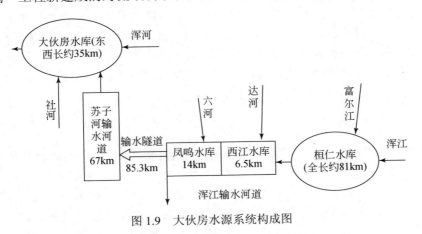

图 1.9　大伙房水源系统构成图

1.2.2　大伙房水源水质特点

1.大伙房水源特点

大伙房水源现为沈阳市供水水源，为抚顺市提供全部城市供水，年供水量为 3.90 亿 m^3；从 1992 年开始，其为沈阳市提供部分城市供水，年供水量为 1.60 亿 m^3。2010 年之后，大伙房水库输水工程建成后，每年将从桓仁水库调水 17.87 亿 m^3 补给大伙房水库，与大伙房水库共同构成大伙房水源。大伙房水库是 21 世纪 30 年代的战略性工程，用于解决辽宁中南部地区 7 座城市的供水。按照全省的水资源规划，到 2030 年输水工程的供水量将占到中部 6 市总供水量的 40%～50%。新增加供水能力 21.45 亿 m^3/a，城市供水能力将由原来的 5.50 亿 m^3/a 增加到 26.95 亿 m^3/a，城市供水服务人口范围将由原来的 400 万增加到 2000 多万。因此，大伙房水库输水工程的建设，事关辽宁老工业基地的振兴、辽宁经济社会的发展，是辽宁中南部的生命线，是名副其实的百年大计。

大伙房水库输水工程建成后，大伙房水源的范围也将由原来抚顺市的大伙房水库扩大到包括本溪市的桓仁水库在内的跨市特大型水源。大伙房水源的汇水流域也将由原来的辽宁省界内的浑河流域扩大到包括发源于吉林省界内浑江流域的跨流域跨省的饮用水水源；所涉及的主要汇水河流由原来的浑河、苏子河、社河又增加了浑江、富尔江、哈达河、六河，共 7 条河流。大伙房水源的流域面积也将由原来的 5437km^2 增加到 16857km^2，其中在辽宁省界内为 8569km^2。

大伙房水源与大伙房水库水源相比具有以下特点。

增加了供水的范围，从原来的只有抚顺和沈阳两个城市变为包括大连和辽宁中部城市在内的 7 个城市；增加了供水量，大伙房水库作为反调节水库，年供水能力将新增加 21.45 亿 m^3；增加了供水服务人口范围，2010 年以后用水人口范围将增加到 2000 万人口，成为辽宁中南部城市群的重要水源；增加了水源的水系，从原来的单一浑河水系变为浑河与浑江两大水系；扩大了水源的涵养范围，从原来的抚顺市扩大到包括本溪市的桓仁县和抚顺市的新宾县、抚顺县和清原县四个县，以及吉林通化和白山的部分地区。

2.大伙房水质特点

2008 年大伙房水库库区各项指标除总氮超地表水 II 类标准外，其他均能达标，富营养指数为 36.4，营养级别为中营养。2010 年对大型水库水质评价显示，大伙房水库水质为劣 V 类，主要污染指标为总氮，营养状态属于中营养，状态指数为 45.6。可见，大伙房水库水质除了总氮之外，总体良好，但是，富营养指数有明显升高的趋势，所以必须从源头加强保护，防治富营养化。

为了使数据更具有针对性，著者搜集了 2000 年至 2012 年 6 月大伙房水库水质资料，总结出原水水质多年来的变化规律及一年中不同季节水质的变化情况。这将对后续试验具有指导性意义，目的是针对不同时期的水质特点，提出行之有效的水处理方案，并确定最佳的工艺参数与工艺条件，为抚顺市所辖水厂的改造、运行管理及应急处理提供技术支持，也可为以大伙房水库为水源及以北方寒冷地区水库为水源的其他净水厂的新建和提标改造提供技术依据。如表 1-3 所示为大伙房水库 2000 年至 2012 年 6 月的水质情况。

表 1-3　大伙房水库水质情况

水质指标	水温 /℃	色度/度	浊度 /NTU	COD_Mn / (mg/L)	亚硝氮 / (mg/L)	氨氮 / (mg/L)	细菌总数 / (CFU/mL)	大肠菌群 / (CFU/mL)
最小值	2	5	0.3	1.6	0	0	5	1
最大值	28	45	240	6.5	0.018	0.16	1200	510
平均值	12.5	13.6	6.4	2.26	0.01	0.032	212	80

　　由表 1-3 可知，温度、色度、浊度、COD_{Mn}、细菌总数和大肠菌群极差较大，尤其是浊度，最大值与最小值相差近千倍。根据地表水环境质量标准（GB 3838—2002）的规定，COD_{Mn} 最大值时满足地表水Ⅳ类水质，氨氮最大值满足地表水Ⅱ类水质，细菌总数和大肠菌群都能满足Ⅰ类水质标准，所以总体来说大伙房水库水质较好。

　　如图 1.10 所示为大伙房水库原水温度的变化情况，可以看出温度呈周期性变化规律，最小值为 2℃，最大值为 28℃，这主要是季节不同所引起的。另外可以看出，每年大约有半年时间水温低于 10℃，水质低温期持续时间较长。

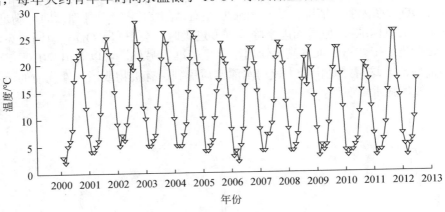

图 1.10　大伙房水库原水温度变化规律

　　如图 1.11 所示为大伙房水库原水浊度变化情况，可以看出浊度大部分时间在 10NTU 以下。2001 年、2005 年和 2010 年在夏季出现了浊度较高的现象，主要是该流域降雨量集中在 7 月、8 月。另外，从曲线的变化规律来看，浊度的升高是突发性的，这主要是上游地带大规模降雨携带大量的泥沙和入库水量急剧增加造成剧烈扰动导致库底沉降物再次上浮于水体中。但是也可以看出这种浊度突发性升高之后的降低是随着时间的变化缓慢降低的，这主要是由于库底沉积物上浮进入水中之后再次沉降比较困难。这种影响持续时间较长，一般会到次年春季，在这一段时期利用传统工艺使水厂出水水质达标比较困难。

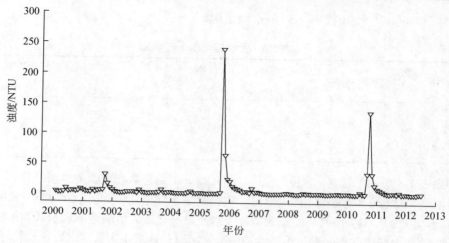

图 1.11　大伙房水库原水浊度变化规律

　　如图 1.12 所示为大伙房水库原水 COD_{Mn} 变化情况，可以看出 COD_{Mn} 与浊度变化相似，2005 年和 2010 年雨季 COD_{Mn} 出现突然增高的现象。从总体变化规律来看，COD_{Mn} 在大多数情况下处于 3mg/L 左右，常规工艺简单处理后即可满足《生活饮用水卫生标准》，但是当雨季降雨强度过大时，会引起 COD_{Mn} 急剧增高，在这个时期传统工艺出水很难满足饮用水卫生标准。另外，可以看出 2010 年之后 COD_{Mn} 较高，这可能是由于大伙房水库水质受到了有机物或还原性物质的污染，因此应该加强水资源保护。

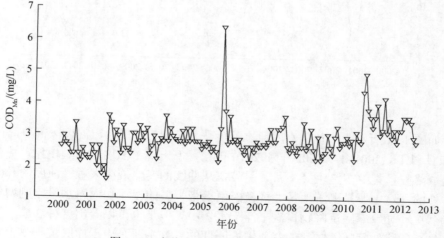

图 1.12　大伙房水库原水 COD_{Mn} 变化规律

　　如图 1.13 所示为大伙房水库原水色度的变化情况，可以看出色度在夏季较高，冬季较低，主要是由于水温高时，水库中大量藻类繁殖，并且死亡后形成大量的腐殖质；另外，雨季雨水的冲刷使大量的泥沙和污染物进入水体，造成色度的升高。但是总体来说，大伙房水库原水色度不高，多年平均值为 13.6，已经能够满足《生活饮用水卫生标准》（GB 5749—2006），利用常规水处理工艺处理后很容易达到标准规定的限值。

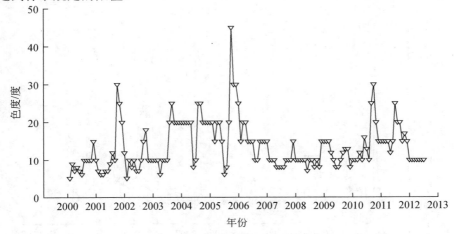

图 1.13　大伙房水库原水色度变化规律

如图 1.14 所示为大伙房水库原水细菌总数的变化情况，可以看出细菌总数在夏季较高，在冬季较低，呈周期性变化规律，这主要是由于夏季温度高，细菌繁殖速度较快；另外夏季雨水量偏大，造成原水浊度的升高，细菌生长附着的载体（颗粒物）数量升高，改善了细菌的生成环境，所以造成了夏季细菌总数的增大。而在冬季由于气温较低，细菌的繁殖速度也减缓，另外降雨量较小，浊度较低，导致细菌总数较小。

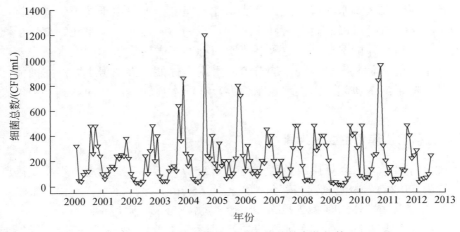

图 1.14　大伙房水库原水细菌总数变化规律

　　如图 1.15 所示为大伙房水库原水氨氮的变化情况，多年观测最大值为 0.16mg/L，而《生活饮用水卫生标准》（GB 5749—2006）规定的限值为 0.5mg/L。可以看出大伙房水库原水氨氮水平较低，水质较好，原水中氨氮的含量并不影响水质的化学安全性。

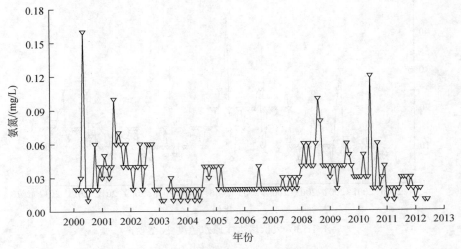

图 1.15　大伙房水库原水氨氮变化规律

1.2.3　大伙房水源存在问题

　　大伙房水源总体水质较好，基本满足生活饮用水水源水质要求，但总氮、总磷超标，存在富营养化趋势；桓仁水库水质总体为III类水质，水质随水流方向逐步好转，在浑江凤鸣水库段已经为II类水质，但部分地段由于受桓仁县直排口的影响，COD、TN、TP 超标；浑江上的支流六河、哈达河、富尔江、红汀子河、北甸子河水质总体情况良好，达到II类水质标准；大伙房水库库区水质中各项监测指标年均值除总氮、总磷外，均符合II类水质标准；大伙房水库入库河流浑河清原段、苏子河水质超过III类地表水标准，社河水质较好，全面达到II类地表水标准。

1.大伙房水库氮主要污染源

　　大伙房水库汇水区氮排放负荷量约为 6255t/a，三条主要河流汇水区氮排放负荷量约为 5807t/a。内源氮网箱养鱼排入量为 55.7t/a，水库底泥、餐饮、旅游氮排入量为 0.12t/a，另外约有 392.22t/a 的氮污染物来自水库附近汇水区。

　　外源氮主要来自入库三条河流流域，即浑河、苏子河和社河流域。近年来，流域内主要使用的化肥是氢氮、硫氨等，而且使用量有逐年增加的趋势。因氮肥的作物吸收率不足 40%，施用的化肥以不同形式进入环境。其中，以渗漏和地表径流形式进入地表水的氮肥约占施用量的 35.4%，大量的营养物质进入水体必然造成环境的恶化。种植业污染源对水库的污染影响，特别是对库区中氮的影响是比较严重的，是水库污染的主要来源。养殖业是氮污染的另一主要来源。各汇水区各行业氮污染排放量见表 1-4。

表 1-4　大伙房水库汇水区各行业氮排放负荷　　　（单位：t/a）

河流	种植业	养殖业	林业	农村	城镇	工业	总计
浑河	1222.35	880.48	487.39	214.99	322.87	60.84	3188.92
苏子河	658.60	778.96	435.72	205.07	155.53	44.18	2278.06
社河	82.78	99.43	116.01	41.64	0.00	0.12	339.98
总计	1963.73	1758.87	1039.12	461.71	478.39	105.14	5806.96
比例	33.70%	30.53%	17.83%	7.92%	8.21%	1.80%	100%

2.大伙房水库磷主要污染源

大伙房水库汇水区磷排放负荷量约为 412.0t/a，三条主要河流汇水区磷排放负荷量约为 380.53t/a。内源磷网箱养鱼排入量为 7.8t/a，水库底泥、餐饮、旅游磷排入量为 0.02t/a，另外约有 23.65t/a 的磷污染物来自水库附近汇水区。外源磷主要来自入库三条河流流域，即浑河、苏子河和社河流域。磷浓度沿河流纵向变化情况表明生活污水是磷污染的主要来源。汇水区各行业磷污染排放量见表 1-5。

表 1-5　大伙房水库汇水区各行业磷排放负荷　　　（单位：t/a）

河流	种植业	养殖业	林业	农村	城镇	工业	总计
浑河	24.43	16.37	40.62	38.46	85.20	7.76	212.84
苏子河	16.20	14.77	36.31	36.69	41.04	1.85	146.86
社河	1.50	2.15	9.67	7.45	0.00	0.00	20.77
总计	42.13	33.29	86.59	82.60	126.24	9.61	380.53
比例	11.09%	8.75%	22.76%	21.71%	33.18%	2.53%	100%

3.大伙房水库 COD 主要污染源

大伙房水库汇水区 COD 排放量约为 8500t/a。COD 污染源主要为南杂木镇、永陵镇、新宾镇、清源镇、后安镇等集中排放的生活污水，及其红透山铜矿等矿业、南杂木镇工业区的化学工业，畜禽养殖和村镇垃圾等农村点源。

1.3　辽宁省地下水水源

1.3.1　地下水水源现状

辽宁省多年平均地下水水资源量 124.68 亿 m^3，其中平原区 63.99 亿 m^3，山丘区 67.42 亿 m^3，平原区与山丘区地下水资源重复计算量 6.73 亿 m^3（李学森，2015）。全省 2014 年浅层地下水供水量 67.2 亿 m^3，深层地下水供水量 0.39 亿 m^3。浅层地下水供水量中，平原区供水 48 亿 m^3，占浅层地下水供水量的 71.4%；山丘区供水 19.2 亿 m^3，占浅层地下水供水量的 28.6%。全省 2014 年浅层地下水实际开采量 67.2 亿 m^3，其中城镇生活用水 8.96 亿 m^3，占总用水量的 13%；农村生活用水 4.76 亿 m^3，占总用水量的 7%；工业用水 11.85 亿 m^3，占总用水量的 18%；农业用水 41.64 亿 m^3，占总用水量的 62%。

为了加快保护地下水资源，辽宁省于 2011 年年初就通过了《辽宁省禁止提取地下水规定》，从三个方面加强对地下水资源的保护：①禁止新的提取地下水工程；②限期关闭已有的地下水工程；③加强地上公共供水管网建设。

2012 年 2 月 1 日，辽宁省政府在网站发布《辽宁省人民政府关于实行最严格水资源管理制度的意见》。根据该意见，辽宁省将不再批准新的地下水开采项目，已有的城镇地下水取水工程除应急备用水源外，将全部限期关闭。

据辽宁省水利厅信息中心提供的资料显示，辽宁现勘明的水资源总量约 360 亿 m^3，其中地下水资源量 124.68 亿 m^3，全省人均水资源占有量仅是全国人均占有量的三分之一。全省地下水年开采量为 67.4 亿 m^3 左右，开采率高达 94.2%，是全国地下水开发程度最高的省份之一，这也导致了一系列生态问题。

辽宁中部地区由于城市集中、人口密集、经济发展较快，污染造成的缺水现象较为突出。中部地区水资源包括地表、地下总量开发利用率已达到约 80%，而在国外，一个区域水资源开发利用率的上限约为 50%。以沈阳市为例，其人均水资源占有量仅是辽宁省平均水平的一半、全国人均占有量水平的六分之一。沈阳城区内地下水资源开发已达到极限，全市地下水漏斗区总面积超过 200km^2。此外，随着工业和生活用水对农业用水的挤占程度不断加大，农业用水供需矛盾日益突出。辽宁省农村经济委员会的统计数据显示，辽宁省农业年平均可利用水为 95 亿 m^3，缺口在 10 亿 m^3 左右，因干旱每年造成全省粮食减产 25 亿～50 亿 kg。

1.3.2　沈阳市地下水水质特点

沈阳市是以地下水源特别是傍河型地下水源为主的城市，最高日供水量 155

万 m^3/d，平均日供水量 132 万 m^3/d，其中地下水部分约为总供水量的三分之二。取水管井一般布设于浑河、辽河沿岸，共计有 443 眼。浑河沿岸分布的水源有：李巴彦、张官、铁匠、夹河、竞赛、南塔、砂山、李官堡、郎家、翟家等，开采能力 90 万 m^3/d；辽河沿岸分布的水源有：石佛、尹家、黄家、依牛堡四个，开采能力 25 万 m^3/d。

沈阳市于近年开展了大规模的集中式饮用水源水源井水质现状调查评价工作。调查结果显示，全市水源井原水水质状况令人堪忧，除了有由于地质结构造成的铁、锰超标现象外，还存在严重的环境问题造成的"三氮"和总大肠菌群污染问题。按国家《地下水环境质量标准》（GB/T 14848—1993）评价，全市锰超标井数为 254 眼，超标率为 57.3%，最大值超标 88.2 倍；全市铁超标井数为 79 眼，超标率 17.8%，最大值超标 14.6 倍；氨氮超标井数 97 眼，超标率 21.9%；亚硝酸盐氮超标井数 17 眼，超标率 3.8%；硝酸盐氮超标井数 6 眼，超标率 1.4%。同时，以李官堡水源为代表的一些地下水源还受到了有机污染，有机污染物主要有两种：第一类为天然有机物，第二类为人工合成的有机物，其中多数属于稳定性的不易生物降解的有机物。这些有机物种类繁多、性质复杂，但浓度比较低（极少超标）。通过对沈阳市两大地下水源水 GC/MS 初步检测，分别检出 96 种和 93 种有机物，主要为酚类（9 种）、多环芳烃（荧蒽、萘、芘、菲、芴、苊）、有机氧化物、有机氯化物、土臭素、DBP 的前驱物（烷类、酚类）和酯类。

目前沈阳市地下水水源主要问题是锰、铁、氨氮和臭味超标，同时存在有机污染。一般情况下臭味为 3 级，氨氮的浓度为 2～4mg/L，超标 4～8 倍；另外表现出低铁高锰的特殊现象：单井锰的浓度可达 5～6mg/L，超标 50～60 倍，铁的浓度为 0.3～1.0mg/L。

沈阳市地下水污染问题比较突出且有一定的代表性，其中铁、锰、氨氮含量高问题突出，造成氯耗量大，消毒副产物也极易超标，安全隐患严重。李官卜水源更是被罕见的称为微污染地下水（张杰等，2005），因此急需开发污染控制与深度净化技术。

1.铁、锰的来源及危害

地下水在地层流动过程中，常将土壤、岩石中的三价铁还原为二价铁而溶于水中，然后与水中 CO_2 反应生成碳酸亚铁，再进一步生成碳酸氢亚铁。碳酸氢亚铁的溶解度很大，所以地下水中往往有 Fe^{2+} 存在（张杰和戴镇生，1997）。另外，有些有机酸能溶解岩层中的二价铁，有些有机物质能将岩层中的三价铁还原为二价铁而使之溶于水中。

锰通常含于变质岩和沉积岩中，与铁有着相似的化学性质。锰在沉积环境的溶解、氧化和沉淀等过程都受控于氧化还原作用。溶解的 Mn^{2+} 具有较大的稳定场，在地表淡水的 pH 下，除了强氧化条件以外，锰一般是可溶的。在中等还原条件下，溶解锰的稳定场比溶解铁的稳定场大得多，由于许多沉积物在它们与水的分解面以下几厘米内就都变为还原性的，所以，Mn^{2+}能够活化并进入孔隙水中，而铁却仍以氧化物或氢氧化物形式存在。在 Eh 值比较低及含硫量比较高的条件下，铁可以固定成为硫化物，而溶解的 Mn^{2+} 向上扩散，或者由于底部水中含有氧而在分界面沉淀。一般而言，当 Eh 值比较小时，锰与铁不同，其性状主要受碳酸盐矿物的制约（张吉库等，2003）。

铁、锰都是构成生物体的基本元素，是高等动物不可缺少的十种微量元素之一，但是铁、锰过量也会给人们的生活和生产带来很多不便和危害。

（1）铁、锰被氧化后会增加地下水的浊度和色度，使水呈微红色或棕黑色。

（2）铁、锰的过多存在使水中有金属异味。

（3）铁、锰在配水管网中沉积，会减小管道通径，最终堵塞管道（Sharma, et al.，2001；Tekerlekopoulo et al.，2007）。在干管中的沉积物由于流速加大而重新浮起，使水浊度升高，因此需定期清洗管道。

（4）从饮用角度来说，水中含有过量的铁锰会导致慢性中毒或引发一些地方病，过多的锰也会影响人的中枢神经系统。

（5）对于工业用水，过多的锰含量会使产品的质量下降，造成很大的经济损失。

水中过多的铁锰含量影响饮用水的饮水卫生和安全，因此，世界各国生活饮用水标准铁都为 0.3mg/L；我国锰的标准为 0.1mg/L，其他国家更严格的有 0.05mg/L，有的国家在 0.03mg/L 以下。

2.氨氮的来源及危害

氮污染质的主要来源有以下几方面。

（1）农业活动（人畜粪便、化肥、农药的施用和污水灌溉等）。

（2）城市工业和生活"三废"的随意排放使这些含氮物质经过土壤和包气带入渗到地下水体中，其间由于物理、化学和生物作用使其表现出不同的形式，概括起来主要以无机态氮的形式存在，即 NH_4^+-N、NO_2^--N 和 NO_3^--N。

（3）沉积地质层中地质成因的氮也可称为地下水中氮污染源（沈照理等，1999）。

地下水中溶解氮主要以 NO_3^--N、NO_2^--N、NH_4^+-N 三种无机态氮的形式存在，三氮在一定条件下发生相互转化。NO_3^-代表了氧化条件的产物，而 NH_4^+代表还原状态，NO_2^-属中间状态，各种形态的氮在微生物催化作用下发生的硝化作用、反硝化作用和硝酸盐还原作用，可以形成各种产物。当氧缺乏时，在细菌作用下所发生的硝酸盐还原，NO_3^-被还原为 NH_4^+。

水中氨氮以铵根（NH_4^+）和非离子氨（NH_3）两种形式存在，以铵根为主。目前还没有关于饮用水中氨氮危害人体健康的报道。但是由于存在氨的硝化过程，自来水中含高浓度的氨氮可能产生大量亚硝酸和硝酸。硝酸盐和亚硝酸盐浓度高的饮用水可能对人体造成两种健康危害，即诱发高铁血红症和产生致癌的亚硝胺（叶辉和许建华，2000）。硝酸盐在胃肠道细菌作用下，可还原为亚硝酸盐，亚硝酸盐可与血红蛋白结合形成高铁血红蛋白、造成缺氧。此外，亚硝酸盐还可以与仲胺等形成亚硝胺，后者与食道癌的发病有关。由于这两种对人体的健康危害都是亚硝酸造成的，而水中的亚硝酸盐性质不稳定，易在微生物或氧化剂的作用下转化为硝酸盐和氨氮，因此我国颁布的《生活饮用水卫生标准》（GB 5749—2006）中仅做了硝酸盐浓度限值的规定，浓度限制为 10mg/L，受地下水源限制时为 20mg/L；规定氨氮的浓度上限为 0.5mg/L。

1.3.3　地下水水源存在问题

　　地下水作为重要的供水水源，在保证居民生活用水、社会经济发展和维持生态环境平衡等方面起着重要的作用，是水系统良性循环的重要保障。地下水污染所引起的生态环境破坏和对人体健康的危害，一定程度上制约经济的发展，影响可持续发展的进程。日益突出的生态退化和地下水环境污染，成为社会经济可持续发展的重大挑战，成为制约社会发展、经济繁荣、人民健康方面的重大资源与环境问题。

　　辽宁省地下水源多处受到污染，饮用水安全存在隐患，城镇排污和农村面源污染是其主要成因。全省生活用水量的 65.6% 来自地下水源，其中 97.7% 来自极易受到污染的浅层地下水。城镇集中饮用地下水源主要集中于辽河流域的沈阳、辽阳、铁岭、盘锦及辽西诸河流域的锦州等城市。由于地下水源均为沿河设置，依靠河流进行补给，受河流水质的影响，部分地下水源已受到严重污染。污染主要是来自河流的 NH_3、油、臭腥味，絮状沉淀物及源自地质构造的铁、锰等。农村地下水受污染的形势十分严峻，辽宁省农村生活用水的 89.7% 取自地下水。部分农村地下水源受到河流、工业排污和农村面源污染。如受条子河、招苏台河入境河水影响的昌图县，受小清河影响的开原市及受铁岭南排污口影响的铁岭南部地区，共有 37 个乡镇 146 个村 9 万人口，由于地下水源受到污染，水质发腥、发臭，漂浮油花，已不能饮用。

1.地下水超采严重

　　辽宁省浅层地下水超采区面积为 3221.6km^2，深层承压水超采区面积为 5870.1km^2，浅层与深层超采区垂向上重合部分的面积为 227.5km^2，扣除重合部分后，全省超采区总面积为 8864.2km^2。辽宁省地下水超采引发的环境地质问题主要是海水入侵及地下水水质恶化，由于地下水超采造成的海水入侵面积 966.8km^2，造成水质恶化的超采区面积 38.4km^2。

2.地下水水质污染严重

目前地下水监测站点覆盖率低，全省仅 99 个站点。2014 年，全省共监测地下水 99 个站点，水质达标［Ⅲ类水质（含Ⅲ类）以上］占 22.2%，不达标水质占 77.8%。主要超标项目为总硬度、硝酸盐氮、铁、氨氮、溶解性总固体、亚硝酸盐氮、高锰酸盐指数、氯化物。比 2013 年（Ⅲ类水质以上占 16.8%）水质状况略好。地下水水质变化趋势分析采用沈阳市、葫芦岛市、鞍山市、锦州市、营口市、阜新市、辽阳市、铁岭市和朝阳市 9 座城市的 69 个常规地下水水质监测站近 30 天的监测数据。现有的大多数观测井或多或少都受到点源或者面源的影响，主要表现为很多地下水井中超标项目为氨氮、硝酸盐氮，说明受污染的状况较为严重。

1.4　我国饮用水卫生标准现状

1.4.1　我国饮用水卫生标准发展历程

我国制定的饮用水水质标准，是随着社会的发展和科学技术的进步而不断演进的，现行的饮用水水质标准是由卫生部、国家标准化管理委员会于 2006 年 12月 29 日批准发布了《生活饮用水卫生标准》（GB 5749—2006）（以下简称新《标准》）强制性国家标准和 13 项生活饮用水卫生检验方法国家标准（崔玉川等，2006）。新《标准》是 1985 年首次发布后的第一次修订，自 2007 年 7 月 1 日起实施。原计划于 2012 年 7 月 1 日起全面执行，但根据目前我国各省非常规指标实施情况通报，要完全达到新标准的规定难度较大。卫生部原部长陈竺在 2012 年 6月 29 日针对国务院关于保障饮用水安全报告的专题询问中表示，计划到 2015 年各省（区、市）和省会城市 106 项指标要实行全覆盖。我国主要标准的严格程度是不断增加的，如图 1.16 所示。

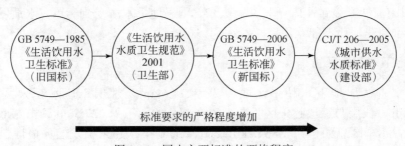

图 1.16　国内主要标准的严格程度

我国不同时期的饮用水水质标准和规定的实施时间、发布部门、标准名称、级别、指标项目总数详细信息如表 1-6 所示。各标准所规定的指标类型及项数如表 1-7 所示。我国新《标准》与现行常用饮用水水质标准之间的关系如图 1.17 所示。

表 1-6 我国不同时期的"饮用水水质标准"和规定

实施时间	发布部门	标准名称（文号）	级别	指标项目总数/项
1928 年 10 月	上海市	上海市饮用水清洁标准	地方	
1937 年	北平自来水公司	水质标准表	企业	11
1950 年	上海市	上海市自来水质标准	地方	16
1955 年 5 月	卫生部	自来水水质暂行标准	部标	15
1956 年 12 月	国家建设委员会、卫生部	饮用水水质标准	国标	15
1959 年 11 月	建筑工程部、卫生部	生活饮用水卫生规程	国标	17
1976 年 12 月	国家建设委员会、卫生部	生活饮用水卫生标准（TJ 20—1976）（试行）	国标	23
1986 年 10 月	卫生部	生活饮用水卫生标准（GB 5749—1985）	国标	35
1989 年 7 月 10 日	国家环保局、卫生部、建设部、水利部、地质矿产部	饮用水水源保护区污染防治管理规定		27 条
1991 年 5 月 3 日	全国爱国卫生运动委员会、卫生部	农村实施《生活饮用水卫生标准》准则	国标	21
1992 年 11 月	建设部	2000 年水质目标		89（一类水司），51（二类水司），35（三、四类水司）
1996 年 7 月	建设部、卫生部	生活饮用水卫生监督管理办法		31 条
1999 年 2 月	国家质量技术监督局、建设部	城市给水工程规划规范（GB 50282—1998）"生活饮用水水质标准"		89（一级）51（二级）
1995 年 5 月	建设部	城市供水水质管理规定		28 条
2000 年 3 月	建设部	饮用净水水质标准（CJ 94—1999）	行标	39
2001 年 9 月	卫生部	生活饮用水水质卫生规范	部标	96
2005 年 6 月	建设部	城市供水水质标准（CJ/T 206—2005）	部标	101
2005 年 10 月	建设部	饮用净水水质标准（CJ 94—2005）	行标	39
2007 年 7 月	卫生部、国家标准化委员会	生活饮用水卫生标准（GB 5749—2006）	国标	106

表 1-7　我国饮用水水质标准的修订

项目	1950 年	1955 年	1956 年	1976 年	1985 年	2006 年
感官及化学指标	11	9	11	12	15	20
毒理学指标	2	4	4	8	15	78
细菌学指标	3	3	3	3	3	6
放射性指标	—	—	—	—	2	2
指标总数	16	16	18	23	35	106

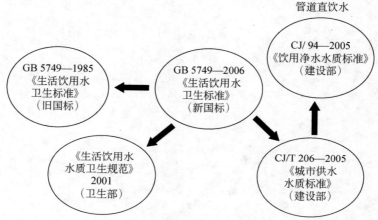

图 1.17　新《标准》与现行常用的饮用水标准之间的相关图

　　上海是我国最早制定地方性饮用水标准的城市之一，《上海市饮用水清洁标准》于 1928 年 10 月修订公布。1950 年上海市人民政府颁布了《上海市自来水水质标准》，共有 16 项指标。新中国成立后我国最早的一部管理生活饮用水的技术法规是由卫生部于 1954 年拟定的，有 16 项指标，于 1955 年 5 月开始在北京、天津、上海等十二个大城市试行。1976 年由国家卫生部组织制定，经国家基本建设委员会和卫生部联合批准的我国第一个国家饮用水标准，共有 23 项指标，定名为《生活饮用水卫生标准》（TJ 20－1976）（但德忠和陈维果，2008）。1985 年卫生部对《生活饮用水卫生标准》进行了修订，指标增加至 35 项，编号改为 GB 5749－1985，于 1986 年 10 月起在全国实施。新《标准》于 2007 年 7 月 1 日起实施，其中新《标准》"表 3 水质非常规指标及限值"所规定指标的实施项目和日期由各省级人民政府根据实际情况确定。
　　从表 1-6、表 1-7 来看，尽管我国饮用水水质标准的发展速度比较缓慢，但是总的发展趋势是令人乐观的，一方面，指标的数量随着时间不断增加，表明我国的监测技术是在不断进步的；另一方面，饮用水标准的重点已经从简单污染物的控制转向一些复杂有机污染物、消毒副产物和某些致病微生物的控制。所有这些变化都显示了我国在饮用水标准方面所取得的进步。

1.4.2　我国饮用水卫生标准主要特点

我国《生活饮用水卫生标准》（GB 5749—2006）结合我国国情与实际情况而制定，体现国际先进水平的要求，也具有可操作性。此次标准的修订，在我国城市供水水质现状和多年积累资料的基础上，吸取了国外水质标准的先进性和科学性，比较符合我国目前的发展需要，在整体指标结构和数量方面，已经基本接近世界先进水平（张宁吓，2010）。新《标准》具有以下特点。

更加重视微生物的风险，新《标准》的修订对微生物提出更高的要求，以平衡饮水风险。

检测项目更加全面，注重操作性，与城建标准相比，检测项目比较齐全。

新《标准》考虑到我国的实际国情，不是一味地追求多指标，低限值，相对而言城建标准部分指标的限值要求高于新《标准》，某些微量有机物的指标限值更接近发达国家标准。

指标分类较合理，将消毒剂指标从微生物类指标中分离出来，将各项农药类指标作为非常规指标，便于各地根据本地的实际情况进行选择监测和控制。

尽可能与国际先进国家或组织同类的标准接轨，加强了对消毒剂副产物和农药类有毒有害有机物的研究。

采用循序渐进的实施方法，留给供水企业一定的适应时间，使供水企业能够完成人员素质提高、管网更新、引进先进监测技术等要求。

我国饮用水水质标准在实施过程中，注重水源及出厂水的水质，积极参考国外发达国家的经验，尽可能与国际先进国家或同类组织的标准接轨，逐步完善，指标分类详细化，易化标准实施过程，采用循序渐进的实施方法。新《标准》实施过程中，在水厂改造更新、管网改造、检测体系的完善、处理技术检测技术及相应的设备仪器的引进等方面缺乏重视，标准实施出现滞后，尤其缺乏管网末梢水的管理，如采样点的选取及标准实施，导致饮用水二次污染严重。关于水领域的法律较多，存在互相矛盾的现象，不具有系统性，而且缺乏针对饮用水保护和标准实施的法律，不利于保障饮用水水质标准实施。

1.4.3　我国生活饮用水卫生标准指标评述

《生活饮用水卫生标准》（GB 5749—2006）是保障饮用水水质安全的强制性国家标准，自 1985 年后首次修订发布，新《标准》中规定指标由原标准的 35 项增至 106 项，其中包括 42 项常规指标和 64 项非常规指标。

1.化学指标

化学物质可以分为无机污染物和有机污染物。无机污染物包括水中含有的汞、铬、铅等重金属和砷化物、氰化物、亚硝酸盐等无机物。有机污染物包括水中含有的农药、除草剂、合成洗涤剂、有机溶剂等有机物（朱莹和陈听，2008；陈林等，2008；华佳和张林生，2009；金银龙等，2007）。

1）感官性状和一般化学指标

当水显得肮脏，有颜色或者是有令人不快的臭和味的时候，消费者自然会心存疑虑，水的感官方面如果不能被消费者接受，那么它将要丧失消费者的信任，导致投诉。此外，不良的感官性状和一般化学指标在某种程度上反映水的受污染程度。我国《生活饮用水卫生标准》将感官性状和一般化学指标作为强制执行指标进行对待。

（1）色度：标准中规定的限值是 15 度，饮用水的色度主要来源于土壤中存在的腐殖质成分，常使水呈黄色，铁化合物使水呈淡绿蓝色，高铁化合物使水呈黄色。水的色度不能直接与健康影响联系，世界卫生组织（World Health Organization，WHO）及美国饮用水水质标准中没有关于色度基于健康的限值。

（2）浊度：标准中规定的限值是 1NTU，水源与净化技术条件受限制时为3NTU，饮用水浊度主要来源于土壤冲刷。浊度是衡量水浑浊程度的尺度，它通常用于指示水质和过滤效果的好坏（如是否有致病微生物的存在）。高浊度通常与致病微生物（病毒、寄生虫、一些细菌）相关联，这些微生物会导致呕吐、腹泻、腹部绞痛等症状，所以美国饮用水水质标准把浊度列入微生物学指标。

（3）臭和味：标准规定饮用水不得有异臭和异味。臭和味可能来自天然无机物和有机化学污染物，以及生物来源或过程（如藻类繁殖产生的腥味），也可能来自合成化学物质的污染，或来自腐蚀及水处理的结果（如氯化），臭和味也可能在储存和配送的过程中因微生物活动而产生。饮用水的臭和味不能直接导致人体健康受到影响，但是可以作为指示饮用水水质不安全的信号。

（4）肉眼可见物：标准规定饮用水中无肉眼可见物，肉眼可见物是指人的眼睛直接能观察到的杂物。这些肉眼可见物来源于悬浮在水中的杂质、漂浮物、动物体（如红虫）、油膜、乳光物等，使饮用者产生厌恶感或疑虑。

（5）pH：标准规定饮用水的 pH 范围应不小于 6.5，且不大于 8.5，水在处理净化的过程中投加的混凝剂和石灰等，可使水的 pH 下降或升高。pH 在 6.5～8.5并不影响人的生活饮用和健康，世界卫生组织没有提出有关 pH 的限值。

（6）铝：标准参照了世界卫生组织《饮用水水质准则》，将饮用水中铝的限值修订为 0.2mg/L。饮用水中的铝主要来源于饮用水的净化过程中广泛使用铝化合物的混凝剂。毒理学和流行病学无法确定铝是否为导致老年痴呆的病因，因此不能从健康影响的角度推导铝的限值。

（7）铁：标准规定的限值是 0.3mg/L。铁在天然水中普遍存在，厌氧状态地下水中的铁以二价的形式存在而不带颜色，当接触空气时亚铁将被氧化为高铁。铁是人体所需的营养素，世界卫生组织没有提出铁的健康限值，美国水质标准将铁划归到二级饮用水安全法规，过高的铁浓度会使衣服、器具染色，形成令人反感的沉淀和异味。

（8）锰：标准规定的限值是 0.1mg/L。水中的锰来自自然环境和工业废水污染。供水中锰的浓度超过规定限值时会使饮用水有不好的味道，锰的毒性较小，由锰导致的饮用水中毒事件较罕见。

（9）铜：标准规定的限值是 1.0mg/L。饮用水中的铜来自于铜管的腐蚀作用，水与铜管的接触时间不同会导致水中铜的浓度有较大差别。铜的毒性低，但是过高的铜则可引起恶心、腹痛，长期摄入可引起肝硬化。

（10）锌：标准规定的限值是 1.0mg/L。天然水中锌的含量极少，主要来自于工矿废水和镀锌金属管道。锌是人体必需的营养元素，锌的毒性很低，但是摄入过多时则可刺激胃肠道，引起恶心。

（11）氯化物：标准中规定的限值是 250mg/L。饮用水中的氯可与钠、钾、钙结合，饮用水中的氯化物含量过高时可使水产生咸味。

（12）硫酸盐：标准中规定的限值是 250mg/L。硫酸盐常存在于饮用水中，其主要来源是地层矿物质的硫酸盐，多以硫酸钙、硫酸镁的形态存在；石膏、其他硫酸盐沉积物的溶解；海水入侵，亚硫酸盐和硫代硫酸盐等在充分曝气的地面水中氧化，以及生活污水、化肥、含硫地热水、矿山废水、制革、纸张制造中使用硫酸盐或硫酸的工业废水等都可以使饮用水中硫酸盐含量增高。在大量摄入硫酸盐后出现的最主要生理反应是腹泻、脱水和胃肠道紊乱。

（13）溶解性固体：标准规定的限值是 1000mg/L。水中溶解性总固体包括无机物，主要成分为钙、镁、钠的重碳酸盐，氯化物和硫酸盐。

（14）总硬度：与多数国家的标准取值一致，标准规定的限值是 450mg/L（以$CaCO_3$计）。当水流过土地和岩石时，它会溶解少量的矿物质成分，钙和镁就是其中最常见的两种成分，也就是它们会使水质变硬，水中含钙、镁等矿物质成分越多，水的硬度越大。人体对水的硬度具有一定的适应性，对于高硬度水，可引起人类胃肠功能的暂时性紊乱，但在短周期内能适应。

（15）耗氧量：标准中规定耗氧量的一个经验数值是 3mg/L。耗氧量是指在规定的氧化剂和氧化条件下的可氧化物质总量，包括有机物和无机物含量。饮用水的耗氧量与肝癌、胃癌、消化道癌有一定的关系。

（16）挥发酚类：标准规定限值是 0.002mg/L，水中含酚物质主要来源于苯酚、甲苯酚、苯二酚和工业废水污染等，特别是炼焦和石油工业废水，其中苯酚为主要成分。酚类化合物的毒性低，可导致饮用水有异味。

（17）阴离子合成洗涤剂：标准规定限值是 0.3mg/L，饮用水中的合成洗涤剂浓度不允许达到会产生泡沫或有味道的程度，阴离子合成洗涤剂一般不表现毒性作用。

（18）氨氮：标准规定的限值是 0.5mg/L，饮用水中氨氮来源于未经处理直接进入河流的工业废水（如羊毛加工、制革、印染、食品加工等）和生活污水，面源性的农业污染源（肥料、农业和动物粪便等），以及未经过二级处理或处理水平不高的污水处理厂的出水和各种浸滤液。氨氮包括游离氨态氮 NH_3-N 和铵态氮 NH_4^+-N。饮用水中的氨氮与健康没有直接的关系，但当饮用水中的氨氮超标，可能导致管网末梢水的亚硝酸盐和臭味出现异常，从而使管网中硝酸盐和亚硝酸盐的含量超标。当饮用水中硝态氮（NO_3^--N）含量高于 10mg/L 时就会使红细胞不能带氧而导致婴儿窒息死亡，另外，硝酸盐和亚硝酸盐转化为亚硝胺后会产生"致癌、致畸、致突变"的"三致物质"。

（19）硫化物：标准规定的限值是 0.02mg/L，饮用水中的硫化物来源于大气中硫化氢溶解及化工企业排放的废水，使水中带有强烈的"腐蛋"臭。

（20）钠：标准规定的限值是 200mg/L，饮用水中的钠来源于水软化剂，钠是人体健康必需的营养元素，摄入过量的氯化钠会导致急性中毒，甚至死亡。急性中毒症状包括恶心、呕吐、颤栗、肌肉抽搐和僵化及脑和肺水肿，严重时会引起充血性心衰。

2）消毒剂

（1）液氯及游离氯制剂：标准规定接触时间不应小于 30min，出厂水限值是 4mg/L，出厂水的余氯量不小于 0.3mg/L，管网末梢水中余量不小于 0.05mg/L。

（2）一氯胺：标准规定接触时间不小于 120min，出厂水中限值是 3mg/L，出厂水中余量是 0.5mg/L，管网末梢水中余量是 0.05mg/L。其主要来源于控制水中微生物的添加剂。

（3）臭氧：标准规定接触时间不小于 12min，出厂水中的限值是 0.3mg/L，管网末梢水中余量是 0.02mg/L，如果是加氯余量应小于 0.05mg/L。臭氧属于有害气体，具有毒性和腐蚀性，当饮用水中达到一定浓度时对眼、鼻、喉有刺激感，也会出现头疼及呼吸器官的局部麻痹等症状。

（4）二氧化氯：标准规定接触时间不小于 30min，出厂水限值是 0.8mg/L，出厂水的余氯量不小于 0.1mg/L，管网末梢水中的余氯量不小于 0.02mg/L。二氧化氯来源于控制微生物的添加剂，达到一定浓度时导致人体贫血，影响婴儿和幼儿的神经系统。主要的消毒剂和副产物如表 1-8 所示。

表 1-8　主要消毒剂和副产物（IPS，2000）

消毒剂	有机卤素产物	无机化合物	非卤素产物
氯/次氯酸	THM、卤代乙酸类、卤代乙腈类、水合氯醛类、氯化苦、氯化酚类、N-氯胺类、卤代呋喃酮类、溴醇类	氯酸盐	醛类、氰烷酸、饱和脂肪酸、苯、羧酸类

续表

消毒剂	有机卤素产物	无机化合物	非卤素产物
二氧化氯	—	亚氯酸盐、氯酸盐	—
氯胺	卤代乙腈类、氯化氰、有机氯胺类、氯氨基酸、水合氯醛、卤代酮类	硝酸盐、亚硝酸盐、肼	醛类、酮类
臭氧	溴仿、一氯乙酸、二溴乙酸、二溴丙酮、溴化氰	氯酸盐、碘酸盐、溴酸盐、过氧化氢、次溴酸、环氧化物、臭氧化物	醛类、酮酸类、酮类、羧酸类

2.微生物指标

标准规定的常规与非常规微生物指标共有 6 项。

（1）总大肠菌群：总大肠菌群主要包括 4 个菌属，埃希氏菌属、柠檬酸菌属、克雷伯菌属、肠杆菌属，标准规定饮用水中均不得检出。大肠杆菌自然存在于外界环境中，粪大肠杆菌和埃希氏大肠杆菌来源于人类和动物的粪便。粪大肠杆菌和埃希氏大肠杆菌的存在能指示水体受到人类和动物粪便的污染，从饮用水中摄入这些致病菌（病原体）可引起腹泻、痉挛、呕吐、头痛和其他症状。这些病原体特别对婴儿、儿童和免疫系统有障碍患者的身体健康造成威胁。

（2）耐热大肠菌群（粪大肠菌群）：标准规定每 100mL 水中不得检出耐热大肠菌群。耐热大肠菌群主要来源于人和动物粪便，是水质受到粪便污染的重要指示指标。人体从饮用水中摄入这些致病菌（病原体）易导致腹泻、痉挛、呕吐、头痛和其他症状。

（3）埃希氏大肠杆菌：标准中限值不得检出，它是粪便污染最有意义的指示指标。能指示水体受到人类和动物粪便的污染，从饮用水中摄入后这些致病菌（病原体）易导致腹泻、痉挛、呕吐、头痛和其他症状。

（4）细菌总数：标准中规定限值为每毫升水样不超过 100CFU，可作为评价水质清洁程度和考核净化效果的指标，需要结合总大肠菌群数来判断水质污染的来源和安全程度。

（5）贾第鞭毛虫：标准规定的限值是小于 1 个/10L。其来源于人类和动物的粪便，人体从水中摄入后可导致肠胃疾病，如痢疾、呕吐及腹部绞痛。

（6）隐孢子虫：标准规定的限值是小于 1 个/10L。隐孢子虫几乎是所有水中寄生原生动物中最有可能经饮用水传播的，饮用水中隐孢子虫主要来源于人类和动物的粪便。人体从水中摄入后通常伴随着腹泻，有时虽然感染但可能没有症状。胃肠道的症状是呕吐、厌食、胃胀，也有可能伴随着流感型疾病。

3.毒理学指标

1）无机物

（1）砷：标准中规定限值是 0.01mg/L，砷在地壳中广泛存在，多数以硫化砷和金属砷酸盐或砷化物形式存在，主要来源于天然矿物溶蚀、水中玻璃或电子制造工业废水。从水中摄入后会伤害皮肤、影响血液循环、致癌等。

（2）镉：标准中规定限值是 0.005mg/L，环境中的镉来源于化肥使用过程中污染物的扩散、污水及当地空气污染。饮用水镉污染主要分为两类，一是配水系统中的污染，二是饮用水水源的污染。配水系统中的镀锌管道、含有镉焊料的水龙头、水加热器、水冷却器都可能造成饮用水的镉污染。饮用水水源的污染可由以下几个途径造成：含镉废水未经处理违法排放；含镉废弃物不合理处置和堆放造成的镉泄漏；镉污染严重的地区，由雨水溶解和冲刷造成的水源污染；由环境改变或其他污染物的排放，河流或湖泊底泥中镉的释放。从饮用水中摄入镉后对人体的肾脏、呼吸系统、生殖系统、骨骼具有很强的毒害作用。慢性镉中毒主要是长期饮用受到镉污染的水或食用镉造成的。慢性中毒以肺气肿、肾功能损害（蛋白尿）为主要表现，其次还可引起缺铁性贫血，牙齿颈部黄斑，嗅觉丧失和鼻黏膜溃疡或萎缩等。慢性镉中毒还可能出现骨软化病，表现为背和四肢疼痛，行走困难和自发性骨折。肾功能损害的典型表现为近段肾小管功能障碍，也伴有肾小球损伤，造成高蛋白尿。中毒晚期，由于肾结构发生损伤可导致慢性间质性肾炎。

（3）铬（六价）：标准中规定限值是 0.05mg/L。铬主要来源于钢铁厂、金属加工厂、塑料厂、化肥排放厂。因为六价铬的毒性比三价铬的毒性大，所以必须考虑与人接触的主要形式，从水中摄入后导致过敏性皮炎，据研究发现吸食过量的六价铬与肺癌有一定的关系。

（4）铅：标准中规定限值是 0.01mg/L，天然水中的铅含量很少，自来水中的铅主要来源于含铅的家庭管道，即从水管、焊料、配件或用户连接设施，也来源于天然矿物溶蚀。婴儿和儿童从水中摄入铅后影响身体和智力的发育，成年人从水中摄入铅后将导致肾脏问题和高血压。

（5）汞：标准中规定限值是 0.001mg/L，饮用水中的汞主要来源于天然矿物溶蚀、炼油厂和工厂排出的污水，垃圾填埋厂或耕地流出的渗滤液。人体从饮用水中摄入后主要危害肾脏。

（6）硒：标准中规定限值是 0.01mg/L，饮用水中的硒主要来源于炼油厂排放的污水，天然矿物溶蚀，矿厂排放的污水。硒是人体必需的营养元素，但摄入过量将导致硒中毒。从饮用水中摄入过量硒将导致食欲不振、四肢无力、头皮瘙痒、癫痫、斑齿、毛发和指甲脱落。

（7）氰化物：标准中规定限值是 0.05mg/L，饮用水中的氰化物主要来源于炼钢厂、金属加工厂、塑料厂及化肥厂排放的污水。氰化物有剧毒，从饮用水中摄入后导致人体神经系统损伤、甲状腺功能障碍。

（8）氟化物：标准中规定限值是 1.0mg/L，饮用水中的氟化物主要来源于天然矿物溶蚀，化肥厂及铝厂排放的污水。氟在自然界中广泛存在，适量的氟对人体有益，但是摄入过量易导致骨骼疾病疼痛脆弱，导致儿童患齿斑病，当人体摄入大量氟化物后将导致急性中毒，其症状包括恶心、呕吐、痉挛及心率失常。急性氟中毒导致死亡通常是由于心脏或呼吸系统功能衰竭引起的，一次性摄入 2.5～5g 的氟可致人死亡。长期慢性中毒表现为氟骨病、氟斑牙等。

（9）硝酸盐（以 N 计）：标准中规定地下水源中硝酸盐的限值是 20mg/L，饮用水中的硝酸盐主要来源于化肥溢出，化粪池或污水渗漏，天然矿物溶蚀。硝酸盐和亚硝酸盐在自然界普遍存在，是氮循环的组成部分。硝酸盐主要用于无机肥料，亚硝酸盐主要用于食物防腐剂，特别用于烟熏肉类。缺氧的条件下硝酸盐转化为亚硝酸盐。饮用水中硝酸盐浓度过高，会诱发水体产生亚硝胺类的致癌物质，易导致新生儿患高铁血红蛋白症（又称"蓝婴综合征"）。

（10）锑：标准规定的限值是 0.005mg/L，饮用水中的锑主要来源于炼油厂、阻燃剂、电子、陶器、焊料工业中排出的污水。从饮用水中摄入过量的锑可导致人体血液胆固醇增加，血液中葡萄糖的含量减少。

（11）钡：标准规定的限值是 0.7mg/L，饮用水中的钡来源于天然矿物溶蚀、钻井及金属冶炼厂排放的污水。从饮用水中摄入过量后可导致血压的升高。

（12）铍：标准规定的限值是 0.002mg/L，饮用水中的铍来源于金属冶炼厂、焦化厂、电子、航空、国防工业排放的污水。摄入过量对肠道有损害。

（13）硼：标准规定的限值是 0.5mg/L，地下水中普遍存在硼，地表水中的硼通常来源于经处理的排放污水。硼是人体所需的微量元素，但是摄入过量的硼将导致人体慢性中毒，肝、肾脏受到损害，脑和肺出现水肿。

（14）钼：标准规定的限值是 0.07mg/L，水中钼来源于特种钢和颜料、润滑剂的添加剂。钼是人体的微量元素，摄入过量将导致生长发育迟缓、体重下降、毛发脱落、动脉硬化、结缔组织变性及皮肤病。

（15）镍：标准规定的限值是 0.02mg/L，水中的镍来源于含镍的地下水流过的水源，或来自某种盛水容器，易受侵蚀材料的水井，镀镍或铬的水龙头。摄入过量将导致过敏性接触性皮炎。

（16）银：标准规定的限值是 0.05mg/L，饮用水中的银来源于银消毒处理、载银活性炭。摄入过量银将导致人体患银沉着病，进入组织中的银会使皮肤和毛发脱色。

（17）铊：标准规定的限值是 0.0001mg/L，水源中的铊主要来源于矿石、天然沉积物、含铊的合金超导材料、电子设备。铊对人体的短期影响是肠胃刺激和神经系统损伤；长期的健康影响是改变血液的化学组成，损伤肝、胃、肠和睾丸组织及使毛发脱落。

（18）氯化氰：标准规定的限值是 0.07mg/L，水源中的氯化氰主要是氯胺或氯气消毒的副产物之一，吸入氯化氰会刺激呼吸道、导致气管和支气管的血液渗出及肺水肿。

（19）溴酸盐：标准参考了世界卫生组织 2004 年修订的溴酸盐限值（0.01mg/L），一般情况下饮用水中不得含有溴酸盐，原水中含有的溴化物经过臭氧消毒之后会生成溴酸盐，饮用水用次氯酸盐消毒时也会产生溴酸盐。摄入过量可致癌。

（20）亚氯酸盐：标准中参考了世界卫生组织 2004 年修订的亚氯酸盐限值（0.7mg/L），饮用水中的亚氯酸盐是二氧化氯消毒的副产物，摄入过量导致儿童患贫血症，对于婴儿、儿童、孕妇则可导致神经系统损伤。

（21）氯酸盐：标准中参考了世界卫生组织 2004 年修订的亚氯酸盐限值（0.7mg/L），氯酸钠是生成二氧化氯的原料，采用氯酸钠作为原料产生二氧化氯时，如果反应不完全或转化率不高时，氯酸钠将会进入饮用水中。

2）有机物

（1）一溴二氯甲烷：标准规定的限值是 0.1mg/L，其来源于氯消毒过程中产生的副产物，摄入过量会导致肝功能受损，可致癌。

（2）二氯一溴甲烷：标准规定的限值是 0.06mg/L，其来源于农药及氯消毒过程中产生的副产物。摄入过量导致肝功能受损，可致癌。

（3）二氯乙酸：标准规定的限值是 0.05mg/L，其来源于氯消毒副产物、有机物合成的中间体、农药等，摄入过量可致癌。

（4）1，2-二氯乙烷：标准规定的限值是 30μg/L，其来源于乙烯和其他化学物的中间体及溶剂。摄入过量导致中枢神经系统损害，对肝脏、胃肠道、呼吸系统、肾脏、心血管系统也有影响，可能致癌。

（5）二氯甲烷：标准规定的限值是 20μg/L，其来源于油漆、杀虫剂、脱脂剂、清洁剂等其他产品的化工和制药厂排放的污水。导致肝功能受损，可致癌。

（6）三卤甲烷（三氯甲烷、一氯二溴甲烷、二氯一溴甲烷、三溴甲烷的总和）：标准规定三卤甲烷中各种化合物的实测浓度与其各自限值的比值之和不超过 1。三卤甲烷主要来源于消毒副产物，导致肝脏、肾、中枢神经系统受损，可致癌。

（7）1，1，1-三氯乙烷：标准规定的限值是 2mg/L，其来源于金属处置场地或其他工厂排放的污水。摄入过量导致肝、神经系统、血液循环系统功能受损。

（8）三氯乙酸：标准规定的限值是 0.1mg/L，其来源于农药和氯消毒过程中的副产物。摄入过量导致中枢神经系统受损。

（9）三氯乙醛：标准中规定的限值是 0.01mg/L，其来源于有机物的前体物质和氯消毒过程中的副产物，摄入过量对皮肤和黏膜有强烈的刺激作用。

（10）2，4，6-三氯酚：标准规定的限值是 0.2mg/L，其来源于杀菌剂、胶水、木材防腐剂、抗霉菌剂工厂流出的污水。摄入过量导致肝、肾功能受损，可致癌。

（11）三溴甲烷：标准规定的限值是 0.1mg/L，其来源于化工和制药厂排放的污水。摄入过量导致肝脏损害，还可引起恶心、呕吐、昏迷、抽搐。

（12）七氯：标准规定的限值是 0.0004mg/L，其来源于防治玉米根部虫类、线虫的杀虫剂。摄入过量可导致肝损伤和中枢神经系统损伤。

（13）马拉硫磷：标准规定的限值是 0.25mg/L，其来源于有机磷杀虫剂的残留，该污染物是一种环境激素，摄入过量将危害人体正常激素分泌。

（14）五氯酚：标准规定的限值是 0.009mg/L，其来源于木材防腐工厂排出的污水，摄入过量导致肝肾功能受损，可致癌。

（15）六六六：标准规定的限值是 5μg/L，其来源于禁用有机氯农药的残留，摄入过量可致癌。

（16）六氯苯：标准规定的限值是 1μg/L，其来源于冶金厂、农药厂排放的污水，摄入过量导致肝肾功能受损，可致癌。

（17）乐果：标准规定的限值是 0.08mg/L，其来源于农业有机磷农药、各种昆虫及家蝇杀虫剂的残留，摄入过量导致头痛、头昏、全身不适、恶心呕吐、呼吸障碍、心搏骤停、休克昏迷、痉挛、激动、烦燥不安、疼痛、肺水肿、脑水肿等。

（18）对硫磷：标准规定的限值是 0.003mg/L，其来源于农业广谱杀虫剂、熏蒸剂、杀螨剂的残留，摄入过量将抑制胆碱酯酶活性，造成神经生理功能紊乱。

（19）灭草松：标准规定的限值是 0.3mg/L，其来源于农作物的广谱除草剂，摄入过量后导致肠胃功能受损，同时对呼吸道具有刺激作用。

（20）甲基对硫磷：标准规定的限值是 0.02mg/L，其来源于一种杀虫剂和杀螨剂的残留，摄入过量可导致神经过度兴奋、肌无力综合征、迟发育周围神经病，胆固醇活性降低。

（21）百菌清：标准规定的限值是 0.01mg/L，其来源于杀菌剂的残留。百菌清对人的皮肤和眼睛有刺激作用，少数人有过敏反应，一般引起轻度接触性皮炎。接触眼睛会立即感到疼痛并发红。过敏反应症状表现为支气管刺激、皮疹、眼结膜和眼睑水肿、发炎等。

（22）呋喃丹：标准规定的限值是 0.007mg/L，其来源于稻子及苜蓿的熏蒸剂的淋浴，摄入过量导致血液及神经系统功能受损，再生繁殖障碍。

（23）林丹：标准规定的限值是 0.03mg/L，其来源于水果、蔬菜、苜蓿、家禽杀虫剂，摄入过量导致肝、肾功能受损。

（24）毒死蜱：标准规定的限值是 0.03mg/L，其来源于有机磷杀虫剂的残留，摄入过量将抑制胆碱酯酶活性，导致头痛、头晕、恶心、呕吐、瞳孔变小，甚至出现水肿。

（25）草甘膦：标准规定的限值是 0.7mg/L，其来源于抗莠剂的流出，摄入过量导致胃功能受损，再生繁殖障碍。

（26）敌敌畏：标准规定的限值是 0.001mg/L，其来源于防治卫生害虫、农林、园艺害虫、粮食害虫及家畜害虫的农药流出或溶出，摄入过量对健康的危害与白血病的患病有关，可能致癌。

（27）莠去津：标准规定的限值是 0.002mg/L，其来源于除莠剂的流出，人体摄入后的中毒症状表现为腹痛、腹泻、呕吐及皮肤出现皮疹、眼睛和鼻腔黏膜的不适。

（28）溴氰菊酯：标准规定的限值是 0.02mg/L，饮用水中该污染物的主要来源是棉花、果树、茶叶、蔬菜，还可以防治家畜体外寄生虫，控制卫生害虫和仓库害虫杀虫剂的溶出，还有工业废水的排放。人体摄入后，当引起急性中毒时，表现为头痛、头晕、恶心、呕吐等，重者是颤动毁容抽搐症状。

（29）2，4-滴：标准规定的限值是 0.03mg/L，饮用水中的来源是庄稼除莠剂的流出，摄入后导致肾、肝、肾上腺功能受损。

（30）滴滴涕：标准规定的限值是 1μg/L，饮用水中的来源是农业杀虫剂的残留，摄入后导致头痛、头晕、肢体抽搐等症状，对人体的神经系统有刺激作用。

（31）乙苯：标准规定的限值是 0.3mg/L，饮用水中该污染物来源于炼油厂的排放，摄入后导致肝、肾功能受损。

（32）二甲苯：标准规定的限值是 0.5mg/L，饮用水中该污染物的来源是石油、化工企业的排放，摄入后导致人的神经系统受损。

（33）1，1-二氯乙烯：标准规定的限值是 0.03mg/L，饮用水中该污染物的来源主要是化工厂的排放，从饮水中摄入后导致肾、肝损伤。

（34）1，2-二氯乙烯：标准规定的限值是 0.05mg/L，饮用水中该污染物的来源是化工厂的排放，从饮水中摄入后导致肝功能受损。

（35）1，2-二氯苯：标准规定的限值是 1mg/L，饮水中该污染物的主要来源是化工厂的排放，如除臭剂、化学燃料、杀虫剂，从饮水中摄入后导致肝、肾或循环系统功能受损。

（36）1，4 二氯苯：标准规定的限值是 0.3mg/L，饮用水中该污染物的来源是化工厂的排放，如除臭剂、化学燃料、杀虫剂，从饮水中摄入后对健康的危害是引起贫血症，导致肝、肾或脾受损，血液变化。

（37）三氯乙烯：标准规定的限值是 0.07mg/L，饮用水中该污染物的来源是干洗衣服、去除金属配件的油污，以及脂肪、蜡、树脂、油、橡胶、油漆和涂料溶剂的工厂排出，从饮水中摄入后导致肝肾功能受损，可致癌。

（38）三氯苯（总量）：标准规定的限值是 0.02mg/L，饮用水中该污染物的来源是溶剂、冷却剂、润滑剂和传热介质企业的排出，以及染料、杀白蚁剂和杀虫剂的残留，从饮水中摄入后导致肝肾损伤，肾上腺变化。

（39）六氯丁二烯：标准规定的限值是 0.0006mg/L，饮用水中该污染物的来源是橡胶厂及润滑剂、杀虫剂、葡萄园熏蒸剂的残留或溶出物，从饮水中摄入后危害中枢神经，对肝、肾也有损伤作用，有致癌可能性。

（40）丙烯酰胺：标准规定的限值是 0.0005mg/L，饮用水中该污染物来源于污泥或废水处理的过程，从饮水中摄入后导致神经系统及血液疾病，可致癌。

（41）四氯乙烯：标准规定的限值是 0.04mg/L，饮用水中该污染物来源于聚氯乙烯（PVC）管道溶出，工厂及干洗厂排放的污水，从饮水中摄入后导致肝功能受损，可致癌。

（42）甲苯：标准规定的限值是 0.7mg/L，饮用水中该污染物来源于炼油厂排放的污水及生产苯、酚和其他有机溶剂工厂排放的污水，从饮水中摄入后导致神经系统、肝、肾功能受损。

（43）邻苯二甲酸二（2-乙基己基）酯：标准规定的限值是 0.008mg/L，饮用水中该污染物来源于橡胶厂和化工厂排放的污水，从饮水中摄入后导致再生繁殖障碍，肝功能受损，可致癌。

（44）环氧氯丙烷：标准规定的限值是 0.0004mg/L，饮用水中该污染物来源于制造甘油、未改性环氧树脂和水处理树脂化工厂排放的污水，从饮水中摄入后导致局部炎症、中枢神经系统受损。

（45）苯：标准规定的限值是 0.01mg/L，饮用水中该污染物的来源是工业废水、空气中的苯及含苯汽油颗粒，从饮水中摄入后对健康的危害是引起贫血症、血小板减少，中枢神经系统功能受损，可致癌。

（46）苯乙烯：标准规定的限值是 0.02mg/L，饮用水中该污染物来源于塑料、树脂、绝缘材料化工厂排放的污水，从饮水中摄入后导致肝、肾、血液循环系统功能受损。

（47）苯并芘：标准规定的限值是 0.00001mg/L，饮用水中该污染物来源于焦化、炼油，沥青、塑料等工业污水的排放，从饮水中摄入后对健康的危害是可致癌，致畸。

（48）氯乙烯：标准规定的限值是 0.005mg/L，饮用水中该污染物来源于 PVC 管道的溶出，塑料厂排放的污水，从饮水中摄入后对健康的危害是可致癌。

（49）氯苯：标准规定的限值是 0.3mg/L，饮用水中该污染物来源于化工及农药厂排放的污水，从饮水中摄入后导致肝肾功能受损。

（50）微囊藻毒素-LR：标准规定的限值是 0.001mg/L，当浮颤藻和鱼腥藻的蓝细菌细胞破裂时，大量的微囊藻毒素进入水体，从饮水中摄入后会导致肝、肾、脏功能损伤。

（51）三氯甲烷：标准中规定限值是 0.06mg/L，饮用水中三氯甲烷的形成在很大程度上取决于消毒剂氯和在水源中存在的前体（腐殖质），当水源中含腐殖质浓度低或经处理去除后再消毒就不会产生高浓度的三氯甲烷。人体接触三氯甲烷的途径可能是通过喝水，也可以在淋浴时经呼吸吸入，还可能通过皮肤吸收。世界卫生组织《饮用水水质准则》（第三版）资料介绍，三氯甲烷对人体具有致癌性，对动物有致癌遗传性。

（52）四氯化碳：标准中规定限值是 0.002mg/L，饮用水中的四氯化碳主要来源于化工厂和其他企业排放的污水，当人体从饮用水中摄入后导致肝脏受损，并有致癌风险。

（53）甲醛：标准中规定限值是 0.9mg/L，水中的甲醛主要来源于排放的工业废水，饮用水中的甲醛主要是水中天然有机物在用臭氧或氯化消毒过程中产生的。

4.放射性指标

（1）总 α 放射性：标准将总 α 放射性修订为 0.5Bq/L。饮用水中的总 α 放射性主要来源于天然矿物的侵蚀，同时人类活动可能使环境中的天然和人工辐射水平有所增加，特别是核能的发展和同位素新技术的应用，可能产生放射性物质污染环境。对人体健康风险的危害是可致癌。

（2）总 β 放射性：标准将总 β 放射性修订为 1Bq/L。饮用水中的来源主要是天然和人造矿物的衰变。对人体健康风险的危害是可致癌。

1.4.4 我国饮用水净水可行技术数据库

建立饮用水中污染物净水可行技术数据库，包含净化技术对目标污染物的去除率、污染物的进水浓度与出水浓度、原水水质类别、实验/试验规模、停留时间、水质条件 pH/T、总费用，并标明文献的具体来源。饮用水中污染物净水可行技术数据库的建立方便全国各地供水行业进行技术交流；有利于及时有效地应对应急突发事件；有利于水厂的工艺改进，各水厂可以根据各地区水源的水质特点，查阅净水可行技术数据库，对传统工艺进行升级，以保障饮用水水质安全，为新《标准》的全面实施提供技术支持。

1.化学指标的净水可行技术

1）一般化学性金属类

（1）污染物特性介绍。铁、锰是代表性的金属元素，是地壳的主要构成成分，在自然界分布广泛。地下水流经这些地层时会与之发生复杂的物理、化学及生物反应，从而使地下水溶解了不同浓度的 Fe^{2+}、Mn^{2+}，这是由原生的地质环境所形成的，因此，地下水中的铁、锰污染一般称为原生污染。我国年供水量中地下水约占 1/3，是工业生产的可靠水源，更是人们首选的优质饮用水水源。但是我国有 18 个省市的地下水中含有过量的铁和锰，占地下水总储量的 20%以上，遍及东南、华南、中南、西南、东北、华东，其中比较集中于松花江流域和长江中下游地区。此外，黄河流域、珠江流域等部分地区也有含铁、锰地下水，且多分布在这些水系的干流、支流的河漫滩地区。铁锰污染破坏了地下水水质，易产生异味、色度，危害人类身体健康，影响工农业生产。

（2）安全保障技术数据库建立。我国对地下水除铁锰技术的研究较早，地下水除铁方法主要有加碱调 pH、强氧化剂氧化法、离子交换法、臭氧氧化法、磁分离法等；地下水除锰方法主要有自然氧化法、接触氧化法和生物氧化法，除此之外，氯氧化法、臭氧氧化法、高锰酸钾氧化法及离子交换法等除锰方法效果虽好，但工艺流程复杂、成本高、调试运行难度大，有些方法（如生物法）处理后有细菌生长的危险，处理过程会产生大量的污泥，在我国大中型地下水厂中应用很少，缺乏实用性和经济性。一般化学性金属类指标净化技术信息如表 1-9 所示。

表 1-9　一般化学性金属类指标净化技术信息表

污染物	去除率/%	进水浓度/（mg/L）	出水浓度/（mg/L）	原水类别	规模	处理技术	反应时间/min	水质条件 pH（或 T）	参考文献
铁	>98	0.52～1.10	<0.03	GW	B	活性炭	30	6.8～7.9	Fang et al.，（2000，2006）
锰	>96	0.35～0.86	<0.01						
锰	81	5.5		GW	B	高铁酸盐	20	20	Mihee and Myoung（2010）
铁	99～100	2～20		GW	B	碳酸氢钾	1～2h	6.8～7.7	Shreemoyee et al.，（2011）
锰	83	1		GW	B	臭氧氧化		20 9～10	Araby et al.，（2009）
铁	96	2.6							
铁	>99	15	0.13	GW	P	锰砂铁滤料两级滤池	滤速为 2m/h		Harma（2007）
锰	96.7	1.5	0.05						
铁	94.8～95.1	5.72～6.17	0	SW	F	悬浮填料生物接触氧化+聚合氯化铝/聚丙烯酰胺+臭氧生物活性炭			方磊等（2011）
锰	100	0.69～1.39	0						
铁	>80	1.47	<0.3	LGW	P	陶粒曝气生物滤池	滤速 3m/h		唐玉兰等（2011）
锰	>97	2.77	<0.1						
铁	99.9	15	0.05	GW	P	无烟煤锰砂滤池			曾辉平等（2010）
锰	87	1.5	0.2						

注：GW：Ground Water，地下水；SW：Surface Water，地表水；LGW：Lab Ground Water，实验模拟地下水；B：小试试验；P：中试试验；F：生产试验

（3）饮用水净水可行技术评选。地下水除铁、锰工艺流程的选择及构筑物的组成，应根据原水水质、处理后水质要求、除铁，除锰试验或参照水质相似的水厂运行经验，通过技术经济对比得出：①地下水除铁宜采用接触氧化法，工艺流程为：原水曝气—接触氧化过滤。②地下水同时含铁、锰时，其工艺流程应根据下列条件确定：

当原水含铁量低于 6.0mg/L、含锰量低于 1.5mg/L 时，可采用原水曝气—单级过滤。

当原水铁含量或含锰量超过上述数值时，通过试验确定，必要时可采用原水曝气—一级过滤—二级过滤。

当除铁受硅酸盐影响时，应通过试验确定，必要时可采用原水—一级过滤—曝气—二级过滤。

根据一般化学性金属类污染物安全保障技术信息分析，得出一般性化学金属类可行技术以供参考，如表 1-10 所示。具体工程选取技术时还应考虑原水水质、处理后水质要求、经济可行性及以往经验选取最终可行净化技术。

表 1-10　一般性化学金属类指标净化可行技术评选参考表

污染物	可行技术
铁	AR
锰	O/F

2）氨氮无机盐类

（1）污染物特性介绍。水中氮化合物有多种存在形态：有机氮、氨态氮（简称氨氮）、亚硝酸盐氮（亚硝态氮，NO_2^--N）、硝酸盐氮（硝态氮，NO_3^--N）等。天然状态下，地下水中的 NO_3^--N 较少，通常含量低于 Cl^-、HCO_3^-、SO_4^{2-}，但在人为影响下，NH_3-N 及 NO_3^--N 由于各种原因不断增高，导致地下水的污染。世界上有许多国家因施用大量氮肥而出现了 NO_3^--N 的污染，据报道，NO_3^--N 已经成为美国地下水第一大污染物，美国许多地区的地下水均受到不同程度的硝态氮污染，其很多地区地下水中的 NO_3^--N 含量以每年 0.8mg/L 的速度增长；美国堪萨斯州大学曾调查显示（Ware，1989），堪萨斯州有 24%的私人井水和 28%的农用井水 NO_3^--N 含量超过 10mg/L。近年来我国硝态氮污染地下水的问题也越来越严重（陈建耀等，2006），农用氮肥的使用面积非常广，化学氮肥的施用数量也在不断增加，有些地方已明显地出现了 NO_3^--N 的升高，各类工业废水中氨氮排放通常是地下水中 NH_3-N、NO_3^--N 污染的主要污染源，地下水氮污染形式主要是硝酸盐氮的污染，它是国内外最普遍、污染面积最大的地下水污染。饮用硝态氮含量过高的水，可直接引起婴儿高铁血红蛋白症，还可能导致消化系统的癌症（刘晓晨和孙占祥，2008）。

（2）安全保障技术数据库建立。随着氨氮允许排放标准的日趋严格，对氨氮处理工艺提出了更高的要求，含氨氮水质的处理已引起了广泛的重视，其研究范围涉及生物、化学、物理等各方面，新技术、新工艺不断出现。目前，氨氮废水处理方法分为三大类：第一类是物化脱氮法，包括折点氯化法、化学沉淀法、离子交换法等；第二类是生物脱氮法；第三类是高级氧化法，如光催化氧化法、电化学氧化法等。根据国内外相关文献的查阅分析氨氮无机盐类指标净化技术信息如表 1-11 所示。

表 1-11　氨氮无机盐类指标净化技术信息

污染物	去除率/%	进水浓度/(mg/L)	出水浓度/(mg/L)	原水类别	规模	处理技术	反应时间/min	水质条件 pH，T	参考文献
氨氮	95	1.49～3.01	0～0.34	SW	B	悬浮填料生物接触氧化+聚合氯化铝/聚丙烯酰胺+臭氧生物活性炭			方磊等（2011）
氨氮	69	1.61	<0.5	LW	B	陶粒曝气生物滤池	滤速 3m/h		唐玉兰等（2011）
氨氮	83	1.2	0.2	SW	P	无烟煤锰砂两级滤池			曾辉平等（2010）
氨氮	>83～90	3.0～5.0	<0.5	LW	B	改性沸石	15	>10℃	李海鹏等（2009）；刘通等（2011）；梁晓芳（2009）
氨氮	80	0.65～1.25		SW	B	臭氧氧化/生物沸石	15	18℃	郑思鑫（2010）
硝酸盐	98.8	32.09～52.28	<10	SW	B	生物膜反应器		7.7、(25.6±2.4)℃	陆彩霞和顾平（2010）
硝酸盐	99.6	50	<0.2	SW	B	固定床生物反应器	30		Giridhar 等（2010）

SW：Surface water 地表水；LW：Lab water 实验室配水；B：小试试验；P：中试试验

（3）净水可行技术评选。关于氨氮无机盐类指标的去除方法较多，参考 WHO、USEPA 的污染物可行处理技术，结合我国水源水中此类污染物的污染状况，当该类污染物污染状况适中时，可行净化技术选用如图 1.18 所示流程图；当水源水中氨氮浓度较高时，可选用图 1.19 所示的可行净化技术流程图。氨氮无机盐类指标可行净化技术参考表如表 1-12 所示。

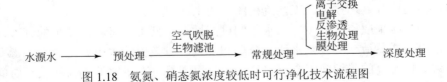

图 1.18　氨氮、硝态氮浓度较低时可行净化技术流程图

水源水 → 生物接触氧化 → 高密度沉淀池 → 臭氧接触池 → 生物活性炭 —微絮凝→ 砂滤池 —加氯→ 出水

图 1.19　氨氮浓度较高时可行净化技术流程图

表 1-12　氨氮无机盐类指标净化可行技术评选参考表

污染物	可行技术
氨氮	PAT、F、BCO
NO_2^--N	EPA：IX、RO、CL
NO_3^--N	EPA：RO、IX
	WHO：BT、MT、IX

2.微生物指标的净化可行技术

1）微囊藻毒素类

（1）污染物基本特性。微囊藻毒素 microcystin（MC）是由蓝藻水华，如固氮的鱼腥藻（*Anabaena*）、束丝藻（*Aphanizomenon*）、拟柱胞藻（*Clindrospermopsis*）、胶刺藻（*Gloeotrichia*）和节球藻（*Nodularia*），非固氮的微囊藻（*Microcystis*）、颤藻（*Oscillatoria*）和鞘丝藻（*Lyngbya*）等暴发所产生的一种七肽单环肝毒素，结构中存在环状结构和间隔双键，因此具有相当的稳定性。它能够强烈抑制蛋白磷酸酶的活性，当细胞破裂或衰老时毒素释放进入水中，同时它还是强烈的肝脏肿瘤促进剂。

（2）安全保障可行技术数据库建立。随着我国工农业的快速发展，大量含氮含磷的工业废水、生活污水及农业面源污水排入江河湖海，导致环境水体富营养化严重。2013 年《中国环境状况公报》指出，我国 26 个国控重点湖泊（水库）中，太湖、巢湖和滇池因富营养化均为劣Ⅴ类水质，长江、黄河中下游多数水库及湖泊水体均检测出微囊藻毒素。日益严峻的环境水体有机与氮磷污染、富营养化与藻毒素污染等问题，已直接影响到城镇饮用水安全和人类健康。环境水体富营养化与藻毒素污染是目前日益严重的世界性环境问题，世界卫生组织制定的《饮用水水质准则》和我国实施的新《标准》将 MC-LR 列入饮用水评价指标，设定标准限值为 1.0μg/L。各国积极开展了有关藻毒素生物降解的研究，微囊藻毒素类指标净化技术信息如表 1-13 所示。

（3）净水可行技术评选。根据对文献资料的评价研究，并结合工程实际应用情况的研究结果表明，采用高锰酸钾与 PAC 联用的强化常规处理工艺，可作为微囊藻毒素的可行处理技术，工艺流程图如图 1.20 所示。

另外，应采取措施减少生成水华的可能性，包括集水区和水源水的管理，如减少营养物质负荷或交换蓄水池的分层和混合。有效去除水中游离微囊藻毒素及大多数其他游离的蓝细菌毒素，包括采用臭氧或氯气在足够的剂量和接触时间下进行氧化，以及使用颗粒活性炭和粉末活性炭。微囊藻毒素类指标可行净化技术如表 1-14 所示。

表 1-13　微囊藻毒素类指标净化技术信息表

污染物	去除率/%	进水浓度	出水浓度	原水类别	规模	处理技术	停留时间/min	水质条件 pH, T	参考文献
	95		$0.02 \sim 0.035$ ug/L	GW	F	慢滤池+氯消毒		9, 11℃	Rapala 等（2006）
	100	0.01 μg/L	0.00 ug/L	GW	P	颗粒活性炭		9, 12℃	Hsu 等（2001）
	98			MW	P	膜过滤技术/超滤		9, 12℃	Jia 等（2003）
微囊藻毒素	>99	9.4mg/L	ND	GW	B	纳滤			Gijsbertsen 等（2006）
	>99			MW	B	臭氧氧化		7, 20℃	Renneker 等（2000）
	95	7.1 μg/L		GW	B	高锰酸钾氧化	90	7, 20℃	Rodriguez 等（2007）
	96		0.2μg/L			高锰酸钾与粉末活性炭联用		7.9, 25℃	郑全兴（2010）

注：GW：Ground Water，地下水；MW：Modified Water，Described in the Comments Field，特定水质（在文献中详细说明）；B：小试试验；P：中试试验；F：生产试验

水源水 ⟶ 高锰酸钾+PAC ⟶ 常规处理工艺 ⟶ 深度处理

强化常规处理工艺

图 1.20　微囊藻毒素指标可行去除工艺流程图

表 1-14　微囊藻毒素类指标净化可行技术评选参考表

污染物	可行技术
微囊藻毒素	PAC、GAC

注：PAC：粉末活性炭；GAC：粒状活性炭

3.毒理学指标的净化可行技术

1）卤素化合物类

（1）污染物特性介绍。卤族元素指周期是ⅦA族元素，包括氟（F）、氯（Cl）、溴（Br）、碘（I）、砹（At），Uus 简称卤素。

氟化物主要来源于天然和人类活动，饮用水中的氟化物浓度因地区而异。人体短时间摄入大剂量可溶性氟化物，能引起急性中毒，过量摄入则会影响健康，因此氟化物污染已经成为一个世界普遍关注的问题。

氯消毒是最常见最经济的饮用水消毒方式，但是氯化消毒剂易与原水中的自然有机质（NOM）产生消毒副产物（DBPs），即三卤甲烷（THMs）代表的挥发

性物质和卤乙酸（HAAs）代表的非挥发性物质。其中，三卤甲烷中的三氯甲烷和卤乙酸中的二氯乙酸（DCAA）及三氯乙酸（TCAA）均被证实对动物有致癌作用。由于氯代烃具有很大的生物毒性，是"三致物质"，挥发性氯代烃还是饮用水氯气消毒的副产物，影响人类健康，所以水体中氯代烃的处理是一个全球关注的环境问题（阿力亚·马那提，2011）。从美国水厂协会（American Water Works Association，AWWA）研究基金会报道的有关 DBPs 致癌风险数据中发现：在消毒副产物的总致癌风险中卤乙酸的致癌风险占总 DBPs 致癌风险的 91.9%以上，而三卤甲烷的致癌风险只占 8.1%以下，可见对饮用水中卤乙酸的去除研究非常重要（Ware，1989）。

此外，氯化氰也是氯化消毒所致的副产物，是氰化物氯化过程中的初级产物，是一种微溶于水的挥发性气体，即使在低浓度下，仍具有较高的毒性，在体内代谢形成氢氰酸，对眼和呼吸道有强烈的刺激作用，可引起气管炎和支气管炎；高浓度时，引起眩晕、恶心、大量流泪、咳嗽、呼吸困难、肺水肿，甚至迅速死亡。氯化氰化学反应活性较高，能与许多物质发生化学反应。对人体健康危害巨大（吴柯，2000；张晶，2011）。

氰和卤素具有相似的化学性质，称为拟卤素。氰化物在水体中存在的形式是多样的，如 HCN、KCN、NH_4CN、锌氰、镉氰、铁氰络合物等，饮用水中氰化物的来源主要是工业污染，如一般电镀、焦化、合成有机玻璃、杀虫剂等工业废水。氰化物通过皮肤、呼吸道或消化道进入体内，迅速分解出游离的氰（CN^-），通过与细胞内呼吸酶中的铁、铜、钼等金属离子结合，导致该酶失活，丧失传递电子的能力，使呼吸链中断，从而产生细胞窒息死亡。近年来也发生了多起氰化物污染事件，据报道，罗马尼亚奥鲁尔金矿氰化物污染事件对环境造成的危害可持续 20 年以上（张晓云，2000；Akcila，2003；王健和陆少鸣，2009；赵吉昌和高克权，2004）。

（2）安全保障可行技术数据库建立。除氟技术主要是吸附法，主要的吸附剂有：含钙吸附剂、铁基吸附剂、金属氧化物、氢氧化物、混合金属氧化物、金属浸渍氧化物、天然材料、生物吸附剂、纳米材料等。目前较有效除氟方法的吸附容量、浓度范围、反应条件等工艺参数见表 1-15。除氟化物以外的其他卤化物在饮用水方面的研究报道均少见，只是基于突发污染应急方面的研究（Amini et al.，2008；Mjengera 和 Mkongo，2003）。

氯化物污染方面，除了对消毒副产物三卤甲烷进行处理外，应该采取一些有效的措施来减少三卤甲烷的生成量，措施主要有：①保护供水水源不受到有机和其他来源于农业、工业、林业、泥煤渗透液等污染源的污染，减少水处理系统有机物的去除量；②水处理厂对于化学物用量、混凝、澄清、过滤过程运行条件的优选；③避免氯化处理原地表水，同时应该使处理水尽量远离消毒副产物的前体物，如色度、TOC、紫外吸收物质；④使余氯浓度及接触时间限制在处理系统所

表 1-15　氟化物指标净化技术信息表

吸附剂	吸附容量 /（mg/g）	浓度范围 /（mg/L）	接触时间/h	pH	温度 /℃	参考文献
AA（γ-Al$_2$O$_3$）	0.86[*]	15～100	16～24	5.0～6.0	30	Ku 和 Chiou（2002）
AA（Grade OA-25）	1450	2.4～14		7		Ghorai 和 Pant（2004）
明矾浸渍 AA	40.68	1～35	3	6.5	室温	Tripathy 等（2006）
氧化铝涂层氧化铜（COCA）	7.77	10	24		30±1	Bansiwal 等（2010）
氧化镁改性 AA	10.12	5～150	3	6.5～7.0	30±1	Maliyekkal 等（2008）
氧化钙、氧化锰改性 AA	101.01 10.18	1～100	48	5.5	25	Camacho 等（2010） Ma 等（2009）
纳米羟磷灰石/甲壳素	2840	10	0.5h	7.0	30	Sundaram 等（2009）
氧化锰涂层活性炭		3～35	3	5.2±0.2	28	Ma 等（2009）
铝碳酸镁/壳聚糖	1255	9～15	0.5h	<7	30	Viswanathan 和 Meenakshi（2010）
纳米氧化镁	267.82	5～200	1.3～2	7	30±2	Maliyekka 等（2008）
高锰酸钾改性活性炭	15.9	20	3	2	25	Daifullah 等（2007）

[*]：单位：mmol/g。

要求的最小值；⑤考虑使用氯胺进行消毒；⑥控制 pH 在三卤甲烷生成所需条件以下；⑦考虑选用其他的消毒方法或是紫外消毒法。紫外消毒法可能由于较高的有机物浓度不能满足透光的要求；⑧管理好配水系统，防止有机物在管道中形成，如冲洗主管道，清洗储水池。

氯化氰一般采用分光光度法检测，采用吸收法或还原氧化法进行处理。

氰化物处理的研究多见于矿业或工业污水，可采用流动注射法与国标分光光度法两种方法测定，流动注射法线性范围较宽，灵敏度较高且可自动、快速地测定大批量水样中的氰化物。采用碱氯化法、酸化回收法、电化学法、过氧化物氧化法、离子交换法、化学试剂氧化、膜处理、化学萃取和臭氧氧化法等进行处理。除化学试剂氧化法中的二氧化氯、双氧水和臭氧氧化法外，其他方法均无法在饮用水应急处理工艺中得以快速应用（陈华进，2005）。表 1-16 列出了通过国内外关于卤素化合物类指标有效净化技术文献的分析结果。

表 1-16　卤素化合物类指标净化技术信息表

污染物	去除率/%	进水浓度 /（mg/L）	出水浓度/（mg/L）	原水类别	规模	处理技术	反应时间 /min	水质条件 pH，T	参考文献
二溴一氯甲烷	80			LW	P	紫外/双氧水		（24±1.0）℃	Jo 等（2011）

续表

污染物	去除率/%	进水浓度/（mg/L）	出水浓度/（mg/L）	原水类别	规模	处理技术	反应时间/min	水质条件 pH，T	参考文献
三氯甲烷	68	0.189	<0.06	LW	P	紫外/臭氧	120		Lau 等（2007）
二氯甲烷	99		<1μg/L		B	空气吹脱+颗粒活性炭			Keisuke 等（2008） Shang 等（2007）
溴酸盐	99.1	5.70		SW	P	活性炭	5	5.5，20℃	俞潇婷等（2010）
四氯化碳	99	0.02	0.002	SW	P	活性炭	120	（15～20）℃	彭敏（2011）
四氯化碳	61	0.132		微污染高藻原水	F	聚合化铝铁混凝+气浮			舒坦（2012）
三氯甲烷	99.7	0.147							王占金等（2010）
三氯甲烷	58	15.79	8.18	LW	P	超声强度为195W·cm²	60		郭照冰等（2007）
氟化物	97	5.3	0.03	SW	B	沸石吸附			王云波和谭万春（2008）
氟化物	80	0.25	0.05	SW	B	K_2FeO_4氧化	10	9.0	刘玉冰等（2011）
氟化物	93.9	50	4.696	LW	B	固定化细菌降解	20h	6.0，34℃	董新姣和邱叶蔚（2007）
氟化物	99.2	0.45	0.004	LW	B	碱式氯化氧化法	2h	9～11	王健和陆少鸣（2009）
三氯乙酸	97.3			LW	P	Fe/Cu 催化还原	160	4～8	楚文海等（2009）
二氯乙酸	70	0.1	0.03	滤后水与松花江 RW	B	纳米 ZnO 催化，臭氧氧化		9.39 20±1℃	翟旭（2010）
二氯乙酸	71.4	0.1	0.0286	松花江RW	B	臭氧氧化	25	10	翟旭（2010）

（3）净水可行技术评选。氟化物净化技术较多，其中生物吸附剂尤其是改性壳聚糖的效果最好，但存在限制除氟容量的问题。金属氧化物虽廉价但容易使水体中残留一些有毒金属。氢氧化物类、铝碳酸镁混合物、纳米材料在氟化物去除的研究中引起了相当的关注，WHO、USEPA 优选氧化铝吸附剂作为一种去除氟化物的可行技术（WHO，2004）。

氯化物（消毒副产物）的研究是尽量减小其在饮用水中的存在量，最大限度地降低其对人体的健康危害。根据 DBPs 的形成机理，目前控制 DBPs 的方法大致可分为 5 类，分别是改进氯消毒工艺、研发替换氯消毒剂、去除消毒副产物的前驱物、去除已经产生的消毒副产物、从源头控制、加强水源水保护，并制定严格的饮用水水质标准。任何一种饮用水深度处理技术都有其局限性，所以把物理、化学、生物等多种技术结合起来，发挥协同作用是控制消毒副产物的发展方向之一。同时不断开发新的处理技术，如纳米技术、光催化消毒，为去除 DBPs 提供更多的技术选择。

从水中去除氰化物的方法很多，如氯消毒、臭氧氧化、离子交换、反渗透、电解（当氰化物的浓度很高时）可应用于饮用水处理，其中加氯消毒是最经济适用的技术，此过程中氰化物部分被氧化为氰酸盐、二氧化碳和二氧化氮，从水中去除。反应方程式如下。

$$CN^- + ClO^- + H_2O \longrightarrow CNCl + 2OH^-$$

$$CNCl + 2OH^- \longrightarrow CNO^- + Cl^- + H_2O$$

$$2NaCNO + 3HClO + H_2O === 2CO_2 + N_2 + 2NaCl + HCl + 2H_2O$$

资料研究分析结果及 WHO、EPA 可行技术如表 1-17 所示。

表 1-17　卤素化合物类指标净化可行技术评选参考表

污染物	可行技术	污染物	可行技术
氟化物	WHO：AA、BT EPA：AA、RO	氯化氰	CL
四氯化碳	WHO：FTA、AC	1,2-二氯乙烷	EPA：GAC、FTA WHO：FTA、AC
三氯乙烯	WHO：FTA、AC、OT、BT EPA：GAC、FTA、AOX	氯乙烯	EPA：FTA
六氯丁二烯	WHO：AC	总三卤甲烷	EPA：EC
四氯乙烯	WHO：FTA、AC	1,1,1-三氯乙烷	EPA：GAC、FTA
五氯酚	WHO：AC EPA：GAC	1,2-二氯乙烯	WHO：FTA、AC、OT EPA：GAC、FTA
环氧七氯	EPA：GAC	二溴一氯甲烷	EPA：EC
一溴二氯甲烷	EPA：EC	二氯甲烷	EPA：FTA
三氯乙醛	EC、GAC	溴酸盐	CL
氰化物	EPA：CL、RO、IX	七氯	EPA：GAC
二氯乙酸	EPA：EC、OT	二氯乙酸	EPA：EC、OT

第二部分　大伙房微污染地表水净化理论与工程技术

第 2 章　微污染地表水超滤膜处理技术

19 世纪初期，由于生活污水和垃圾的随意排放和丢弃，欧美一些国家的部分地区水源受到了污染，引发了细菌性传染病（如霍乱、痢疾、伤寒等）流行，对人们的健康造成了极大的危害。在此背景下，20 世纪初，研发出了第一代净水处理工艺（混凝、沉淀、过滤、消毒），随着检测手段的进步，人们对水质安全的研究进一步深入，在城市供水中发现了众多危害人体健康的微量有机物和氯消毒副产物。其中部分有机物能使人致癌、致畸、致突变，为此又研究开发了第二代城市净水处理工艺，即在第一代净水工艺之后加臭氧-活性炭处理工艺，以去除和控制有机污染物和氯消毒副产物为目标，保证饮用水的化学安全性。但在 20 世纪末，新的致病微生物两虫（贾第虫和隐孢子虫）的发现，以及藻毒素、嗅味、水质的生物稳定性和有害水生生物等问题的出现，第一代、第二代净水工艺均不能有效地解决，在此背景下，以超滤为核心的组合工艺——第三代净水工艺应运而生（李圭白和杨艳玲，2007）。

抚顺市具有悠久的供水历史，其境内的净水厂普遍建成较早，依靠大伙房优良的水源优势，供水质量相对较高。但是抚顺市大部分净水厂的处理工艺均采用传统的净水工艺，净水技术相对落后，又经过多年开机运行，设备设施已经陈旧落后，部分工艺单元已不能正常运行，面对严格的新国标显然已经不能满足水质要求。因此，为了更好地满足人民群众饮用水水质安全的需要，努力从根本上解决抚顺市供水存在的各种矛盾和问题，保证城市经济的可持续发展，人民生活质量的不断提高，从中远期角度考虑，应尽快对抚顺市现有水厂进行提标改造。

大伙房水源总体水质较好。桓仁水库水质总体为Ⅲ类水质，水质随水流方向逐步好转。在浑江凤鸣水库段已经为Ⅱ类水质，但部分地段由于受桓仁县直排口的影响，COD、TN、TP超标。浑江上的支流六河、哈达河、富尔江、红汀子河、北甸子河水质总体情况良好，达到Ⅱ类水质标准。大伙房水库库区水质中各项监测指标年均值除总氮、总磷外，均符合Ⅱ类水质标准。大伙房的入库河流浑河清原段、苏子河水质超过Ⅲ类地表水标准，社河水质较好，全面达到Ⅱ类地表水标准。

大伙房水库汇水区氮排放负荷量约为 6255t/a。内源氮网箱养鱼排入量为 55.7t/a、水库底泥、餐饮、旅游氮排入量为 0.12t/a。外源氮主要来自入库三条河流流域，即浑河、苏子河和社河流域。近年来，流域内主要使用的化肥是氢氮、硫氨等，而且使用量有逐年增加的趋势。因氮肥的作物吸收率不足 40%，施用的化肥以不同形式进入环境。其中，以渗漏和地表径流形式进入地表水的氮肥约占施用量的 35.4%，大量的营养物资进入水体必然造成环境的恶化。农业污染源对水库的污染影响，特别是对库区中氮的影响是比较严重的，是水库污染的主要面源。养殖业是氮污染的另一主要来源。另外约有 392.22t/a 的氮污染物来自水库附近汇水区。大伙房水库汇水区磷排放负荷量约为 412.0t/a。磷浓度沿河流纵向变化情况表明生活污水是磷污染的主要来源。另外约有 23.65t/a 的磷污染物来自水库附近汇水区。大伙房水源的污染源以生活污水和农业污染为主，部分河段受采矿等工业污水影响。

　　膜过滤技术是工业生产中广泛应用的一种固液分离技术，随着新型膜材料的开发和膜成本的逐渐降低，膜过滤技术在水处理领域中的应用也日益广泛。从未来水处理技术的发展趋势来看，膜过滤技术的应用正是顺应了该领域的发展方向。因此，本书将超滤膜直接过滤作为抚顺市各水厂提标改造的主工艺，根据大伙房水质特点，重点开展超滤直接过滤工艺特性研究、与传统工艺联用优化研究及与传统工艺对比研究，研究成果将为抚顺市各水厂提标改造提供技术支持。

2.1　超滤膜在国内外的应用现状

　　超滤膜是一种物理分离技术，可以通过机械截留作用，去除大于超滤膜孔径的颗粒、胶体物质，出水水质稳定，与常规水处理工艺相比效果较优。大量研究表明，超滤膜出水的浊度能够保证在 0.1NTU 以下，几乎可以去除全部的微生物，可以很好地克服季节性污染问题（许振良，2001）。另外，超滤膜占地面积小，在当前土地资源紧缺的情况下，可以节省大量的用地；自动化程度高，可以节省大量的人力资源，并且还可以减少人为操作的不确定性，减少意外事故的发生。

　　超滤膜大多为不对称结构，通常由一层极薄（<1μm）具有一定尺寸孔径的表皮层和一层较厚（约为 125μm）、具有海绵状和指状结构的多孔层组成，表皮层主要起分离作用，后者主要起支撑作用（任雅瑾，2008；许振良，2001）。按超滤膜的外形特征可将其分为平板膜、管式膜、毛细管式膜、中空纤维超滤膜和多孔超滤膜。其中，中空纤维膜组件装填密度大、产水量高、价格低廉，因此，适于大规模水处理（赵新华等，2017；黄廷林，2002）。按超滤膜的制造材料可将其分为无机材料和有机高分子材料两大类。

　　1）无机材料

　　主要有陶瓷、玻璃、氧化铝、氧化锆和金属。该种材质的超滤膜具有耐高温、不易老化和可再生性较强等优点。

　　2）有机高分子材料

　　有机膜组件形式多样、制造成本低廉、应用范围较广。常用的有机超滤膜材料如表 2-1 所示（鄂学礼和凌波，2004）。

表 2-1　超滤膜常用的有机材料

膜材料	代表性材质	特点
纤维素酯类	二醋酸纤维素（CA） 混合纤维素（CA-CN）	亲水性好、来源广泛、成本较低；耐酸碱性较差
砜类	聚砜（PS） 聚醚砜（PES）	易成型、机械强度好、耐热和耐化学性能较好
聚烯烃类	聚丙烯（PP） 聚丙烯腈（PAN）	机械和化学性能较好
含氟类	聚偏氟乙烯（PVDF） 聚四氟乙烯（PTEE）	机械强度高、具有较强的耐高温和耐化学侵蚀的性能

2.1.1　超滤膜技术在国外的应用现状

膜过滤技术是工业生产中广泛应用的一种固液分离技术，随着新型膜材料的开发和膜成本的逐渐降低，膜过滤技术在水处理领域中的应用也日益广泛。1988年（Melissa，2005），得利满在法国 Bernay 建成了世界上第一座净水厂，规模为 2300m³/d，在此之后，膜技术成为饮用水处理行业中一个重要的技术突破，被誉为"第三代城市饮用水净化工艺"。1997 年，法国 Essonne 建立了 Vigneux 超滤膜净水厂，该水厂以 Seine 河水为水源，处理能力为 55000m³/d。2000 年在英格兰约克夏建成投产的 Keldgate 水厂是当时世界上最大的市政超滤净水厂，其规模为 90000m³/d，总的膜面积为 3700m²（P.希利斯等，2010）。据统计，目前在欧洲处理能力为 10000m³/d 以上的超滤膜净水厂有 30 座以上，北美地区已经达到了 250 座以上，约为自来水总供水量的 2.5%。在亚洲，日本、韩国、新加坡等国家也相继在净水厂中引入了超滤膜净水处理工艺。

韩国于 2003 年在汉城建成了一座中试规模的超滤膜供水厂，其处理能力为 500m³/d。新加坡是一个地少人多，工业比较发达的国家，为解决生活饮用水和工业用水的问题，该国于 2007 年建造了一座规模为 273000m³/d 的 Chestnut 自来水厂（曹国栋等，2007），是目前新加坡最大的自来水厂。2003 年 10 月开始运行，设计将来产水量可达 480000m³/d，该厂采用的处理工艺简单，基本的运行方式就是原水用铝盐混凝剂混凝预处理后再进入超滤系统。加拿大 Collingwood 自来水厂（曹国栋等，2007）于 1998 年 11 月建成投产，日处理水量为 28000m³/d。该水厂原水水质较好，无需投加混凝剂，原水经过粗格栅加氯后直接进入膜池，膜处理后的水经液氯消毒后直接进入市政管网。该水厂有 5 组独立运行的膜池，膜池中超滤膜孔径为 0.035μm，单个膜池产水量约为 5600m³/d，每个膜池配有一台透过液泵和鼓风机。

　　美国科罗拉多州在 1987 年建成了世界上第一座膜分离水厂，水量为 $105m^3/d$（Andrew，1997）。1988 年法国的 Amoncourt 建成了第二座膜分离水厂，水量为 $240m^3/d$（THEBAUTT P，1992），近年来，随着膜科学不断的发展，新的超滤膜材料的不断开发，膜质量的提高和膜制造成本的降低，超滤膜处理技术作为一种新型、高效的水处理技术，在给水处理中展现出了广泛的应用前景。近年来，超滤技术在我国应用于自来水生产也有所发展，董秉直等（2003）将超滤膜与混凝剂联用处理淮河水，中试研究结果表明，膜出水浊度优于 0.5NTU，COD_{Mn} 低于 $3mg/L$。胡海修等（2003）做了超滤膜净化长江水的试验研究，结果显示，超滤净化水优于国家和军队饮用水规范，其必将会在水处理领域有更大发展。

2.1.2　超滤膜技术在国内的应用现状

　　超滤膜技术被誉为 21 世纪的水处理技术，在国外发达国家工程实际中应用较为广泛，在国内该技术主要处于研究阶段，以目前的经济状况和技术水平估计，不可能对现有的传统净水处理工艺进行大规模的技术升级改造，要使超滤膜技术普遍应用于净水处理工艺中，还需要较为漫长的一段时间。但是，由于近些年来国民经济的快速发展，水资源污染现象加重，并且居民对饮用水水质的要求又在逐渐提高，基于此现状我国科技工作者也不甘落后，使超滤膜技术在国内实际工程应用中已初见端倪。如东营市南郊净水厂、南通市芦泾水厂及天津市杨柳青水厂膜处理示范工程等都成功地将超滤膜技术应用在实际工程当中，这也标志着国内超滤膜技术的发展进入了一个崭新的阶段。20 世纪 90 年代中期，超滤膜技术在我国逐渐被引用，主要应用于工业水处理中的反渗透膜的预处理。2005 年，我国第一座采用超滤膜工艺的水厂——苏州市木渎镇超滤膜水厂开始投入运行，日处理水量 $10000m^3/d$（赵雪莲等，2011）。

　　（1）北京田村山水厂（反洗砂滤废水）（陈杰等，2015）。北京自来水集团田村山水厂反洗砂滤废水处理规模为 4 万 t/d，是继北京水源九厂 7 万 t/d 反洗砂滤废水回收项目之后，北京自来水集团投资建设的第二座将超滤膜技术应用于处理反洗砂滤废水的市政给水厂，该水厂充分响应节水原则，最大化提高水厂的回收率。反洗砂滤废水主要的水质问题为浊度、微生物和有机物，该水厂使用澄清式膜池处理，工艺流程较短，净水车间占地面积小，车间内采用设备化概念，全不锈钢膜池，大大缩短了施工周期，净水，于 2014 年 6 月底通水，施工工期仅 80 天。

　　（2）上海青浦第三水厂（新建水厂）（陈杰等，2015）。上海青浦第三水厂为新建水厂，规模为 10 万 t/d，是华东地区首座十万吨级的超滤水厂。原水为太浦河水，存在的水质问题主要是有机物、浊度、微生物和嗅味。该水厂将臭氧活性炭工艺与超滤膜工艺有效的结合，是首座将两种深度处理工艺组合实现通水运行的市政给水厂。该工程 2012 年 12 月 25 日建成并开始对外供水，出水浊度稳定的保持在 0.02NTU 左右。

（3）南通市芦泾水厂。南通市芦泾水厂超滤膜系统设计产水能力为 2.5 万 m^3/d，原水取自长江南通段。该水厂超滤膜系统工艺流程如图 2.1 所示（顾宇人等，2010）。

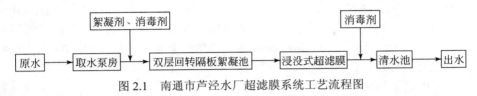

图 2.1　南通市芦泾水厂超滤膜系统工艺流程图

该工艺采用的膜组件为海南立升净水科技有限公司的 LJ1E-2000-V160 型 PVC 合金超滤膜，每个膜组件的有效过滤面积为 35m^2，总的膜面积为 36400m^2，设计通量为 32L/（m^2·h），过滤周期为 1～3h。膜池和清水池之间的最高水位差为 3.2m，一年中大多数时间可以采用虹吸产水。超滤膜系统每运行 7～14d 采用次氯酸钠进行一次维护性化学清洗，每 3～6 个月进行一次离线化学清洗。单位运行成本费用比传统工艺增加了 0.12 元/m^3。

（4）天津市杨柳青水厂膜处理示范工程。本示范工程设计产水规模为 5000m^3/d，原水取自滦河，工程总投资为 597.6 万元，如图 2.2 所示为该示范工程的工艺流程图（何文杰等，2010）。

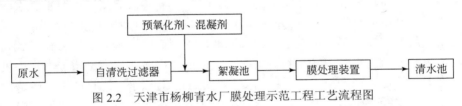

图 2.2　天津市杨柳青水厂膜处理示范工程工艺流程图

本工程采用的膜组件为海南立升柱式超滤膜，型号为 LH3-1060-V，过滤方式为内压式，材质为 PVC 合金。设计通量为 37.5L/（m^2·h），过滤周期为 30min，反冲洗时间为 1.0～1.5min，并采用浸入式膜对反冲洗废水进行回收，可使系统对水的总回收率达到 98%。单位制水成本为 0.289 元/m^3。

（5）东营市南郊净水厂。东营市南郊净水厂以黄河水为水源，黄河水经过沉砂预处理后进入南郊水库，水厂直接从水库取水，设计规模为 10 万 m^3/d，该工艺流程如图 2.3 所示（常海庆等，2012）。

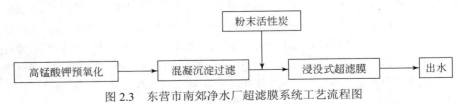

图 2.3　东营市南郊净水厂超滤膜系统工艺流程图

该超滤膜系统共设置膜池 12 格，设计水深为 3.2m，分两排布置，膜过滤总面积为 15 万 m^2，设计通量为 30L/（$m^2 \cdot h$），水反冲洗强度为 60L/（$m^2 \cdot h$），每格滤池反冲洗时间控制为 10min，反冲洗周期为 5～8h。为了节约水资源，反冲洗废水通过水厂调蓄池预沉后再提升至水库。该工程设有在线次氯酸钠清洗系统和独立的离线化学清洗系统。离线化学清洗周期设计为 4～6 个月，在实际运行过程中由于跨膜压差（transmembrane pressure，TMP）维持在较低水平，在 2a 的运行中没有进行离线化学清洗。

（6）山东滨化集团超滤工艺（孟广祯等，2011）。山东滨化集团是热电联产发电厂锅炉补给水采用经过简单沉淀的黄河水。水处理工艺采取多介质过滤与超滤结合的反渗透预处理工艺，设计出水量为 10080t/d。该系统采用 84 支 40m^2 的超滤膜组件，单支膜面积通量为 125L/（$m^2 \cdot h$），运行瞬时通量为 135L/（$m^2 \cdot h$）。系统在运行的前 15 个月采用膜材料为（PVC）的内压式超滤膜，膜丝内外径 OD/ID=1.5mm/1.0mm，截留分子质量为 80000Da（1Da=1.66054×10^{-27}kg）。第 16 个月到今后的 48 个月采用膜材料为改性聚砜（mPS）的内压式超滤膜，膜丝内外径 OD/ID=1.8mm/1.2mm，截留分子量为 45000Da。该系统设计反冲洗周期为 60min/次，反冲洗过程中加入次氯酸钠以防止细菌和微生物的滋生。设计化学清洗周期为 180d。

（7）肇庆高新区水厂（徐叶琴等，2012）。广东省肇庆高新区粤海水务水厂一期工程于 1990 年建成，设计日处理水量为 10000m^3/d，原水为北江水，处理工艺为网格絮凝反应池→斜管沉淀池→无阀滤池，处理后的原水经加压后输送到高位水池，再经城市配水管网输送到各用水点。但由于该域人口数量增加，水厂机械设备老旧，管道腐蚀严重，拟采用超滤膜处理工艺对该水厂进行改造。改造后工艺流程为原水经网格絮凝池后进入斜管沉淀池后再进入浸没式超滤膜池，最后加氯消毒输入市政管网。新建超滤车间总面积约为 1174m^2，膜车间共分为两层钢混结构，一层为化学清洗中和池和反冲洗水槽，二层为 4 格超滤膜膜池，分 1 列布置。超滤膜的设计通量为 30L/（$m^2 \cdot h$），过滤周期为 1～2h。

（8）海南省三亚市南滨农场自来水厂（李攀岳，2009）。该工程于 2005 年 4 月建成投产，设计净水规模 1000m^3/d，实际达到 1000m^3/d。供水服务人口 8000 人。基本的运行方式是水井水直接经过超滤膜净水设备，无须投加混凝剂等预处理。

（9）佛山新城区优质供水工程（曹国栋等，2007）。佛山市新城区优质供水工程规划分三期建设，首期规模为 5000m^3/d，中期规模为 25000m^3/d，远期规模为 50000m^3/d。其首期工程于 2006 年 6 月顺利投产运行。根据其原水水质和健康水质的要求，该厂采用了以"活性炭+浸没式超滤"的净水处理工艺，出水可以直接饮用。

（10）澳门大水塘自来水厂（汪浩和许长流，2009）。澳门大水塘二期自来水厂，位于澳门大水塘原水水库旁，设计净水规模为 120000m^3/d，于 2008 年 7 月正式竣工。本水厂也是亚洲第一间"气浮+超滤"的自来水厂。该工艺流程适用于澳门地少人多的特点，很大程度上节省了占地面积和生产成本，和社会经济的快速发展相适应。

近年来，高分子制膜技术发展迅速，国内超滤膜技术水平已与国际先进水平相差无几。随着高通量低污染膜材料的进一步发展，膜价格逐渐降低，使超滤膜工艺与第一代和第二代净水工艺相比具有明显的竞价优势，这将会迎来超滤膜技术一次空前的革命。

2.2　混凝-超滤短流程工艺的特性研究

在超滤膜工艺制水的过程中，利用超滤膜的机械截留作用对悬浮物、细菌、病毒去除效果良好，所以受到广大学者的青睐。但是，由于超滤孔径相对较大，对有机物的去除效果不好，并且还会引起严重的膜污染。所以，在超滤处理前，应用一些物化手段对原水进行预处理，一方面提高有机物的去除效果，另一方面在一定程度上能够缓解膜污染，降低运行费用，这也成为现如今科技工作者关注的焦点。另外，新的饮用水卫生标准的强制实施和水资源的不断恶化，传统工艺难以满足居民对饮用水水质的要求。在这个背景下，传统工艺将会迎来大规模的升级改造，以超滤膜为核心的短流程工艺是一个不错的选择，它不仅可以使新旧工艺很好地结合，还可以降低基建投资。所以，对以超滤为核心的短流程技术的研究意义深远，本节针对大伙房水库微污染源水，对混凝-超滤短流程工艺除污染性能进行研究，了解超滤膜性能并确定工艺参数。

超滤装置工艺流程为：原水经增压泵进入刷式自清洗过滤器，去除尺寸较大的悬浮物，然后进入超滤膜内腔，在压力作用下，由膜丝内向外过滤产水，进入产水箱。装置工艺流程如图 2.4 所示，该套装置的处理能力为 $2\sim3m^3/h$，图 2.5 为试验装置现场照片。

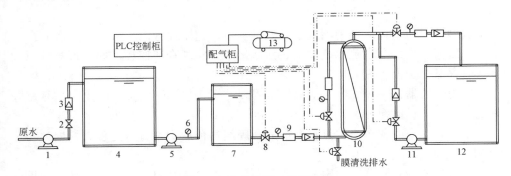

图 2.4　试验装置工艺流程图

1.潜水泵；2.手动球阀；3.流量计；4.原水箱；5.增压泵；6.压力表；7.刷式自清洗过滤器；8.气动球阀；9.压力传感器；10.柱式中空纤维膜组件；11.反洗泵；12.产水箱；13.空压机

图 2.5　试验装置现场照片

试验所采用的主要设备和规格如下

潜水泵：用于原水提升，功率为 0.75kW，流量为 3.0m³/h，扬程为 24m。

增压泵：用于对进入超滤膜组件的水进行增压，功率为 0.75kW，最大流量为 10.8m³/h，最大扬程为 19m。

反洗泵：用于超滤膜组件的反冲洗，功率为 0.75kW，最大流量为 10.8m³/h，最大扬程为 19m。

空压机：用于膜系统中气动阀门的启闭，功率为 1kW，压力为 0.8MPa，容积为 12L。

玻璃转子流量计：分别测量絮凝池进水量、超滤膜进出水量和反洗水量。

电磁流量计：分别测定超滤膜进水和出水，实现在线监控，并且每分钟记录一次，存储在工控机 SD 卡中。

压力传感器：在超滤膜前后设置，可以在工控机上在线读取数据，并且每分钟记录一次，存储在 SD 卡中，可以计算跨膜压差。

压力表：在刷式自清洗过滤器前后和膜组件前后均设有压力表，量程为 0～0.6MPa。

刷式自清洗过滤器：由南通市三联石化设备制造有限公司生产，是一种集过滤与清洗一步到位的新型过滤器，对原水进行预处理去除颗粒较大的污染物质，防止膜组件受损，孔径为 100μm，工作压力为 0.2MPa，功率为 0.37kW，工作温度＜80℃。

膜组件：内压式中空纤维超滤膜，超滤膜采用中国海南立升净水科技有限公司生产的型号为 LH3-1060-V 型内压式超滤膜组件，膜材料以 PVC 为核心原料，通过一定的改性，使其具有较强的抗污染能力，在成本和性能方面和同类膜产品相比具有一定的优势。2009 年，国内首个 100000m³/d 规模超滤自来水厂——山东省东营南郊水厂投产，核心净水单元采用海南立升净水科技有限公司生产的浸没式 PVC 合金超滤膜，另外，国内许多学者也采用 PVC 合金膜进行小试、中试规模的试验研究。本试验中采用超滤膜组件的基本技术参数如表 2-2 所示。

表 2-2　超滤膜组件技术参数

指标	技术参数
有效膜面积/m²	40
膜材料	PVC 合金
膜孔径/μm	0.01
截留分子质量/Da	50.000
pH 范围	1～13
膜丝内外径/mm	1.0/1.6
过滤方式	死端过滤或错流过滤
最高工作温度/℃	40
产水浊度/NTU	<0.1
跨膜压差/MPa	0.02～0.08
膜壳材质	ABS

2.2.1　混凝工艺参数研究

在混凝-超滤联用的短流程工艺中，目的是发挥该工艺各部分的优势，以提高对有机物等污染物质的去除效果、缓解膜污染和降低运行费用。围绕混凝工艺，从混凝剂的种类、混凝剂的投加量、混凝时间等方面展开试验研究，对参数进行优化，确定出最佳的工艺参数和工艺条件。

1.混凝剂种类的优先

混凝-超滤联用的短流程工艺中选用两种混凝剂进行试验研究，混凝剂分别为聚合氯化铝和三氯化铁，各自运行了 25d，它们的投加量均为 1～10mg/L，絮凝时间均为 20min。每个投加量下连续运行 5d。

本工艺超滤膜采用恒通量死端过滤（全量过滤）方式，膜通量设定为 50L/（m²·h），过滤周期为 30min。膜清洗流程为正冲 10s；下反冲 15s；上反冲 15s；正冲 10s。正冲水量为 8m³/h，下反冲水量为 8.5m³/h，上反冲水量为 7.5m³/h。如

图 2.6 所示为不同混凝剂对浊度去除的影响，当投加聚合氯化铝时，超滤膜出水的浊度在 0.044～0.072NTU，平均值为 0.058NTU，对浊度的平均去除率为 95.93%；当投加三氯化铁时，超滤膜出水的浊度在 0.045～0.076NTU，平均值为 0.057NTU，平均去除率为 96.03%。可见混凝剂的种类对超滤膜出水浊度影响不大，都能保证浊度在 0.1NTU 以下。这主要是由于超滤膜对胶体、颗粒物等具有较好的截留作用。

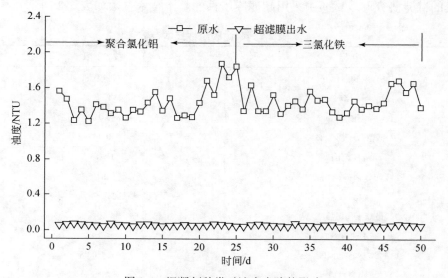

图 2.6　混凝剂种类对浊度去除的影响

　　如图 2.7 所示为不同混凝剂对 COD_{Mn} 的影响，当投加聚合氯化铝时，超滤膜出水的 COD_{Mn} 在 1.31～2.42mg/L，平均值为 1.84mg/L，平均去除率为 37.23%；当投加三氯化铁时，出水在 1.54～2.51mg/L，平均值为 1.91mg/L，平均去除率为 35.9%。可以看出，在混凝-超滤短流程工艺制水过程中，投加混凝剂聚合氯化铝可以得到 COD_{Mn} 较好的去除效果，这可能是由于聚合氯化铝是高分子絮凝剂，形成的絮凝体更具有吸附性，从而提高了 COD_{Mn} 的去除率。

　　UV_{254} 反映的是芳香族化合物或具有共轭双键的有机化合物含量的多少。研究表明，UV_{254} 的含量和三氯甲烷等消毒副产物的生成趋势呈正相关关系，它与多种常见有机污染物质也具有相关性，可作为总有机碳（TOC）、溶解性有机碳（DOC）和三卤甲烷（THMs）前驱物（THMFP）等指标的替代参数。

　　如图 2.8 所示为不同混凝剂对 UV_{254} 去除的影响，当投加聚合氯化铝时，超滤膜出水的 UV_{254} 在 0.029～0.041cm^{-1}，平均值为 0.035cm^{-1}，平均去除率为 31.08%；当投加三氯化铁时，出水在 0.032～0.042cm^{-1}，平均值为 0.036cm^{-1}，平均去除率为 29.42%。可以看出，在混凝-超滤短流程工艺制水过程中，投加混凝

剂聚合氯化铝对 UV_{254} 的去除效果更好。所以，聚合氯化铝和三氯化铁在 UV_{254} 去除方面与 COD_{Mn} 有相似的结果。

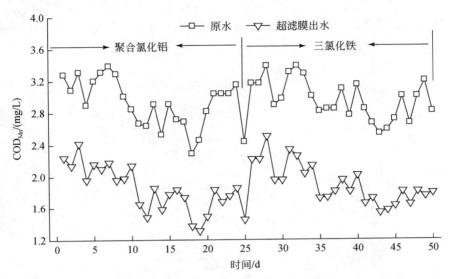

图 2.7　混凝剂种类对 COD_{Mn} 去除的影响

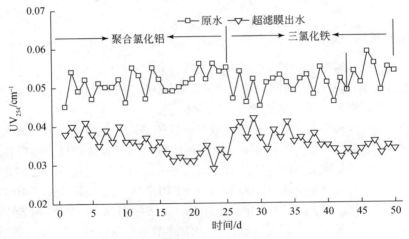

图 2.8　絮凝剂种类对 UV_{254} 去除的影响

　　总体来说，利用混凝-超滤短流程工艺处理大伙房水库微污染源水时，三氯化铁对浊度的去除效果要略好于聚合氯化铝，但是聚合氯化铝对有机物的去除效果更好。

　　如图 2.9 所示为相同条件下，分别投加聚合氯化铝和三氯化铁在累计产水量 $200m^3$ 时各自的跨膜压差增长情况。它们投加量均为 7mg/L，混凝-超滤短流程工艺各运行参数相同。当投加聚合氯化铝时，跨膜压差从 17.3kPa 增长到 20.3kPa，增长了 3.0kPa；当投加三氯化铁时，跨膜压差从 17.0kPa 增长到 20.6kPa，增长了 3.6kPa。相比较而言，聚合氯化铝在缓解膜污染方面更具优势。聚合氯化铝较三氯化铁能更好地改善膜通量，主要是由于聚合氯化铝可有效去除大分子的亲水性有机物。

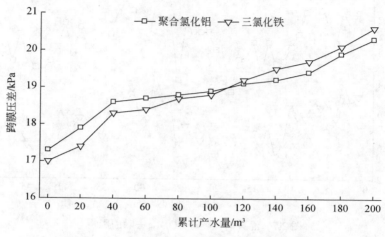

图 2.9　不同絮凝剂下跨膜压差的增长情况

2.聚合氯化铝最佳投加量的确定

　　聚合氯化铝的投加量分别为 3 mg/L、5 mg/L、7 mg/L、10 mg/L、15mg/L，在每个条件下连续运行一段时间，累计产水量 200m^3。图 2.10 所示为不同投加量下混凝-超滤膜短流程工艺对污染物质的去除情况。

　　如图 2.10 所示，无论怎么改变混凝剂的投加量，对浊度的去除率都很稳定，都能达到 95%以上，这也显示出超滤膜在截留颗粒物和胶体物质方面的优势；对 COD_{Mn} 的去除率随着混凝剂投加量的增大而增大，当投加量为 5mg/L 时，去除率为 38.50%，投加量为 7mg/L 时，去除率达到 40.42%，投加量增长了 40%，去除率仅增加了 1.92%，继续增加投加量至 10mg/L，去除率也只增加到 41.59%，可以看出当聚合氯化铝投加量超过 5mg/L 时，继续增加投量，对 COD_{Mn} 的去除率并不会明显增加；UV_{254} 去除率的变化规律与 COD_{Mn} 相同，当投加量为 7mg/L 时，去除率为 37.12%，当投加量为 10mg/L 时，去除率为 40.00%，混凝剂投加量增长了 43%，而去除率仅增加了 8%左右，所以投加量为 7mg/L，再增加投量对 UV_{254} 的去除率贡献不大。

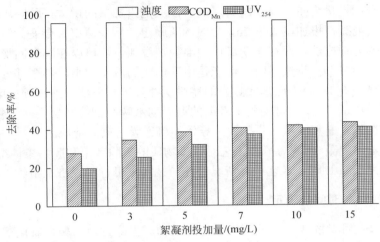

图 2.10　聚合氯化铝投加量对混凝-超滤短流程工艺除污染性能的影响

　　如图 2.11 所示，当用超滤膜直接过滤原水，累计产水量为 100m³ 时，跨膜压差增长了 3.6kPa。絮凝剂投加量为 3 mg/L、5 mg/L、7 mg/L、10 mg/L 和 15mg/L、累计产水量为 200m³ 时，其跨膜压差分别增长了 3.4 kPa、2.9 kPa、2.8 kPa、3.3 kPa 和 3.8kPa。可以看出膜前混凝预处理方法可以在一定程度上缓解膜污染。这主要是形成的絮凝体能够在膜表面形成一层松散而富有弹性的滤饼层，能够吸附部分导致膜污染的物质，并且该滤饼层容易通过简单的物理清洗方法除去，而直接过滤原水时，导致膜污染的物质会直接黏附在膜表面形成致密的滤饼层，简单的物理清洗方法难以去除该层物质，导致了膜污染现象的加重。

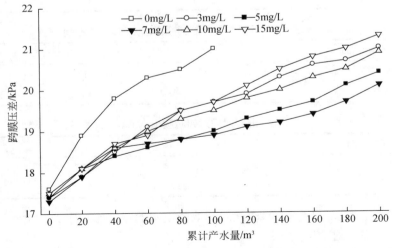

图 2.11　聚合氯化铝不同投加量时跨膜压差的增长情况

当絮凝剂投量为 3～7mg/L 时，随着混凝剂投加量的增大，跨膜压差增长速率减缓；当混凝剂投加量大于 7mg/L 时，跨膜压差增长速率又会变大。所以，用混凝作为预处理方法，存在一个最佳的混凝剂投加量，可以在膜表面形成松散的滤饼层。当混凝剂投量过小时，可能是由于形成的矾花细小，甚至部分胶体颗粒还没有脱稳，它们在膜表面形成致密的滤饼层并且还有一部分细小颗粒堵塞膜孔；当混凝剂投加量过大时，可能由于多余的混凝剂水解产物没有反应并且黏性较强，容易黏附在膜表面和沉积在膜孔内，导致不可逆膜污染的形成。

综合考虑混凝-超滤短流程工艺对污染物质的去除效果和膜污染情况，当混凝剂投加量为 7mg/L 时，工艺运行情况最佳，技术上可行，经济上节约。

3.最佳混凝时间的确定

由混凝剂种类的优先试验可知，对污染物质去除方面，聚合氯化铝对污染物质的去除更具有优势，所以在本试验中选择的混凝剂为聚合氯化铝，投加量为 7mg/L，混凝时间分别设定为 5 min、10 min、15 min、20min，超滤膜的清洗周期为 30min；在每个混凝时间下，混凝-超滤短流程工艺累计产水量为 100m³，并且检测超滤膜出水常规水质指标，试验期间原水的浊度为 1.38～2.72NTU，COD_{Mn} 为 2.88～3.28mg/L，UV_{254} 为 0.052～0.067cm^{-1}。混凝时间对超滤出水水质的影响分别见表 2-3～表 2-5。

表 2-3　混凝时间对超滤膜出水浊度的影响

混凝时间/min	5	10	15	20
超滤膜出水浊度/NTU	0.065	0.054	0.062	0.062
浊度去除率/%	96.95	96.52	96.50	96.19

表 2-4　混凝时间对超滤膜出水 COD_{Mn} 的影响

混凝时间/min	5	10	15	20
超滤膜出水 COD_{Mn}/（mg/L）	1.90	1.85	1.83	1.79
COD_{Mn} 去除率/%	3.26	39.29	41.02	42.14

表 2-5　混凝时间对超滤膜出水 UV_{254} 的影响

混凝时间/min	5	10	15	20
超滤膜出水 UV_{254}/cm^{-1}	0.040	0.038	0.037	0.037
UV_{254} 去除率/%	32.61	32.86	33.18	35.36

从表 2-3 可以看出，混凝时间对超滤膜出水的浊度影响不大，出水浊度都在 0.06NTU 左右，对浊度的去除率在 96%～97%。

由表 2-4 和表 2-5 可知，随着混凝时间的延长，混凝-超滤短流程工艺对有机物的去除效果是逐渐变好的，这主要是随着时间的增加，有机物通过絮凝作用被絮凝体吸附的越来越充分。但是，究竟在哪个絮凝时间下技术和经济更优，则需要考察不同的絮凝时间下，超滤膜跨膜压差的增长情况。如图 2.12 所示为不同絮凝时间下跨膜压差的增长情况。

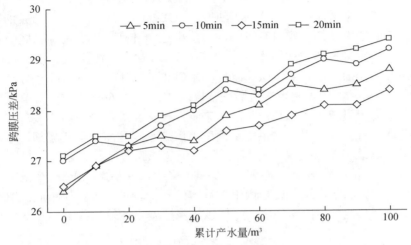

图 2.12　不同混凝时间下跨膜压差的增长情况

如图 2.12 所示，当混凝时间为 5 min、10 min、15 min 和 20min，各自的累计产水量为 100m³ 时，跨膜压差的增长量分别为 2.4 kPa、2.1 kPa、1.9 kPa、2.3kPa。可以看出当絮凝时间较短时，形成的矾花尺寸较小，在超滤膜过滤过程中会进入膜孔并且堵塞膜孔，或者是由于在膜表面形成的滤饼层较为密实，膜清洗过程中不容易清除。当混凝时间较长时，形成的矾花尺寸较大，在超滤膜表面形成较为疏松的滤饼层，容易通过膜清洗作用去除。但是随着混凝时间的继续延长，矾花的尺寸继续增大，由于中空纤维膜内径只有 1mm，当矾花尺寸较大时，容易堵塞超滤膜中间孔道，所以会引起跨膜污染现象的加重。基于混凝时间对污染物质的去除效果和膜污染情况的影响，从技术和经济的角度考虑，可以选定最佳的絮凝时间为 15min。

众所周知，在传统工艺中，通常利用聚丙烯酰胺作为助凝剂来改变絮凝体的结构，增强絮凝效果，从而提高了浊度、有机物等污染物质的去除率。基于这一原因，针对混凝-超滤短流程工艺，在混凝工艺之后投加助凝剂聚丙烯酰胺，来改善絮凝效果，目的是改善混凝-超滤短流程工艺的除污染性能和膜污染情况。本试验中聚丙烯酰胺的投加量分别为 0.04mg/L、0.08 mg/L、0.12 mg/L、0.16 mg/L、0.20 mg/L、0.50mg/L，絮凝剂聚合氯化铝的投加量均为 7mg/L，絮凝时间为 15min，超滤膜的膜通量为 50L/（m²·h），超滤膜清洗周期为 30min，在助凝剂聚丙烯酰胺每个投加量下连续运行一段时间，累计产水量为 100m³，考察出水水质状况和膜污染情况。

4.助凝剂聚丙烯酰胺对混凝–超滤短流程工艺除污染性能的影响

图 2.13 为不同聚丙烯酰胺投加量下，混凝–超滤短流程工艺的除污染性能，其主要考察了三个水质指标，分别为浊度、COD_{Mn} 和 UV_{254}。随着助凝剂聚丙烯酰胺投加量的增大，超滤膜对有机物的去除率逐渐升高，当聚丙烯酰胺投加量大于 0.16mg/L 时，对有机物去除率的增长速率变缓。聚丙烯酰胺投加量从 0.16mg/L 到 0.20mg/L，投加量增长了 40%，但是，对 COD_{Mn} 和 UV_{254} 的去除率分别只增长了 0.09%和 0.96%。所以，当聚丙烯酰胺投加量大于 0.16mg/L 时，对有机物去除率的提高不会明显增大。但是，从趋势来看，投加助凝剂聚丙烯酰胺对有机物去除率的提高具有促进作用，这主要是由于聚丙烯酰胺是高分子絮凝剂，通过吸附架桥作用可以改善絮凝效果，从而提高混凝–超滤膜短流程工艺对有机物的去除率。由图 2.13 可以看出聚丙烯酰胺投加量的多少，并不影响混凝–超滤膜短流程工艺对浊度的去除率，这主要是由于超滤膜的孔径较小，对颗粒物质截留作用较好，并不受到其他外界因素的影响，所以出水浊度指标较为稳定。

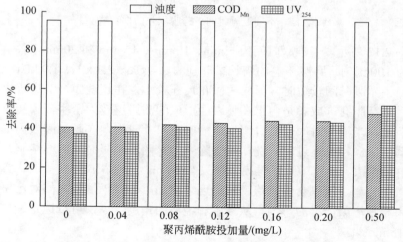

图 2.13　聚丙烯酰胺投加量对污染物质去除效果的影响

5.聚丙烯酰胺对超滤膜污染的影响

在每个聚丙烯酰胺投加量下连续运行一段时间，并且累计产水量均为 100m³，考察各个投加量下跨膜压差的增长情况。如图 2.14 所示为聚丙烯酰胺投加量对超滤膜污染情况的影响。

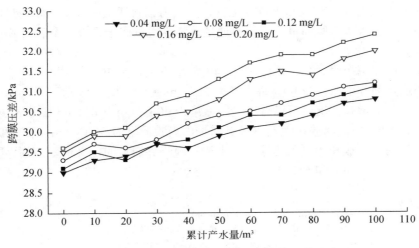

图 2.14　聚丙烯酰胺投加量对膜污染情况的影响

图 2.14 所示为聚丙烯酰胺在不同投加量下各自累计产水量为 100m³ 时跨膜压差的增长情况，聚丙烯酰胺投加量为 0.04mg/L、0.08mg/L、0.12mg/L、0.16mg/L 和 0.20mg/L 时，跨膜压差分别增长了 1.8 kPa、1.9 kPa、2.0 kPa、2.5 kPa 和 2.8kPa，可知随着聚丙烯酰胺投加量的增大，跨膜压差的增长速率也在逐渐加快。这主要是聚丙烯酰胺黏附性较强，使形成的絮凝体紧贴膜表面，在膜清洗过程中，这种滤饼层不容易通过普通的正冲和反冲去除，所以这种膜污染物质在膜表面慢慢积累，导致了跨膜压差的持续增长。因此通过投加助凝剂聚丙烯酰胺的方式不能缓解膜污染，反而加快了膜污染的速率。

综上所述，投加助凝剂聚丙烯酰胺可以提高超滤膜对有机物的去除效果，但是它自身的物理化学作用也相应地导致了膜污染现象的加重。所以在实际工程应用中，应该从技术和经济的角度考虑，是否需要在混凝-超滤短流程工艺中投加助凝剂。

2.2.2　滤工艺参数研究

1.膜临界通量的确定

膜临界通量的概念最早由 Field 提出。膜恒通量过滤过程中，存在一个临界值，当膜过滤通量大于这个值时，膜污染情况严重，跨膜压差发展迅速。当膜通量低于这个值时，膜污染现象发展缓慢，其测定方法采用通量阶式递增法，即在膜过滤通量恒定的条件下，工作一段时间（ΔT），观察在这段时间（ΔT）内跨膜压差的变化情况，若其恒定不变或者缓慢上升，则增大膜通量继续重复以上操作，当

在第 N 个膜通量下，跨膜压差持续上升，则认为该膜通量和大于该膜通量的为超临界通量，第 N-1 个膜通量为次临界通量，临界通量居于第 N-1 个和第 N 个膜通量之间。

试验中在每个膜通量下连续运行 24h，膜清洗周期为 30min，清洗时间为 1min，起始膜通量为 40L/（m^2·h），每次增加 5L/（m^2·h）。图 2.15 所示为不同膜通量下跨膜压差的增长情况，可以看出当膜通量为 40 L/（m^2·h）、45 L/（m^2·h）和 50L/（m^2·h）时，跨膜压差基本没有增长，当膜通量为 55 L/（m^2·h）和 60 L/（m^2·h）时，跨膜压差增长迅速。由上述对膜临界通量的定义可知，临界膜通量居于 50 L/（m^2·h）和 55L/ L/（m^2·h）之间。

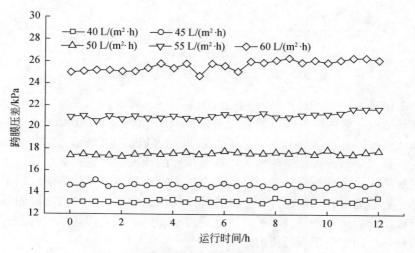

图 2.15　超滤膜临界通量的确定

试验过程中，由于膜通量较低时，跨膜压差增长缓慢，膜污染程度较轻，但是单位膜面积在单位时间内的产水量就会减小，并且对水的回收率也较低。为了得到较高的膜通量、较低的膜污染速率和较高的回收率，从技术和经济的角度考虑，选定混凝-超滤膜短流程工艺的最优膜通量为 50L/（m^2·h）。

2.极限膜通量的确定

理论上，膜通量通常可以采用 Darcy 公式（2.1）来表示

$$J = \frac{\Delta P}{\eta \cdot R} \tag{2.1}$$

$$R = \frac{\Delta P}{\eta \cdot J} \tag{2.2}$$

式中，J 为膜通量 [（L/m^2·h）]；ΔP 为跨膜压差（kPa）；η 为水的黏度；R 为过

滤过程中膜的总阻力。

一般认为，膜污染主要由浓差极化、膜孔的堵塞和滤饼层的沉积形成的。所以在过滤过程中的总阻力 R 主要包括膜组件自身的阻力、浓差极化形成的阻力、膜孔堵塞形成的阻力和滤饼层的形成造成的阻力，膜阻力的表示形式如式（2.2）所示。

如图 2.16 所示，该试验是通过改变膜通量来考察其跨膜压差的变化情况，膜通量分别控制为 40 L/（m²·h）、45 L/（m²·h）、50 L/（m²·h）、55 L/（m²·h）、60 L/（m²·h）、65 L/（m²·h）和 70L/（m²·h），每改变一次膜通量之前，都要对膜组件用 400mg/L 的次氯酸进行清洗以消除膜污染，在每个膜通量条件下测定其过滤初期的跨膜压差。图 2.16 表示了超滤膜运行过程中膜通量和跨膜压差之间的关系。可以看出，随着膜通量的增大，跨膜压差也在持续增大，当膜通量小于 60 L/（m²·h）时，跨膜压差和膜通量之间基本呈线性关系，当膜通量大于 60 L/（m²·h）时，偏离了线性关系。由于膜自身的阻力在过滤的整个过程中都没有变化，而其他膜阻力在过滤过程中都在持续变化，其中膜孔堵塞形成的阻力和滤饼层形成所造成的阻力主要与产水量有关，累计产水量越大它们所形成的阻力和也越大。由于测定的跨膜压差都是在各个通量条件下的初始跨膜压差，可以认为此时膜孔堵塞的阻力和滤饼层形成所造成的阻力忽略不计。所以，当膜通量大于 60L/（m²·h）时，膜通量和跨膜压差偏离了线性关系主要是由于浓差极化形成的膜阻力急剧增大所引起的。为了使膜设备运行过程中在较小的能量损耗下获得较大膜通量，笔者认为在膜通量小于 60L/（m²·h）时比较经济，当膜通量超过 60L/（m²·h）时，运行耗能费用会急剧升高，认为此膜通量为该膜组件的极限膜通量，在实际运行过程该膜通量应为增大的极限值。

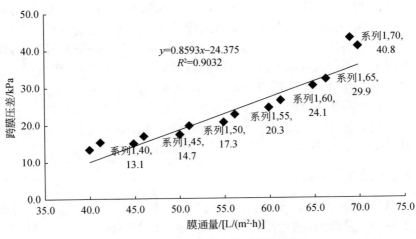

图 2.16　膜通量对跨膜压差的影响

3.温度对超滤膜性能的影响

大伙房水库原水会经历低温低浊期、常温常浊期和高温高浊期三个水质期，各个水质期水温变化很大，2 月份温度最低可以达到 2℃，8 月份温度最高可达到 26℃。所以研究在不同温度条件下超滤膜的性能具有积极的意义。图 2.17 为不同温度下超滤膜在累积产水量为 100m³ 时跨膜压差的变化情况。

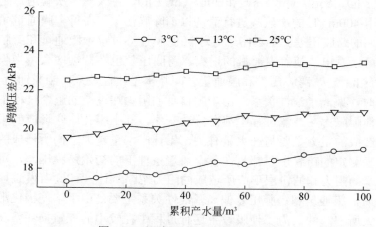

图 2.17　温度对膜污染情况的影响

由图 2.17 可知，当温度为 3℃时，跨膜压差由 17.3kPa 增长到 19.1kPa，增长了 1.8kPa；当温度为 13℃时，跨膜压差由 19.6kPa 增长到 21.0kPa，增长了 1.4kPa；当温度为 25℃时，跨膜压差由 22.5kPa 增长到 23.7kPa，增长了 1.2kPa。可以看出，在相同操作条件和相同产水量下，随着温度的升高，超滤膜跨膜压差增长量在减小，所以温度对超滤膜的性能影响较大。这主要是因为在较低温度下，絮凝剂的水解速率降低，布朗运动减缓，并且水的黏度升高，造成了颗粒间的有效碰撞次数减少，影响了絮凝效果。所以在超滤膜表面形成的滤饼层较为密实，部分尺寸较小的絮体颗粒容易进入膜孔，在膜物理清洗过程中，清洗效果变差，导致膜污染持续性积累，另外，温度较低时，超滤膜孔径因收缩而变小。由于这些原因，所以在低温条件下超滤膜跨膜压差增长速率较快。

4.超滤膜清洗周期的确定

混凝-超滤膜短流程工艺运行过程中，当采用较小膜清洗周期时，膜污染较轻，膜组件单位产水量所消耗的清洗水量较大，水的回收率较低；当采用较大的膜清洗周期时，单位产水量所消耗的清洗水量较小，水的回收率较高。但是当膜清洗周期较大时，污染物质在膜表面的吸附能力增强和浓度极化现象的加重，导致滤饼层逐渐压实，影响了物理清洗的效果，最终导致化学清洗周期和膜使用寿命的缩短。理论上存在一个较为经济的膜清洗周期。为此进行了如下试验，本试验分别考察了膜清洗周期在 15min、20min、25min、30min、35min 和 40min 累计产水量为 200m³ 时各自的跨膜压差增长情况，具体情况如图 2.18 所示。

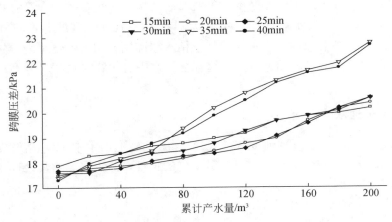

图 2.18　清洗周期对膜污染情况的影响

如图 2.18 所示，当膜清洗周期为 15min、20min、25min、30min 时，跨膜压差增长速率较慢，分别增长了 2.5 kPa、2.9 kPa、2.9 kPa 和 3.0kPa，可以看出跨膜压差的增长量随着膜清洗周期的延长而增大；当膜清洗周期为 35min 和 40min 时，跨膜压差的增长速率较快，分别增长了 5.2kPa 和 5.4kPa。为了得到一个对水回收率较高且膜污染较轻的清洗周期，综合考虑认为膜清洗周期为 30min 时较为经济。

2.3　混凝-超滤短流程工艺除污染性能分析

超滤膜在净水处理中的应用越来越广泛，伴随着膜净水技术的不断发展，其前处理的应用探索也越来越多。混凝—沉淀—过滤—消毒是传统常规工艺的四个步骤，其自被应用开发至今已经有一百多年的历史，是非常成熟的净水处理手段。作为新的水处理手段，在饮用水处理领域，膜滤技术在最初就尝试与传统工艺相结合，混凝沉淀-超滤流程，混凝-超滤流程等均得到了大量尝试。抚顺市大伙房水库原水在冬季温度较低时，原水浊度值也较低且有机物浓度超标的问题。而近些年的大量试验研究和实际生产上的结果都表明，常规的混凝、过滤、沉淀等工艺又对浊度和有机物等污染物指标的去除率有限，仅为 25% 左右，加之我国水质中存在长期溶解性有机物超标的问题，这不仅使常规水处理工艺不利于破坏水中胶体的稳定性，而且影响水中其他污染指标的去除效果。目前，全国各大中小型水厂多采用增加混凝剂用量的方法来改善出水效果，这样做不仅使水处理的成本上升，同时还大幅度增加了水中离子浓度，而且无法达到提供安全可靠的饮用水水质目标，还对居民的身体健康具有一定的危害（Wei R et al.，2006）。

低温低浊水现在还没有一个明确且严格的定义，通常将水温低于10℃，浊度低于 10NTU 的地表水称为低温低浊水。由于我国北方地区的地势特征和天气特性，大部分地表饮用水水源在冬季处于低温低浊状态。在冬季，水温为 0～2℃，浊度为 5～30NTU，水库水温为 1～4℃，浊度为 1～10NTU（严群等，2011）。在此期间，江河、湖泊和水库等水体常处于枯水冰冻期。由于流量骤减，生活污水和工业废水的总量并没有随之减少，这样会使水中有机物含量相对升高，COD_{Mn} 值偏高。

1.低温低浊水的特性

低温低浊水具有温度、浊度、耗氧量、pH 均较低，水中 CO_2 溶解度、黏度和 Zeta 电位较大，胶体颗粒较小且分散均匀的特性，但主要影响其处理难度的还是低温和低浊。

1）低温对处理过程的影响

由于无机盐混凝剂水解反应是吸热反应，水温低时，混凝剂水解缓慢，影响胶体颗粒脱稳聚集。根据范德瓦尔斯近似规则，在常温附近，水温每降低 10℃，混凝剂水解反应速率常数将降低 2～4 倍；同时水温较低会影响混凝剂的聚合反应速率，水体中形成了高电荷低聚合度的水解产物，不利于吸附架桥的形成，影响混凝出水效果。

水温较低时，气体特别是 CO_2 的溶解度增大，降低了水体的 pH，而偏低的pH 已经超出了混凝剂的最佳水解 pH，影响了混凝剂的水解过程，降低了最终出水效果。

水温低时，水的黏度变大，胶体颗粒液层间的运动阻力增大，水中胶体颗粒的布朗运动减弱，影响胶体颗粒间的有效碰撞和聚集，无法形成大而厚实的絮体。同时水化膜间的黏度增大会导致颗粒间结合强度减弱，形成的小而轻的絮体，不仅容易破碎，而且在低温时水体中气体的溶解度增大，絮体周围将吸附更多的气体，从而降低了沉淀效果。

水中胶体 Zeta 电位随温度的降低而升高（李卓文和龙银慧，2008）。由于胶体表面有负电荷存在，较高的 Zeta 电位，会增大颗粒间的排斥力，使颗粒间相互吸附的作用减弱，影响后续工艺的处理效果，导致最终的出水难以达标。

2）低浊对处理过程的影响

在浊度较低的情况下，胶体颗粒以较小且分散较均匀的形态存在于水中，具有较强的动力和聚集稳定性，这会影响颗粒间的有效碰撞，减缓絮凝反应速率，最终仅形成细、小、轻的絮体，从而加大后续工艺的处理难度，增大了水处理的运营成本。

浊度较低时，水中有机物的含量相对较高，加之有机物本身带有电荷，投加的混凝剂将会先与有机物中和,当混凝剂浓度达到一定量时才会与胶体颗粒反应,而由于有机物会在胶体颗粒表面形成一层稳定的保护层,因此就算投加过量的混凝剂,也难以提高除浊效果(王桂荣和张建军,2010)。

2.微污染水的危害

由于微污染水无法满足一些国家标准中作为生活饮用水源水的水质要求,而且不同水源水体污染物指标超标程度也各不相同,每种污染物指标超标后,对人体的危害也各有不同。所以,隐藏在水体中的潜在危害根本无法预测。

1)氨氮指标超标的危害

水中存在的氨氮,在处理的过程中伴随着硝化过程。由于硝化过程中自养菌生长时的电子供体来自于氨,一般在水源处理和配水管道系统中,氨氮浓度为 0.25mg/L 的情况下硝化细菌就能够生长,在此生长过程中会产生硝酸盐和亚硝酸盐等代谢产物。

硝酸盐作为肥料中的重要组成部分,在灌溉农田和施肥的过程中,就会渗入地下,污染地下水和地表水,而高浓度的硝酸盐摄入人体后会引起急性或慢性中毒。此外,硝酸盐还能被还原为亚硝酸盐,亚硝酸盐对人体的危害较为严重。世界各地卫生组织均对水中硝酸盐的含量有严格的规定,世界卫生组织规定≤11.3mg/L;美国规定≤10mg/L。

亚硝酸盐可以在人体内部形成慢性积累,食入 0.3~0.5g 的亚硝酸盐即刻便能引起中毒,摄入约 3g 亚硝酸盐则可致死亡。由于亚硝酸盐能将血液中正常携氧的低铁血红蛋白氧化为高铁血红蛋白,因失去携氧能力而引起组织缺氧、头痛、头晕、无力、胸闷、呕吐、全身皮肤及黏膜呈现不同程度青紫色,严重时会出现昏迷、呼吸衰竭甚至死亡。有研究表明,食道癌、胃癌等多种癌症和亚硝酸盐的摄入量呈正相关关系,在酸性条件下,亚硝酸盐与伯胺、叔胺和酰胺等反应生成强致癌物 N 亚硝胺,而且若在折点加氯前不能有效降低氨氮的含量,这样加氯量便会加大、费用也随之增高。同时还会产生大量的致突变、致畸变、致癌变作用的卤代副产物。水中存在的亚硝酸盐性质不稳定,容易被微生物或氧化剂转化为硝酸盐和氨氮。

氮污染还会加速水体的富营养化过程(邢占军和吕喜胜,2009;蔡龙炎等,2010;Kim S H et al.,2007)。藻类会在富营养化的水体中迅速繁殖,使饮用水产生霉味和臭味;藻类过度的代谢,不仅影响感官,降低水体透明度,而且还会分泌、释放有毒有害物质,并阻碍水体的复氧过程及影响水生动物的生存环境;而在藻类死亡分解腐烂的同时,会消耗大量的溶解氧,水体散发出恶臭。我国在《生活饮用水卫生标准》(GB 5749—2006)(中国人民共和国卫生部等,2007)中对硝酸盐浓度上限规定为 10mg/L(受地下水水源限制时为 20mg/L),氨氮的浓度上限规定为 0.5mg/L。

2）有机物指标超标的危害

水体中主要的有机污染物分为天然有机污染物和人工合成有机污染物两大类。其中，天然有机污染物主要是在自然循环过程中动植物腐烂由细菌分解所产生如腐殖质、溶解的动物组织、微生物分泌物、排泄物和废弃物等的化学物质。其中腐殖质是一类具有亲水且呈酸性的多分散体物质，其分子量跨度范围非常大，是天然有机污染物的重要组成部分。腐殖质中又可以根据溶解性的不同分为：富里酸、腐殖酸和黑腐物三大类。腐殖酸的存在会破坏人体对某些如 Ca、Mg、Mn、V、Mo 等多种元素的吸附和平衡。同时腐殖质极易在水厂加氯过程中形成消毒副产品三卤甲烷类致癌物质，研究表明，溶解态腐殖酸类是天然水体中一种消毒副产物的主要前驱物，这种副产物有强致突变性（姜安玺等，2001），还是大骨节病的重要诱因。

人工合成有机污染物是指有毒有害的有机污染物。其特点表现在降解较难、存留较容易、生物富集性、毒性和三致作用明显等。有毒有机物虽痕量摄取也会有很大的潜在威胁，如多环芳烃、三氯甲烷等绝大多数有机物都是致癌物。我国在《生活饮用水卫生标准》（GB 5749—2006）中严格规定，COD_{Mn} 的上限为 3mg/L。

随着产业模式的全面提升和新型人工合成有机化学品的不断问世，有毒有机污染物的数量急剧增加，常年出厂水质难以达标，使常规处理工艺越发窘迫。因此，在常规处理工艺前，采用较为有效的预处理或强化混凝等前置工艺，是最为简便且经济的水处理方法。而预处理工艺又具有初级去除污染物强、强化常规处理工艺效果好、减轻后续工艺负担等特点，同时还能提高水处理工艺的整体性，进而改善饮用水水质，确保居民饮用水安全等优点，近年来得到国内外专家学者的强烈关注。

2.3.1　超滤膜短流程工艺的除污染性能分析

超滤膜短流程工艺累计运行 196d，2012 年 2 月 15 日至 5 月 10 日处于低温低浊期，共计 86d，5 月 11 日至 8 月 28 日处于常温常浊期，共计 110d。

1.浊度的去除效果分析

试验期间，在低温低浊期原水浊度较为稳定，并处于较低水平，在常温常浊期，由于雨季的来临，导致浊度急剧升高。如图 2.19 所示为不同水质期超滤膜对浊度的去除情况。

浊度的去除主要可以反映对悬浮物、胶体颗粒、微生物等的去除程度，通常作为水处理工艺和设备重要指标之一。由于超滤膜短流程工艺处理原水的过程中，无论前段引不引入膜前预处理工艺或者投不投加化学药剂，超滤膜出水浊度均非常稳定，因此，许多学者致力于膜工艺代替传统工艺的试验研究。由图 2.19 可知，

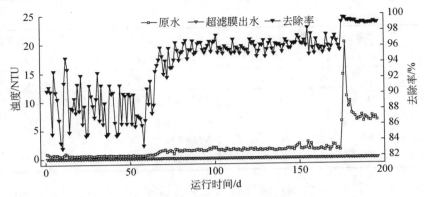

图 2.19　超滤膜短流程工艺对浊度的去除情况

在不同水质期，超滤膜短流程工艺的出水浊度都比较稳定，范围在 0.039～0.101NTU，平均值为 0.060NTU，浊度小于 0.1NTU 的保证率可达 99%以上，并且出水浊度不受原水水质的影响，远低于《生活饮用水卫生标准》（GB 5749—2006）规定的小于 1NTU 的限值。同时，将军水厂传统工艺砂滤池出水浊度范围在 0.15～2.76NTU，表明超滤膜在截留颗粒物方面具有一定的优势，浊度去除效果远好于传统水处理工艺。

2.微生物的去除效果分析

试验期间，分别对大伙房水库原水和超滤膜短流程工艺出水的大肠菌群和细菌总数进行检测，每周检测一次。检测结果如表 2-6 所示。

表 2-6　微生物指标日常检测结果

日期	细菌总数/（CFU/mL）		大肠菌群/（CFU/mL）		日期	细菌总数/（CFU/mL）		大肠菌群/（CFU/mL）	
	原水	出水	原水	出水		原水	出水	原水	出水
2012.2.20	400	2	5	0	2012.4.30	740	0	3	0
2012.2.27	530	0	4	0	2012.5.7	120	2	5	0
2012.3.5	420	2	5	0	2012.5.14	150	1	7	0
2012.3.12	630	0	0	0	2012.5.21	640	3	2	0
2012.3.19	300	0	4	0	2012.5.28	360	0	3	0
2012.3.26	720	0	2	0	2012.6.4	860	0	12	0
2012.4.2	800	2	4	0	2012.6.11	360	2	10	0
2012.4.9	1200	3	3	0	2012.6.18	860	3	10	0
2012.4.16	1400	0	5	0	2012.6.15	260	2	15	0
2012.4.23	1500	0	2	0	2012.7.2	160	0	10	0

续表

日期	细菌总数/ （CFU/mL）		大肠菌群/ （CFU/mL）		日期	细菌总数/ （CFU/mL）		大肠菌群/ （CFU/mL）	
	原水	出水	原水	出水		原水	出水	原水	出水
2012.7.9	780	1	25	0	2012.8.6	470	0	100	0
2012.7.16	520	2	85	0	2012.8.13	630	1	90	0
2012.7.23	460	0	40	0	2012.8.20	720	1	240	0
2012.7.30	250	1	56	0	2012.8.27	510	1	20	0

由表 2-6 可知，超滤膜短流程工艺出水的细菌总数均小于 4CFU/mL，大肠菌群均未检测出，结果均低于《生活饮用水卫生标准》（GB 5749—2006）规定的限值，可见，超滤膜截留微生物的效果良好。所以，对其出水进行消毒时必然可以降低消毒剂的投加量，最终也可以降低消毒副产物的生成量，保证饮用水水质的化学安全性。本试验中，采用的超滤膜公称孔径为 0.01μm，理论上可以截留全部细菌和大肠杆菌。但从表 2-6 可以看出，出水仍能检测到部分微生物，这可能是由于部分膜丝的破损、微生物不同生长阶段体积大小不同和微生物可以变形等引起的。

3.COD_{Mn} 的去除效果分析

试验期间，原水的 COD_{Mn} 在 2.29～4.40mg/L，平均值为 3.10mg/L，总体来说，大伙房水库原水的 COD_{Mn} 不高。在高温高浊期，上游雨量激增，导致原水浊度的升高，同时，也引起了 COD_{Mn} 的升高。如图 2.20 所示为超滤膜短流程工艺对 COD_{Mn} 的去除情况。

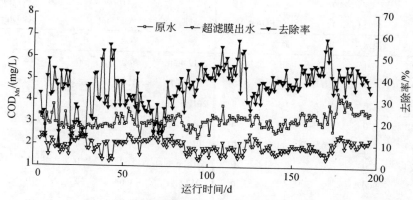

图 2.20 超滤膜短流程工艺对 COD_{Mn} 的去除情况

由图 2.20 可知，在低温低浊期，超滤膜出水的 COD_{Mn} 为 1.23～2.55mg/L，平均值为 2.06mg/L，平均去除率为 30.66%；常温常浊期，为 1.31～2.51mg/L，平均值为 1.80mg/L，平均去除率为 40.66%；高温高浊期，为 1.38～2.48mg/L，平均值为 1.93mg/L，平均去除率为 41.60%；可以看出在低温低浊期，处理效果没有其他两个水质期好，这主要是由于在低温低浊期，原水水质较好，在相当一部分时间内是通过原水直接超滤，而在其他两个水质期，均在超滤膜前增加了一些预处理手段。总体来说，不同水质期超滤膜出水均能满足《生活饮用水卫生标准》（GB 5749—2006）规定的 3mg/L 的限值。

4.UV$_{254}$ 的去除效果分析

试验期间，低温低浊期，原水的 UV_{254} 为 0.032～0.077cm^{-1}，平均值为 0.055cm^{-1}；常温常浊期，为 0.043～0.070cm^{-1}，平均值为 0.052cm^{-1}；高温高浊期，为 0.046～0.082cm^{-1}，平均值为 0.061cm^{-1}，如图 2.21 所示为超滤膜短流程工艺对 UV_{254} 的去除情况。

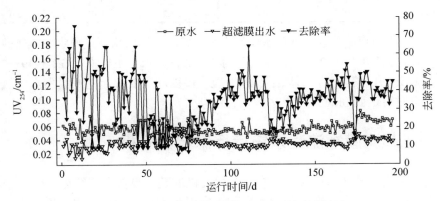

图 2.21　超滤膜短流程工艺对 UV_{254} 的去除情况

由图 2.21 可知，在低温低浊期，超滤膜短流程工艺出水的 UV_{254} 为 0.013～0.068cm^{-1}，平均值为 0.042cm^{-1}，平均去除率为 23.37%；常温常浊期，为 0.025～0.042cm^{-1}，平均值为 0.033cm^{-1}，平均去除率为 35.18%；高温高浊期，为 0.026～0.051cm^{-1}，平均值为 0.039cm^{-1}，平均去除率为 36.25%；由于在常温常浊期和高温高浊期超滤膜前有一些预处理方法，而在低温低浊期绝大部分时间是原水直接超滤，所以对 UV_{254} 的处理效果没有常温常浊期和高温高浊期好。

5.氨氮的去除效果分析

试验期间，对水质指标氨氮每周检测一次，检测结果见表 2-7。

表 2-7　氨氮指标日常检测结果

日期	氨氮/（mg/L）		日期	氨氮/（mg/L）	
	原水	出水		原水	出水
2012.2.20	0.02	0	2012.5.28	0.02	0
2012.2.27	0.05	0	2012.6.4	0.03	0.02
2012.3.5	0.04	0.01	2012.6.11	0.16	0.02
2012.3.12	0.03	0.01	2012.6.18	0.02	0
2012.3.19	0.04	0	2012.6.15	0.01	0
2012.3.26	0.1	0	2012.7.2	0.02	0
2012.4.2	0.06	0.02	2012.7.9	0.02	0
2012.4.9	0.07	0.02	2012.7.16	0.06	0
2012.4.16	0.06	0	2012.7.23	0.02	0
2012.4.23	0.04	0	2012.7.30	0.04	0
2012.4.30	0.06	0	2012.8.6	0.03	0.01
2012.5.7	0.04	0	2012.8.13	0.06	0.02
2012.5.14	0.04	0.02	2012.8.20	0.04	0.02
2012.5.21	0.02	0.01	2012.8.27	0.06	0.01

由表 2-7 可以看出，大伙房水库原水水质较好，不同水质期原水中氨氮数值均较低。原水的氨氮为 0.02～0.16mg/L，低于《生活饮用水卫生标准》（GB 5749—2006）规定的 0.5mg/L 的限值，所以不经过处理就可以满足要求，超滤膜出水的氨氮值更低，有时可达到 0mg/L。

2.3.2　超滤膜短流程系统运行稳定性分析

采用海南立升净水科技实业有限公司提供的超滤设备在连续运行的 6 个多月中，由于膜系统自身存在的问题和操作不当引起了设备停止产水现象的发生，针对这些问题和解决方法进行了记录，以便为后续试验操作人员和实际工程运行管理提供参考。如表 2-8 所示为膜系统运行过程中出现的问题和对应的解决方法。

表 2-8　超滤膜短流程系统运行中出现的问题和解决方法

编号	膜系统出现的问题	原因分析	解决方法
1	进水管管堵处漏水		更换管堵
2	膜丝内部堵塞	絮凝剂投加量过大，并投加了 PAM	进行化学清洗
3	操作压力过大而报警	自清洗过滤器清洗时短时间产水量提高，导致压力升高	调小过滤器排水阀门开启度
4	膜系统气动阀门开启故障	空气管路老化导致破损	更换空气管路

在超滤膜系统运行之初，絮凝剂聚合氯化铝投加量为 30mg/L，助凝剂聚丙烯

酰胺投加量为 0.5mg/L，因为药剂投加量过大且聚丙烯酰胺黏性较大，在膜清洗过程中，膜丝内表面的滤饼层不能清洗完全，导致膜表面的污染持续性积累、中空纤维膜中空部分堵塞。在实际运行过程中，如果跨膜压差增长较快，正冲水量和上反冲水量减小明显，就可以判定膜丝内部已经堵塞，此时必须停机通过化学清洗进行恢复。如图 2.22 所示为膜丝内部堵塞后的断面照片，黄色物质为聚合氯化铝，可见絮凝剂投加量过大。

图 2.22　膜丝内部堵塞情况

自清洗过滤器每运行 24h 进行一次清洗操作，在此过程中，膜设备正常运行。通过程序设定，采用变频调节增压泵的转速，使超滤膜进行恒定通量过滤。当过滤器清洗时，通过自动控制启动排水阀门，排除清洗废水，为了保证超滤膜产水量的预先设定值，系统自动通过变频调节加大增压泵的吸水量，当过滤器清洗完毕，系统自动关闭启动排水阀；由于增压泵变频调节需要一个过程，所以此时超滤膜产水量急剧增大，跨膜压差超过膜组件的压力限值为 0.1MPa，引起系统自动报警。解决该问题的方法是在自清洗过滤器排水管路上安装一个手动球阀，调小该阀门的开启度，使其在清洗时排水量减小，进而减小增压泵的吸水量，在气动排水阀关闭的瞬间不导致膜组件的产水量过大，最终使系统正常运行。

在系统运行过程中，需定期对空气管路是否漏气进行检查，由于制水环境湿度较大，空气管路更容易老化变脆，压力较大时，会引起管路的破裂，引起空压机的连续运转而损坏，所以必须定期对空气管路进行更换。

2.3.3 超滤膜短流程系统运行成本分析

超滤膜短流程系统在实际运行过程中产生的费用主要由电费、人工费、药剂费、设备折旧费用组成。通常情况下，大伙房水库水质较好，通过采用混凝-超滤短流程工艺即可满足《生活饮用水卫生标准》（GB 5749—2006）的规定，所以对运行成本的估算是基于该工艺流程计算得到的。

1.药剂费

采用混凝-超滤膜短流程工艺时所需要的药剂有氢氧化钠、盐酸、次氯酸钠、聚合氯化铝。每 3 天使用 400mg/L 的次氯酸钠溶液进行一次维护性清洗，每 3 个月应用酸和碱进行一次离线化学清洗。药剂费用分析见表 2-9。

表 2-9　药剂费用分析　（单位：元）

净水剂	CEB 清洗	化学清洗		消毒	合计
聚合氯化铝	次氯酸钠	氢氧化钠	盐酸	液氯	
0.0105	0.036	0.0012	0.009	0.0012	0.0579

2.人工费

由于该超滤系统产水量较小，若按此考虑人工费会偏高，偏离工程实际。按 10 万 t 超滤膜水厂计算，配置人员 20 人，人员工资为 150 元/天，可知人工费为 0.03 元/m³。

3.电费

超滤膜系统中主要用电设备有潜水泵、增压泵、反冲洗泵、电磁流量计、刷式自清洗过滤器、空压机。电费为 0.225 元/m³。

4.设备折旧费

膜系统中膜组件按 5 年折旧，折旧费用为 0.059 元/m³。自控系统及其他设备按 8 年折旧，折旧费用为 0.112 元/m³。总折旧费用为 0.171 元/m³。

5.膜系统总运行费用分析

膜系统总运行费用如表 2-10 所示。

表 2-10　超滤膜短流程系统总运行费用分析　（单位：元）

药剂费	人工费	电费	设备折旧费	合计
0.057	0.03	0.225	0.171	0.483

由表 2-10 可知，超滤膜短流程费用由药剂费、人工费、电费和设备折旧费组成，总的运行费用为 0.483 元/m³。

2.3.4　不同水质期混凝–超滤膜短流程工艺出水水质的比较分析

抚顺市将军水厂采用两套工艺进行制水，第一套澄清工艺混凝采用翼片折板絮凝池，沉淀采用小间距斜板沉淀池；第二套澄清工艺采用机械加速澄清池。这两套工艺滤池均采用双层滤料普通快滤池（上层滤料为无烟煤，下层滤料为石英砂），消毒均采用液氯消毒方法。试验期间分别比较了不同水质期将军水厂传统工艺出水和超滤膜短流程工艺出水的水质情况，主要比较的水质指标有浊度、COD_{Mn}、UV_{254}。

1.浊度去除效果的比较分析

表 2-11 分别列出了不同水质期原水、将军水厂出水和超滤膜短流程工艺出水浊度的情况，可以看出原水的浊度随着温度的升高而增大，水厂出水的浊度受原水浊度变化的影响较大，当原水浊度增大时，水厂出水浊度也在增大，而超滤膜出水浊度不受原水浊度的影响，各个水质期出水浊度都比较稳定，并且基本能保证在 0.1NTU 以下。可见，与传统工艺相比，超滤膜在浊度去除方面优势明显。

表 2-11　不同水质期出水浊度指标的比较

		低温低浊期	常温常浊期	高温高浊期
原水	范围/NTU	0.37～1.56	1.25～1.87	1.20～20.10
	平均值/NTU	0.70	1.45	4.12
水厂出水	范围/NTU	0.15～0.54	0.31～0.44	0.32～2.76
	平均值/NTU	0.24	0.38	0.67
	去除率/%	63.64	73.49	76.46
超滤出水	范围/NTU	0.039～0.101	0.044～0.076	0.045～0.082
	平均值/NTU	0.059	0.059	0.062
	去除率/%	90.05	95.93	97.36

2.COD_{Mn} 去除效果的比较分析

表 2-12 分别列出了不同水质期原水、将军水厂出水和超滤膜短流程工艺出水 COD_{Mn} 的情况，可以看出原水的 COD_{Mn} 随着温度的升高而增大，水厂出水受原水水质情况影响较大，当原水的 COD_{Mn} 较大时，出水的 COD_{Mn} 也较大。总体来说，超滤膜出水的 COD_{Mn} 小于将军水厂出水的 COD_{Mn}，并且低于《生活饮用水卫生标准》（GB 5749—2006）规定的 3mg/L 的限值。在低温低浊期，大多数情况下原水直接超滤，所以此时对 COD_{Mn} 的去除率不高，而在其他两个水质期，超滤

膜前都对原水采取一定的预处理措施，所以得到了较高的去除率。总而言之，超滤膜对 COD_{Mn} 的去除效果不仅受原水水质变化情况的影响，而且还和膜前预处理方法关系密切。

表 2-12　　不同水质期出水 COD_{Mn} 指标的比较

		低温低浊期	常温常浊期	高温高浊期
原水	范围/（mg/L）	2.29～3.84	2.29～3.79	2.54～4.40
	平均值/（mg/L）	2.98	3.04	3.32
水厂出水	范围/（mg/L）	1.52～2.99	1.80～2.95	1.80～2.96
	平均值/（mg/L）	2.16	2.27	2.51
	去除率/%	27.32	25.32	24.16
超滤出水	范围/（mg/L）	1.23～2.55	1.31～2.51	1.38～2.48
	平均值/（mg/L）	2.06	1.80	1.94
	去除率/%	30.66	40.66	41.30

3.UV_{254} 去除效果的比较分析

表 2-13 分别列出了不同水质期原水、将军水厂出水和超滤膜短流程工艺出水 UV_{254} 的情况，可以看出原水 UV_{254} 在前两个水质期较低，在高温高浊期较高，主要受到雨季降雨的影响较大，总体来看将军水厂出水 UV_{254} 较为稳定，平均值在 $0.04cm^{-1}$ 左右，平均去除率在 30% 左右。在常温常浊期和高温高浊期超滤膜短流程工艺出水的 UV_{254} 小于水厂出水，主要是由于在这两个水质期，超滤膜前都采取了一些预处理措施，而在低温低浊期，大多数情况下由于原水直接超滤，所以此时对 UV_{254} 的去除率不高，仅为 23.37%，效果差于将军水厂出水。所以通过超滤膜直接过滤原水时，对 UV_{254} 去除效果不好，要想达到更好的处理效果，必须在超滤膜前增加有效的预处理措施来弥补这种不足。

表 2-13　　不同水质期出水 UV_{254} 指标的比较

		低温低浊期	常温常浊期	高温高浊期
原水	范围/cm^{-1}	0.032～0.077	0.043～0.070	0.046～0.082
	平均值/cm^{-1}	0.055	0.052	0.061
水厂出水	范围/cm^{-1}	0.016～0.064	0.023～0.045	0.033～0.059
	平均值/cm^{-1}	0.039	0.038	0.044
	去除率/%	30.21	26.62	26.69
超滤出水	范围/cm^{-1}	0.029～0.068	0.025～0.042	0.026～0.048
	平均值/cm^{-1}	0.042	0.033	0.037
	去除率/%	23.37	35.18	38.83

2.4　混凝-沉淀-超滤膜耦合工艺的试验研究

由前面试验研究发现，利用超滤短流程工艺超滤大伙房水库微污染原水效果较好，为使超滤膜技术能够在工程实际中得到应用，人们进行了传统工艺和超滤膜耦合短流程工艺的试验研究，即利用传统工艺中的一部分作为超滤膜前的预处理技术。试验中利用抚顺市将军水厂传统絮凝工艺和传统混凝沉淀工艺与超滤膜进行研究。将军水厂混凝工艺采用翼片折板絮凝池，沉淀采用小间距斜板沉淀池。由于超滤膜前采用一定的预处理技术对污染物质的去除和膜污染都有积极的作用，所以利用传统工艺和超滤技术耦合工艺处理大伙房水库微污染原水对将来水厂、以大伙房水库为水源甚至是以北方寒冷地区水库水为水源的其他水厂的升级改造意义重大。

2012 年 8 月 9 日至 2012 年 8 月 18 日，超滤膜进水为传统工艺翼片折板絮凝池出水，累计运行 10d。2012 年 8 月 19 日至 2012 年 8 月 28 日，超滤膜进水为传统工艺小间距斜板沉淀池出水，累计运行 10d。两个阶段原水水质大体相同，但是，第一阶段原水水质较差，主要是受到暴雨影响的强度较第二个水质阶段更大。试验期间，传统工艺运行参数絮凝剂投加量为 10mg/L，絮凝时间为 9min，絮凝池进行水力分级，第一级流速为 0.12m/s，第二级流速为 0.09m/s，第三级流速为 0.06m/s，沉淀池上升流速为 2.5mm/s。在第一阶段采用传统混凝+超滤短流程工艺，第二阶段采用传统混凝沉淀+超滤短流程工艺。这两个工艺的流程图如图 2.23 和图 2.24 所示。

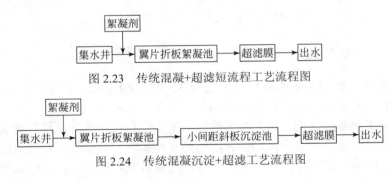

图 2.23　传统混凝+超滤短流程工艺流程图

图 2.24　传统混凝沉淀+超滤工艺流程图

传统混凝+超滤短流程工艺进水取自传统工艺絮凝池尾端，传统混凝沉淀+超滤短流程工艺进水取自传统工艺沉淀池出水集水渠。

2.4.1　两种工艺出水水质的比较分析

1.浊度去除效果的比较分析

在这一阶段原水平均温度为 24.1℃，属于高温期，原水浊度为 6.34~20.1NTU，平均值为 8.05NTU，超滤膜出水浊度为 0.058～0.082NTU，平均值为 0.068NTU。

由图 2.25 可知，两种工艺对浊度的去除效果相差不大。当采用传统混凝+超滤工艺时，对浊度的平均去除率为 99.20%，当采用传统混凝沉淀+超滤工艺时，对浊度的平均去除率为 99.01%，可以看出原水浊度在变化，但是超滤膜出水的浊度并没有出现明显的变化。可见，这两种不同工艺对浊度的去除率影响不大，并且无论原水浊度怎么变化，超滤膜出水的浊度均能保证在 0.1NTU 以下。这主要是由于超滤膜设置在工艺的尾端，对浊度去除起到了决定性的作用，体现出超滤膜在浊度去除方面的优势。

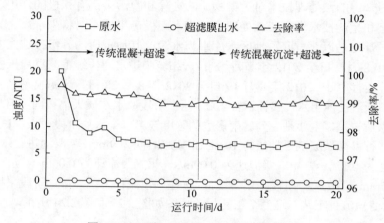

图 2.25　两种工艺对浊度去除效果的比较

2.CODMn 去除效果的比较分析

试验期间，第一阶段的原水 COD_{Mn} 为 3.52～4.40mg/L，平均值为 3.94mg/L；第二阶段原水 COD_{Mn} 为 3.35～3.66mg/L，平均值为 3.46mg/L。这两个阶段大伙房水库水质处于高温高浊期，由于暴雨的影响库底沉积物和泥沙泛起，造成这一阶段原水中有机污染物浓度升高，并且能明显看出暴雨过后的最初阶段原水水质较差，后续阶段由于水库中的自然沉降作用，水质有变好的趋势，总体来说，第一阶段的 COD_{Mn} 较第二阶段高。两种短流程工艺对 COD_{Mn} 的去除情况见图 2.26。

由图 2.26 可知，传统混凝+超滤短流程工艺出水的 COD_{Mn} 为 2.12～2.43mg/L，平均值为 2.29mg/L，对 COD_{Mn} 的平均去除率为 41.75%；传统混凝沉淀+超滤短流程工艺出水的 COD_{Mn} 为 1.98～2.22mg/L，平均值为 2.13mg/L，平均去除率为 38.5%。可以看出第二阶段超滤膜出水 COD_{Mn} 要低于第一阶段，但是，第二阶段对 COD_{Mn} 的去除率却低于第一阶段，这主要是由于原水水质不同而引起的。可以看出，超滤膜出水的 COD_{Mn} 受原水水质情况的影响较大，但是，这两个阶段超滤膜出水的 COD_{Mn} 都低于《生活饮用水卫生标准》（GB 5749—2006）规定的 3mg/L 的限值。

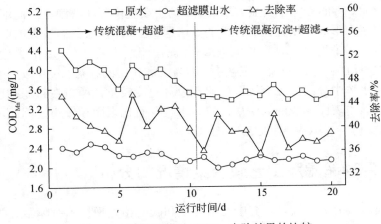

图 2.26　两种工艺对 COD_{Mn} 去除效果的比较

3.UV$_{254}$去除效果的比较分析

试验期间，第一阶段大伙房水库原水的 UV_{254} 为 $0.065\sim0.085cm^{-1}$，平均值为 $0.071cm^{-1}$；第二阶段大伙房水库原水的 UV_{254} 为 $0.059\sim0.071cm^{-1}$，平均值为 $0.067cm^{-1}$。这两个阶段原水水质属于大伙房水库高温高浊期，UV_{254} 高于常温常浊期和低温低浊期，同时，这两个阶段受暴雨的影响程度不同，第一阶段受暴雨影响较大，所以第一阶段原水的 UV_{254} 高于第二阶段。

由图 2.27 可知，采用传统混凝+超滤短流程工艺出水的 UV_{254} 为 $0.033\sim0.046cm^{-1}$，平均值为 $0.041cm^{-1}$，对 UV_{254} 的平均去除率为 42.74%；采用传统混凝沉淀+超滤膜短流程工艺出水的 UV_{254} 为 $0.036\sim0.045cm^{-1}$，平均值为 $0.040cm^{-1}$，对 UV_{254} 的平均去除率为 39.51%。可以看出，这两种工艺出水的 UV_{254} 相差不大，

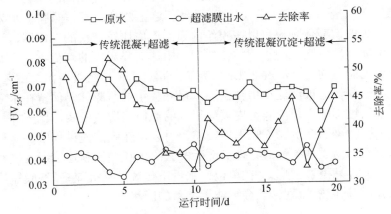

图 2.27　两种工艺对 UV_{254} 去除效果的比较

但是前者对 UV_{254} 的去除率明显大于后者，这主要是由于超滤膜在过滤混凝液时，会在膜丝内表面形成疏松并具有弹性的滤饼层，这一滤饼层具有较大的比表面积，可以吸附有机污染物质，所以，传统混凝+超滤短流程工艺对 UV_{254} 的去除率较大。而在传统混凝沉淀+超滤短流程工艺中，因为沉淀作用的存在，尺寸较大的矾花在沉淀池中从水体中分离，没有沉降的矾花总体尺度较小，所以在超滤膜过滤过程中，超滤膜丝内表面形成的滤饼层比较紧密，并且比表面积较小，因此，滤饼层吸附作用也较弱，对 UV_{254} 的去除率较低。

2.4.2　两种超滤膜工艺膜污染情况的分析

影响膜污染的因素较多，其中原水性质和膜前预处理技术对膜污染的影响较大。传统混凝+超滤和传统混凝沉淀+超滤这两种工艺流程长短不同，传统混凝出水和传统混凝沉淀出水水质的物理化学性质也不同。所以通过以下试验来考察这两种工艺对膜污染情况的影响。

试验过程中，两种工艺的超滤膜运行参数相同，膜通量为 $50L/(m^2 \cdot h)$，膜清洗周期为 30min，清洗时间为 1min（包括阀门的启闭操作时间），清洗流程为正冲 10s，上反冲 15s，下反冲 15s，然后再正冲 10s。投加的絮凝剂为聚合氯化铝，投加量为 10mg/L，絮凝时间为 9min。由于高温高浊期原水状况较差，为了避免较重的膜污染，超滤膜组件每运行 4d 进行一次维护性化学清洗。如图 2.28 所示为两种膜组合工艺在累计产水量为 $150m^3$ 时跨膜压差的增长情况。

由图 2.28 可知，当采用传统混凝+超滤膜短流程工艺，累计产水量为 $150m^3$ 时，超滤膜组件的跨膜压差由 24.8kPa 增长到 27.7kPa，增长了 2.9kPa，当采用传统混凝沉淀+超滤膜短流程工艺，累计产水量为 $150m^3$ 时，超滤膜组件的跨膜压差由 25.4kPa 增长到 28.9kPa，增长了 3.5kPa。可以看出，在相同的条件下，传统混凝沉淀+超滤工艺会造成更加严重的膜污染，这主要是由于超滤膜进水为混凝液时，尺寸较大的絮凝体颗粒可以在膜丝内表面形成比较疏松的滤饼层，这种滤饼层可以截留能够堵塞膜孔的小颗粒物质和吸附造成膜污染的有机物质，并且该滤饼层可以通过简单的物理清洗而去除。当超滤膜进水为传统混凝沉淀工艺出水时，因为较大的絮凝体通过沉淀作用被去除，尺寸较小的絮凝体仍保留在水中，所以在超滤膜过滤过程中，超滤膜丝内表面形成的滤饼层比较密实，比表面积较小，对容易造成膜污染的有机物质吸附性较差，另外，在膜清洗过程中，这种较为密实的滤饼层不容易通过单纯的物理清洗手段去除，在超滤膜连续运行过程中，膜表面的污染更容易积累。所以，在单位产水量下传统混凝沉淀+超滤膜短流程工艺较传统混凝+超滤膜短流程工艺会形成更严重的膜污染。

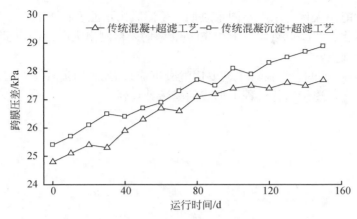

图 2.28 两种组合工艺对膜污染情况的影响

综合 2.3 节混凝-超滤短流程工艺除污染性能分析的研究内容可知，虽然传统混凝+超滤膜短流程工艺要比传统混凝沉淀+超滤膜短流程工艺流程短，但是前者可以得到更高的污染物质去除率，并且在连续运行过程中形成的膜污染较传统混凝沉淀+超滤膜短流程工艺轻。所以从技术和经济的角度考虑,在这种水质条件下,利用水厂传统工艺和超滤膜技术组合制水时,选择传统混凝+超滤膜短流程工艺是比较合适的。

海南立升净水科技有限公司对该种超滤膜提供技术参数要求进水浊度小于 50NTU，主要是防止超滤膜丝内部堵塞。所以，当原水浊度高于 50NTU 时，传统混凝+超滤短流程工艺并不适用，在这种条件下，必须对流程较长的传统工艺与超滤膜技术组合工艺进行试验研究，以确保在该种条件下仍可以应用超滤膜来制取饮用水。

2.5　本　章　小　结

（1）超滤膜技术被誉为 21 世纪的水处理技术，随着新型膜材料的开发和膜成本的逐渐降低，膜过滤技术在国内外工程实际中得到广泛应用。

（2）采用混凝-超滤膜直接过滤工艺处理大伙房水库微污染原水时，絮凝剂聚合氯化铝的处理效果优于三氯化铁。当聚合氯化铝投加量为 7mg/L，絮凝时间为 15min，膜清洗周期为 30min 时，超滤膜出水浊度均能保证在 0.1NTU 以下，对 COD_{Mn} 和 UV_{254} 的去除率分别为 40.42%和 37.12%。

（3）通过对超滤膜性能的研究发现，该膜组件临界膜通量为 50L/（$m^2 \cdot h$），极限膜通量为 60L/（$m^2 \cdot h$），温度对超滤膜的性能有一定的影响，当温度较低时，跨膜压差增长较快，另外，超滤最佳的膜清洗周期为 30min。

（4）通过对超滤膜短流程工艺运行状况进行分析，比较了该工艺与传统工艺的除污染性能，大伙房水库不同水质期，超滤膜出水浊度在 0.1NTU 以下的保证率在 99%以上，细菌总数均小于 4CFU/mL，均未检测出大肠菌群，超滤膜出水水质均低于 3mg/L。

（5）混凝+超滤膜短流程工艺要比混凝沉淀+超滤膜短流程工艺流程短，污染物质去除率高，连续运行过程中形成的膜污染较轻。

第3章　汛期高浊污染微絮凝-超滤深度处理技术

随着社会发展和生活水平的不断提高，人们对饮用水的要求也越来越高，超滤工艺作为第三代饮用水处理工艺，因其出水水质的稳定性受到越来越多的关注。影响超滤膜系统出水稳定性的工艺参数较多，为此需要进行大量的试验以确定最优的工艺参数。如何科学地设计试验，以获得可靠性较高的试验数据，这是工程技术人员在设计试验过程中最需要解决的问题。

2013年8月16日上午11时至夜间23时，辽宁省抚顺市发生特大降雨，全市平均降雨量达到127.3mm。本次降雨区域主要出现在浑河大伙房水库以上流域。据不完全统计，浑河大伙房水库以上流域平均降水量可达156mm，浑河北口前水文站以上流域平均降雨量高达285mm。强降雨使浑河水位急速升高，伴随着部分泥石流等一并进入大伙房水库，水位的急速升高，也使多年沉淀在大伙房水库中的淤泥、杂质等物质重新翻滚上来，使大伙房水库原水水质季度变差，尤其是浊度、COD_{Mn}、UV_{254}、微生物、大肠杆菌、细菌等变得严重不符合饮用水指标。洪水过后，浊度在长时间内不下降，水厂应用传统工艺，即混凝—沉淀—过滤—消毒工艺所生产出的饮用水已经无法达到《生活饮用水卫生标准》（GB 5749—2006）的要求。对于汛期突发浊度升高的现象应对不及，水厂通过增加混凝剂的投加量来降低浊度，聚合氯化铝的投加量一度达到了50mg/L，但出水水质却不尽如人意，而且出现滤池堵塞的现象，水厂只能通过频繁冲洗滤池来缓解堵塞情况。所以采用超滤膜工艺来处理这种高浊度水，在进入10月份以后温度逐渐降低，水质情况变为低温偏高浊度水。

目前《生活饮用水卫生标准》（GB 5749—2006）的强制实施，对饮用水水质提出了更加严格的要求。在抚顺市2013年发生了特大洪水后，原水浊度极具升高（宗子翔等，2015），甚至达到了1000NTU，耗氧量等指标也已经严重超过国家标准，采用常规水处理工艺已经不能达到《生活饮用水卫生标准》（GB 5749—2006）的要求。这种高浊度水，对传统工艺正常运行提出了挑战。

由于辽宁省其他水源水质与大伙房水库水质相比较差，近几年来，辽宁省其他地区也争相从大伙房水库取水，这必然会造成入库水在库内停留时间缩短，影响水体天然净化效果，还影响水厂取水水质。水库水在洪水后浊度高，天然水体自沉时间短的情况下，采用超滤膜过滤工艺对大伙房水库原水的除污染性能进行研究，在此基础之上，对传统工艺与超滤膜技术组合工艺进行优化，针对汛期突发高浊高污染的原水特征，解决传统净水厂出水水质不达标的技术难题。该研究结果不仅可为抚顺市现有水厂汛期后出水浊度高等问题提出解决方法和对策，也可为北方寒冷地区及以水库水作为水源的净水厂汛后采取的紧急措施提供技术参考。

3.1　微絮凝-超滤深度处理工艺影响因素及最优组合参数确定

3.1.1　原水水质情况

本章主要针对大伙房水库的正常水质期的原水，试验从 2013 年 6 月上旬持续到 8 月上旬，其间原水水质条件见表 3-1。

表 3-1　试验期间原水水质

水质指标	变化范围	平均值
温度/℃	12~25	21.2
浊度/NTU	0.781~21.4	10.1
$COD_{Mn}/$（mg/L）	3.1~4.6	3.6
UV_{254}/cm^{-1}	0.041~0.068	0.053

本部分研究所针对的原水为水厂沉淀池出水，在正常水质期，由于原水水质较好，因此水厂采用不加药处理，此时超滤膜的进水相当于原水；当汛期来临时，各项水质指标不同程度的升高，水厂开始加药，混凝剂采用聚合铝。

3.1.2　正交试验设计

正交试验设计法是进行多因素试验的一种科学试验方法。它以概率论数理统计、专业技术知识和实践经验为基础，利用规格化的表格——正交表来安排试验方案，并对试验结果进行计算分析，找到对试验影响最显著的因素，确定最佳因素水平组合，最终达到减少试验次数，缩短试验周期，节约试验成本的目的。

超滤膜系统在运行的过程中，影响 TMP 增长的因素有很多，如膜材料、操作方式、原水水质等。经分析，本试验确定如下三个主要影响因素，因素 A：处理水量；因素 B：过滤时间；因素 C：加药量。每个试验因素取三个水平，见表 3-2。

表 3-2　因素水平表

水平	因素		
	A 处理水量/（m^3/h）	B 过滤时间/min	C 加药量/（mg/L）
1	2	30	3
2	2.5	40	5
3	3	60	8

1.选用合适的正交表

确定因素和水平后，要根据因素和水平选取合适的正交表。正交表的选择原则是在能够安排试验因素和交互作用的前提下，尽可能选用较小的正交表，以减少试验次数。通常，因素的水平数应等于正交表中的水平数；因素的个数不大于正交表的列数。本试验为三水平三因素，因此选用 L9（34）正交表，见表 3-3。

表 3-3　试验方案及试验结果分析表

项目		因素			
		A/（m^3/h）	B/min	C/（mg/L）	TMP 的增长值/kPa
	1	2	30	3	5
	2	2	40	5	4
	3	2	60	8	5
	4	2.5	30	5	6
	5	2.5	40	8	7
	6	2.5	60	3	7
	7	3	30	8	7
	8	3	40	3	9
	9	3	60	5	8
水平	K_1	14	18	21	
	K_2	20	20	18	
	K_3	24	20	19	
	T_1	4.7	6	7	
	T_2	6.7	6.7	6	
	T_3	8	6.7	6.3	
	极差 R	3.3	0.7	1	$R_i=\max\{T_i\}-\min\{T_i\}$
	最优水平	A_1	B_1	C_2	
	主次因素	A	C	B	
	最优组合	$A_1B_1C_2$			

2.确定试验方案并记录试验结果

表头设计后（A 占第一列、B 占第二列、C 占第三列），水平按正交表要求对号入座，填入上表。每一行即是一个试验方案，共 9 个试验，如第 1 行为 $A_1B_1C_1$，第 2 行为 $A_1B_2C_2$ 等。

　　按每个方案所设置的参数做试验，把试验结果即每个方案实际得到的 TMP 增长情况填入正交表。

3.计算分析试验结果

　　正交试验最常用的分析方法是极差分析法。极差分析法也称直观分析法，其计算简便、结果显示直观、易懂。通过极差分析可以明确各因素对试验指标（TMP）影响的主次顺序，哪个是主要因素，哪个是次要因素；找出试验因素的优水平和试验范围内的最优组合，即试验因素各取什么水平时，试验指标最好；分析因素与试验指标之间的关系，即当因素变化时，试验指标是如何变化的；找出指标随因素变化的规律和趋势，为进一步试验指明方向；了解各因素之间的交互作用情况；估计试验误差的大小。具体的计算步骤如下。

　　a.计算 K_i 值。

　　K_i 为同一水平之和，以因素 A 为例：

　　$K_1=5+4+5=14$；$K_2=6+7+7=20$；$K_3=7+9+8=24$

　　同理 B 因素：$K_1=5+6+7=18$；$K_2=4+7+9=20$；$K_3=5+7+8=20$

　　C 因素：$K_1=5+7+9=21$；$K_2=4+6+8=18$；$K_3=5+7+7=19$

　　b.计算各因素同一水平的平均值 T_i。

　　因素 A 的 $T_1=K_1/3=14/3=4.7$；$T_2=K_2/3=20/3=6.7$；$T_3=K_3/3=24/3=8$

　　因素 B 的 $T_1=K_1/3=18/3=6$；$T_2=K_2/3=20/3=6.7$；$T_3=K_3/3=20/3=6.7$

　　因素 C 的 $T_1=K_1/3=21/3=7$；$T_2=K_2/3=18/3=6$；$T_3=K_3/3=19/3=6.3$

　　c.计算各因素的极差 R，R 表示该因素在其取值范围内试验指标变化的幅度，$R_i=\max\{T_i\}-\min\{T_i\}$。

　　从表中可以得出因素 A 的极差 $R_1=8-4.7=3.3$，因素 B 的极差 $R_2=6.7-6=0.7$，因素 C 的极差 $R_3=7-6=1$。

　　d.根据极差大小，判断因素的主次影响顺序。

　　R 越大，表示该因素的水平变化对试验指标的影响越大，因素越重要。由以上分析可知，因素影响的主次顺序为 $A-C-B$，即 A（处理水量）因素的影响最大，为主要因素，因素 C（加药量）和因素 B（过滤时间）次之。

　　e.做出因素与指标的趋势图，直观分析指标与各因素水平波动的关系。

　　从图 3.1 可以看出，最佳方案为 $A_1B_1C_2$。显然，通过正交表所确定的 9 个方案中没有 $A_1B_1C_2$ 这个方案。从表 3-3 可以看出，TMP 增长最缓慢的方案为 $A_1B_2C_2$，即 2 号方案。因此，两个试验方案哪一个为最佳的方案需要通过试验来证明，即考察 $A_1B_1C_2$ 和 $A_1B_2C_2$ 两种方案在处理 200m³ 水之后 TMP 的增长情况。如图 3.2 所示。两种工况在处理 200m³ 的水之后，TMP 均增长了 6Pa，此时再去考虑两种工况对污染物的去除情况，如图 3.3 所示。

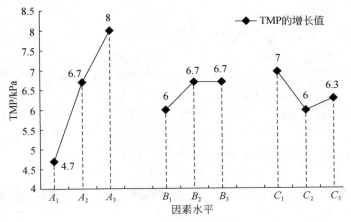

图 3.1　水平与指标关系图

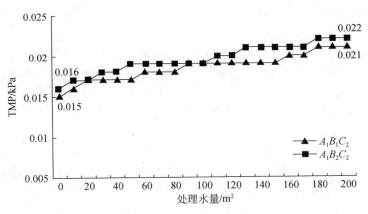

图 3.2　TMP 的增长情况

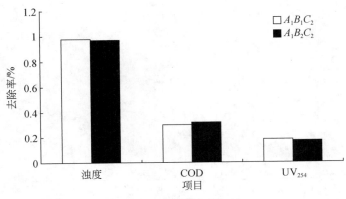

图 3.3　污染物的去除率

　　从图 3.3 可以看出，两种工况出水水质相差很小，但是工况 1 的过滤时间为 30min，工况 2 的过滤时间为 40min，说明处理相同的水量工况 1 需要更频繁的反冲洗，浪费更多的反洗水。因此，从经济的角度来看，工况 2 为最佳组合，但考虑到汛期原水高浊高藻的特性，为了防止设备堵塞，保证超滤设备的正常运行及其使用寿命，选用工况 1 为最佳组合。

　　由此可见，影响微絮凝-超滤系统运行操作参数的主次顺序为：A（处理水量），C（加药量），B（过滤时间）。通过上述计算与分析，最终确定了微絮凝-超滤工艺的最优组合参数为：处理水量为 2m³/h；过滤时间为 40min；加药量为 5mg/L。

3.2　微絮凝-超滤深度处理对高浊水的去除效果分析

3.2.1　浊度的去除效果分析

　　分别对比水厂常规工艺出水和微絮凝-超滤工艺出水浊度在汛期过程中的变化，如图 3.4 所示。根据 2013 年 8 月 6 日至 9 月 30 日的数据，结果表明，汛期造成原水的浊度迅速上升（原水浊度最高达 982NTU），水厂将除浊作为第一要务，采用提高混凝剂投加量的方法来改善混凝效果，达到降低浊度的目的。水厂从 8 月 17 日提高聚合氯化铝投加量至 50mg/L，水厂常规工艺对浊度的去除有一定的效果，但是出水浊度仍不能满足《生活饮用水卫生标准》（GB 5749—2006）的要求，尤其在强降雨发生的几天，水厂出水浊度平均值达到 3NTU。随着原水浊度逐渐降低，水厂出水浊度平均值达到 1.5NTU，直到汛期过后第 40 天，出厂水浊度才降低至 1NTU 以下。同常规工艺相比，超滤膜工艺表现出良好的除浊性能。汛期之前，采用水厂混凝沉淀后直接超滤工艺，未投加二次絮凝剂，膜工艺出水

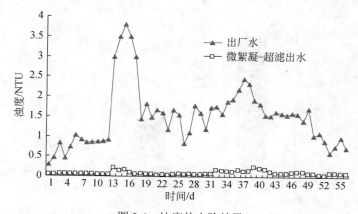

图 3.4　浊度的去除效果

浊度稳定在 0.1NTU 以下,汛期强降雨期间采用水厂混凝沉淀后进入微絮凝-超滤工艺,絮凝剂投加量为 5mg/L,在此运行期间,尽管汛期原水的浊度变化较大,但是膜工艺出水浊度始终保持在 1NTU 以下。当原水浊度降低至平均 165NTU 时,调整微絮凝剂的投加量为 1.5mg/L,尽管膜工艺出水浊度有上升趋势,但是仍稳定在 0.2NTU 以下。由此说明,在水厂混凝沉淀工艺基础上,由微絮凝-超滤工艺代替原有过滤工艺解决汛期高浊污染问题是有效的。

3.2.2　有机物的去除效果分析

大伙房水库汛期到来前后原水、水厂常规工艺出水和微絮凝-超滤工艺出水的 COD_{Mn} 变化趋势如图 3.5 所示。汛期前,大伙房原水 COD_{Mn} 平均值为 3.37mg/L,在强降雨期间,COD_{Mn} 值迅速增加至 8.56mg/L,对应此时的水厂常规工艺出水 COD_{Mn} 值均在 3mg/L 以上,不满足《生活饮用水卫生标准》(GB 5749—2006)中 COD_{Mn}<3mg/L 的要求。尽管水厂增加了混凝剂的投加量,但是仍无法有效去除水中的有机物。相比常规工艺,在混凝沉淀后采用微絮凝-超滤工艺就可以有效应对汛期突发水质污染的情况。在整个汛期过程中,微絮凝-超滤工艺出水的 COD_{Mn} 值均小于 3mg/L,平均值为 1.93mg/L,满足国家标准的要求,并且在强降雨 20 天后,由于原水浊度逐渐降低,因此调整絮凝剂的投加量至 1.5mg/L,该工艺的出水 COD_{Mn} 值未受到影响,平均值为 1.91mg/L。利用微絮凝使水中胶体或溶解态的有机物质在絮凝剂的作用下,通过吸附、电解等物化反应由液态转移至絮体颗粒,有利于超滤膜截留去除,从而提高工艺的除污效能,有效保证出水水质的安全性。

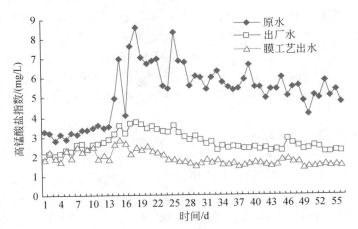

图 3.5　COD_{Mn} 的去除效果

3.2.3 微生物的去除效果分析

大伙房水库汛期中对原水、水厂常规工艺出水及微絮凝-膜工艺出水中细菌总数的测定结果如表 3-4 所示。

表 3-4 微生物的去除效果

检测日期/（年-月-日）	细菌总数/（CFU/mL）		
	原水	水厂出水	膜出水
2013-08-07	92	0	0
2013-08-11	88	0	0
2013-08-15	65	4	0
2013-08-19	2400	2	0
2013-08-23	2124	12	0
2013-08-27	1280	2	0
2013-08-31	769	0	0
2013-09-04	480	2	0
2013-09-08	240	0	0
2013-09-12	420	0	<1

未降雨时大伙房水库平均每毫升水中细菌总数均小于 100CFU/mL，在强降雨期间，细菌总数高达 2400CFU/mL，数值为平时的几十倍，并且大肠菌群数也高达 158CFU/mL，随着水库原水浊度逐渐降低，对应的细菌总数也逐渐减少，但仍高达 240～480CFU/mL。原水中微生物数量的增多，提高了常规工艺的运行负荷，需要增加消毒剂的投加量，以保证出水细菌总数满足标准要求，但是这也会导致消毒副产物生成量增加。采用微絮凝-超滤膜工艺出水中均未检出细菌，由于超滤膜公称孔径为 0.01μm，可以截留全部细菌和大肠杆菌，因此采用该工艺可以满足出水水质的生物安全性，并能降低消毒剂的投加量，减少消毒副产物的生成。

3.2.4 超滤膜污染情况分析

通过跨膜压差变化反映超滤膜污染情况，对比汛期前、强降雨期、汛期稳定后超滤膜工艺跨膜压差的变化。由于原水污染情况较严重，为避免较重的膜污染，确定膜物理清洗周期为 30min（水洗），清洗时间为 1min；化学清洗为 4d（酸洗、碱洗）；比较累计产水量 100m³ 后跨膜压差的增长值（图 3.6）。

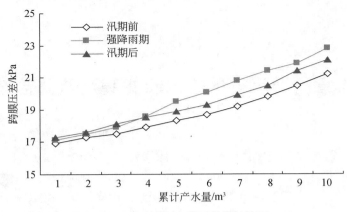

图 3.6　不同时期跨膜压差增长情况

汛期前原水浊度较低，因此微絮凝-超滤膜工艺未投加絮凝剂，此段时间累积产水量为 100m³ 时的跨膜压差增长了 4.3kPa；在强降雨期间原水浊度迅速升高，为保证出水水质达标，投加絮凝剂（PAC）5mg/L，超滤工艺累积产水量为 100m³ 时的跨膜压差增长了 5.7kPa；当汛期过后，原水浊度逐渐稳定在平均 165NTU 时，降低了絮凝剂的投加量至 1.5mg/L，此时累积产水量为 100m³ 的跨膜压差为 4.8kPa，基本恢复至汛期前的数值。由此说明，采用微絮凝工艺，在一定程度上能缓解膜污染，由于絮体在膜表面形成一层松散的滤饼层，既可以吸附膜表面的污染物质，又可以通过一定强度的冲洗进行去除，避免了污染物直接黏附于膜表面而难以冲洗的情况。

3.3　本 章 小 结

（1）针对抚顺市大伙房水库汛期过程中，水厂常规工艺难以应对高浊度污染的问题，采用微絮凝-超滤膜工艺代替原有过滤工艺，出水浊度、COD_{Mn}、细菌总数均能满足《生活饮用水卫生标准》（GB 5749—2006）的要求。

（2）汛期通过改变微絮凝剂的投加量达到高效经济的处理效果，当原水浊度平均值为 165NTU 以上时，微絮凝剂投加量为 5mg/L；当原水浊度平均值降低至 165NTU 以下时，微絮凝剂投加量为 1.5mg/L。

第4章　微污染地表水超滤膜污染防治技术

随着国民经济的快速发展，城市污水和工矿企业废水排放量的增加导致水资源污染现象日益加重、突发性水污染事件频繁发生。2012 年 7 月 1 日起，《生活饮用水卫生标准》（GB 5749—2006）强制实施，其检测项目由原来的 35 项增加至 106 项，并且对指标的规定更加严格，这显示出国家对饮用水安全的重视，对保障居民健康用水意义重大。但是，传统饮用水处理工艺（混凝、沉淀、过滤、消毒）已不能满足居民生产生活对水质的要求。相对于传统工艺，超滤膜工艺实际制水过程中在截留悬浮物、细菌、病毒等方面均具有较大的优势，出水水质优于传统工艺。但在过滤过程中，膜组件都会随着过滤时间的延长而被污染，引起膜污染现象的发生，主要原因是在膜过滤过程中，一些污染物质黏附在膜表面或者堵塞膜孔，这会对膜组件的性能和出水水质产生极不利的影响。由于膜污染现象的普遍存在，所以在某种程度上限制了膜技术的大规模应用，但是，膜污染现象不可避免，如何有效缓解膜污染也是当前膜技术领域研究的焦点。本章针对混凝-超滤短流程工艺中膜污染的特点，对膜污染原因进行探讨，在此基础上，对超滤膜清洗方法和清洗效果做了研究。

4.1　膜污染的特性及防治研究

4.1.1　膜污染的成因及分类

1.膜污染的成因

在膜过滤过程中，有两种过滤模式，分别为恒定压力过滤和恒定通量过滤。在恒定压力过滤模式下，膜通量会随着时间的延长而降低；在恒定通量过滤模式下，跨膜压差会随着时间的延长而升高。

超滤膜在制水过程中，主要通过筛分作用把污染物质和水分开，以达到净水的目的。由于超滤膜表面存在数量众多像筛子一样的微孔，在静压力作用下，水中分子直径较大的溶质和颗粒物被截留，而分子直径较小的溶质和水则透过膜到达低压侧，从而实现了膜分离的目的。在实际研究中，发现直径小于膜孔径的物质也能部分去除，主要原因是污染物质和膜相互之间具有一定的作用力，可能与静电引力、范德华力和氢键有关。所以，超滤膜的截留特性不仅和膜孔径的大小有关，还与膜材料的化学特性有密切的联系，不能简单地认为超滤膜仅依靠筛分作用截留污染物质，所以，膜污染特性也与膜材料的化学特性息息相关。

膜污染是指水中的微粒、胶体和分子直径较大的溶质分子通过物理化学作用或机械作用在膜表面或膜孔内吸附，以及污染物质的积累导致膜孔径变小或堵塞，引起膜通透能力降低的现象。由于超滤膜的这种截留特性，一般认为，膜污染主要形成原因有以下四种：滤饼层的形成、吸附（膜表面和膜孔）、膜孔的堵塞和浓差极化。浓差极化是指随着膜过滤的进行，当溶质在膜表面边界层的浓度大于主体溶液中的浓度时，将会导致传质推动力的升高和膜通量下降的现象。

2.膜污染的分类

膜污染主要有无机颗粒污染、有机物污染和微生物污染。无机颗粒的污染主要有两个途径，一是大颗粒污染物质截留在膜表面，小颗粒污染物质积累在膜孔内，二是膜表面污染物质的不断积累，也可能会造成跨膜压差的升高。有机物的污染主要是天然有机物（natural organicmatter，NOM）造成的。Lee 等认为 NOM的污染顺序为：首先是中低分子量的有机物进入膜孔，然后是高分子量的覆盖在膜表面。有研究表明，疏水性有机物、亲水性有机物和亲疏水性过渡有机物所产生的膜污染分别为浓差极化、吸附污染和滤饼层的沉积。生物污染主要是细菌、藻类等微生物黏附在膜表面引起的。研究发现，细菌可以黏附在表面生长，并且慢慢积累形成一层生物膜，最终影响膜的透水能力。

4.1.2　预处理对膜污染的影响

研究发现（Qina et al.，2006；王捷等，2005），单一的超滤膜过滤出水水质并不理想，在超滤处理前面设置预处理，可以有效去除原水中的污染物质，保证出水水质达标。本试验在混凝-超滤工艺的基础上，分别在低温低浊期采用强化混凝和高温高藻期采用预氧化工艺对膜污染展开研究，通过优化助凝剂和预氧化剂的投加量确定控制膜污染的最佳运行工艺。

低温低浊期，试验选用聚合氯化铝（PAC）作为混凝剂，投加量为 7mg/L（傅金祥等，2015），混凝时间为 15min，在混凝之后投加助凝剂聚丙烯酰胺（PAM），投加量分别为：0.04mg/L、0.08mg/L、0.12mg/L、0.16mg/L、0.20mg/L，超滤的膜通量为 50L/（m² · h），超滤膜清洗周期为 30min，在助凝剂聚丙烯酰胺每个投加量下连续运行一段时间，累计产水量均为 100m³，跨膜压差增长情况对应为 1.8 kPa、1.9 kPa、2.0 kPa、2.5 kPa 和2.8kPa，膜污染随着聚丙烯酰胺的投加量增大而加重（图 4.1）。这是由于聚丙烯酰胺自身的黏附性过大，导致絮凝体在超滤膜表面附着紧密，不容易通过简单的物理冲洗去除，因此污染物质不断积累，膜通量减小（杨勇，2012）。如果采用混凝作为超滤前处理工艺即可满足出水水质的要求，考虑到膜污染的问题，不建议在混凝基础上增加聚丙烯酰胺助凝。

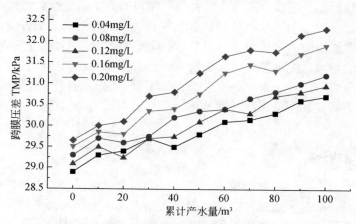

图 4.1　不同浓度 PAM 对跨膜压差变化的影响

高温高藻期，采用次氯酸钠预氧化作为去除原水中的藻类和有机物，工艺流程为次氯酸钠预氧化—混凝—超滤。分别对比次氯酸钠不同投加量 0.5mg/L、1.0mg/L、1.5mg/L、2.0mg/L、2.5mg/L 条件下，每个次氯酸钠投加量连续运行累计产水量为 100m³ 时对应跨膜压差的变化情况。

如图 4.2 所示，随着次氯酸钠投加量的增加，跨膜压差分别变化为 1.7 kPa、1.6 kPa、1.6 kPa、1.5 kPa、1.4kPa，由此可见跨膜压差增长速率逐渐变小，即膜污染程度伴随次氯酸钠投加量的增加而减轻。次氯酸钠一方面可以去除水体中的有机物和微生物（桂学明等，2011），降低其对超滤膜的污染速率，另一方面次氯酸钠的

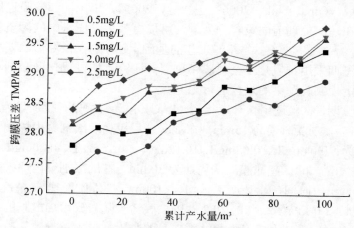

图 4.2　不同浓度次氯酸钠条件下跨膜压差变化情况

氧化作用可以强化混凝效果，改善膜表面滤饼层的性质，易于冲洗（Sawada et al.，2001），提高膜通量，缓解膜污染。考虑到氧化过程中副产物的影响，次氯酸钠的投加量不宜过大，选择 1.5mg/L 为宜。

4.1.3　膜清洗技术研究

在膜法饮用水处理工艺中，采用有效的方法降低膜污染、缓解膜性能是当前研究的热点之一。膜过滤跟滤池过滤一样，运行一段时间后必须进行清洗。目前，膜清洗的方法主要包括物理清洗方法和化学清洗方法两种。膜污染的清洗效果主要受四个因素的影响，它们分别为温度、清洗时间、机械作用力和化学作用。一般把膜污染分为可逆污染和不可逆污染（康华等，2008），前者可以通过反冲洗、正冲洗和曝气等物理手段恢复膜通量，后者则不能利用简单的物理方法去除，在长期运行过程中膜阻力将会持续增大，最终只有通过化学清洗方法才能去除。

1.物理清洗

在利用超滤膜净水的过程中，污染物质随着时间的延长会积累在膜表面和膜孔内，从而引起跨膜压差的增加，一段时间后需要对其进行清洗，主要有水冲洗、气冲洗和气水联合冲洗等方法，利用较大的剪切力把膜孔内和膜表面的污染物质剥离下来。在实际运行中可以通过考察膜污染现象的严重程度来确定清洗强度和清洗周期，一般来说，清洗周期越短，污染物质越容易被去除，但是，相应地就增加了清洗的频率，这将导致水资源的大量浪费，水的回收率降低。利用超滤膜制备饮用水的过程中，一般情况下产水率在 78%～85%，这一结果低于传统工艺对水的回收率。所以，可以通过试验研究不同的清洗方法及各种清洗方式的组合方法和清洗周期，来确定最佳的清洗方法和清洗周期，以得到较高的水回收率和较低的膜污染情况。

在本试验中采用的是内压式中空纤维超滤膜，清洗方法首先通过正冲高速水流冲洗膜丝内表面形成的滤饼层，清除在表面形成的膜污染，然后打开反冲洗泵，使产水箱中的超滤膜的出水方式由外向内进行反向清洗，清除在膜孔内形成的膜污染物质，最后再通过正冲清洗残留在膜丝内表面的污染物质（郜玉楠等，2014）。本试验中采用正冲水量为 8m³/h，时间为 20s，下反冲水量为 8.5m³/h，时间为 15s，上反冲水量为 7.5m³/h，时间为 15s，各清洗时间求和再考虑各气动阀门在清洗过程中的启闭时间，可以得到总的清洗时间为 1min。在前面的研究中发现清洗周期为 30min 时，可以得到较好的清洗效果，提高了水的回收率并且延缓了膜污染速率，所以，在试验过程中选定清洗周期为 30min。

2.化学清洗

当不可逆膜污染达到一定的程度后，膜通量急剧下降或跨膜压差急剧上升，需要采用化学方法来恢复。化学清洗方法主要是利用化学药剂与膜污染物质发生化学反应，以去除不可逆膜污染来缓解膜通量。

常用的化学清洗方法有酸洗和碱洗，酸洗常用的药剂有盐酸、草酸和柠檬酸等，可以去除污染物质和矿物质。碱洗常用的药剂有氢氧化钠和氢氧化钾，主要去除有机物和油脂等污染物质。康华等在 PVDF 膜污染清洗试验的研究中发现酸洗液中含有较高的无机元素，在碱洗液中 TOC 的浓度远高于酸洗液，有机污染物质主要是通过碱洗去除的。次氯酸钠具有强氧化性可以去除膜孔内和膜表面的微生物污染。在试验运行中，通常把次氯酸钠投加到碱液中，以取得较好的化学清洗效果，也可以配置一定浓度的次氯酸钠稀溶液对膜定期进行维护性清洗，以消除微生物污染。所以本试验中采用两种化学清洗方法，分别为维护性化学清洗和离线化学清洗。

1）维护性化学清洗

维护性化学清洗是利用低浓度（相对离线化学清洗而言）酸或碱的溶液对膜进行短时间的清洗。在膜产水过程中，间隔一定时间执行一次维护性化学清洗可以很好地恢复膜通量。在本试验中，维护性化学清洗的方法是利用一定浓度的碱溶液先反冲洗 2min，然后再利用该碱溶液对膜组件浸泡 60min 左右，最后再执行一次物理冲洗。试验中每进行 120～220 个物理清洗周期后执行一次维护性化学清洗，在每个维护性化学清洗周期内可产水 120～220m³。当原水水质较好、浊度较高时，维护性化学清洗周期采用上限；当原水水质较差、藻类和浊度较高时，维护性化学清洗周期则采用下限。在实际运行过程中，究竟多长时间执行维护性化学清洗，主要还得考察膜污染情况。

试验中分别采用浓度为 400mg/L 氢氧化钠溶液和次氯酸钠溶液执行维护性化学清洗，每 220 个物理清洗周期执行一次 EFM 清洗。如图 4.3 所示为这两种碱溶液执行维护性化学清洗效果的比较。

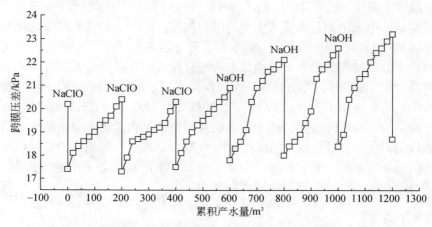

图 4.3　氢氧化钠和次氯酸钠溶液维护性化学清洗效果的比较

　　由图 4.3 可知，用次氯酸钠溶液和氢氧化钠溶液分别各自执行了 3 次维护性化学清洗，当采用次氯酸钠时，在后续的水处理过程中，跨膜压差增长缓慢，分别增长了 3.0kPa、3.0 kPa 和 3.4kPa；当采用氢氧化钠时，在后续水处理过程中，跨膜压差增长迅速，分别增长了 4.3 kPa、4.6 kPa、4.8kPa。可见，利用次氯酸钠执行维护性化学清洗时，效果较氢氧化钠好，这主要是由于次氯酸钠既具有碱性作用，可消除膜污染中的有机物污染，另外，次氯酸钠还具有强氧化性，可以消除膜污染中的微生物污染。而氢氧化钠只能起到碱性作用来消除膜污染中的有机物污染。所以，在后续水处理过程中，所造成的微生物污染逐渐积累，导致较严重的膜污染，加大跨膜压差的增长速率。

　　为了考察在维护性化学清洗过程中，浸泡时间对清洗效果的影响，进行了如下试验。在该试验中采用的药剂为次氯酸钠溶液，浓度为 400mg/L，清洗时间为 2min，浸泡时间分别设定为 20 min、40 min、60 min、80 min、100 min 和 120min。比较执行维护性化学清洗前初始膜比通量和清洗后的膜比通量，目的是确定出最佳的浸泡时间。在试验中，采用恒定通量的过滤方式，随着膜污染的加重，膜阻力也在逐渐增大，跨膜压差不断上升。在膜污染程度的比较中，引入了膜比通量来衡量膜过滤过程中膜阻力的变化情况，它可以反映膜污染的情况，其值越小，膜污染现象越严重。大伙房水库原水在不同季节温度变化较大，所以，在计算 SF（膜比通量）的过程中，利用式（4.1）把产水量都修正在 20℃ 下的值。

$$Q = Q_0 \times e^{-0.0239 \times (T-20)} \tag{4.1}$$

式中，Q 为通过温度修正后的膜组件产水量（L/h）；Q_0 为实测的膜组件产水量（L/h）；T 为实际水温（℃）。

　　利用式（4.2）可以计算出超滤膜的比通量：

$$SF = \frac{Q}{TMP \times A} = \frac{Q_0 \times e^{-0.0239 \times (T-20)}}{TMP \times A} \tag{4.2}$$

式中，TMP 为实测跨膜压差（mH_2O）；A 为膜面积（m^2）；SF 为膜比通量 [L/（$m^2 \cdot h \cdot mH_2O$）]。

　　如表 4-1 所示，随着浸泡时间的延长，维护性化学清洗效果越来越好，当浸泡时间为 80min 时，清洗后膜比通量的恢复率为 97.03%，当浸泡时间为 100min 时，恢复率为 97.81%，浸泡时间延长了 25%，而恢复率仅增长了 0.78%。所以，浸泡时间为 80min 时，效果很好，再延长浸泡时间并不能明显改善清洗效果。

表 4-1　浸泡时间对维护性化学清洗效果的影响

序号	浸泡时间/min	清洗前初始膜比通量/ [L/（$m^2 \cdot h \cdot mH_2O$）]	清洗后膜比通量/ [L/（$m^2 \cdot h \cdot mH_2O$）]	恢复率/%
1	20	34.32	29.32	85.43
2	40	32.34	29.81	92.18

续表

序号	浸泡时间/min	清洗前初始膜比通量/ $[L/(m^2 \cdot h \cdot mH_2O)]$	清洗后膜比通量/ $[L/(m^2 \cdot h \cdot mH_2O)]$	恢复率/%
3	60	29.27	28.02	95.73
4	80	29.29	28.42	97.03
5	100	27.90	27.29	97.81
6	120	25.54	25.02	97.96

2）离线化学清洗

当跨膜压差达到一定程度或维护性化学清洗不能有效改善膜通量时，必须对膜进行离线化学清洗，清洗过程分为碱洗和酸洗（常海庆等，2012）。超滤膜运行过程中，对原水中的悬浮物、胶体、细菌等进行截留，并随着时间的延长，不断积累，形成严重的膜污染。

在本次试验中，超滤膜设备累计运行了 196d，经历了低温低浊期、常温常浊期和高温高浊期，一共进行了 5 次离线化学清洗。由于膜污染分为有机污染和无机污染两大类，酸类物质可以有效地去除无机物质，碱类物质可以有效地去除有机物质。所以，每次离线化学清洗都执行了酸洗和碱洗，试验中选用的酸为草酸和盐酸，碱为氢氧化钠。表 4-2 为离线化学清洗记录。

表 4-2　离线化学清洗记录

序号	药剂种类	药剂浓度/（mg/L）	清洗时间
1	NaOH	2000	浸泡 1h
	HCl	5000	循环清洗 2h，浸泡 12h
2	NaOH	2000	浸泡 2h
	HCl	5000	循环清洗 2h，浸泡 12h
3	NaOH	2000	浸泡 2h
	$C_2H_2O_4$	5000	循环清洗 2h，浸泡 5h
4	NaOH	2000	浸泡 2h
	$C_2H_2O_4$	5000	循环清洗 2h，浸泡 10h
5	NaOH	2000	浸泡 2h
	$C_2H_2O_4$	5000	循环清洗 2h，浸泡 15h

如表 4-2 所示，第 1、2 次使用的清洗药剂为氢氧化钠和盐酸，膜组件用碱浸泡时间分别为 1h 和 2h，用酸清洗各参数均相同。第 3、4、5 次清洗试验酸采用草酸，用碱浸泡时间相同为 2h，用酸清洗时间相同，浸泡时间不同，分别为 5h、10 h、和 15h。表 4-3 为离线化学清洗结果。

表 4-3　离线化学清洗结果

序号	清洗前后跨膜压差/kPa					
	碱洗前	碱洗后	降低率/%	酸洗后	降低率/%	总降低率/%
1	45.2	34.1	24.56	15.5	54.55	79.11
2	47.2	34.7	26.48	14.9	57.06	83.54
3	42.5	33.5	21.18	17.3	48.36	69.54
4	49.4	36.9	25.30	16.5	57.69	82.99
5	46.8	35.2	24.79	15.9	54.83	79.62

如表 4-3 所示为化学清洗结果，可以看出用碱浸泡时间越长清洗效果越好，并且会影响酸的清洗效果。用草酸清洗阶段，不同的浸泡时间，会影响酸洗后的跨膜压差，浸泡时间越长，酸洗后跨膜压差越低。从总体来看，在同等条件下，用盐酸清洗效果要好于草酸。

4.1.4　膜清洗水回收方法研究

试验期间，制水过程中产生的废水主要是由于超滤膜系统每运行一段时间后，必须对膜组件进行一次物理清洗，这会消耗部分原水和滤后水，试验主要是对这部分废水的回收进行研究。在维护性清洗和化学清洗过程中也会消耗部分净水，主要由于这部分水量较小，并且受到酸或碱的污染，回收难度较大，成本较高，所以对废水回收利用的研究不考虑该部分废水。

超滤膜短流程工艺在运行过程中各参数分别为：清洗周期 30min；清洗时间 1min（含阀门的启闭及准备时间）；产水量 2m³/h；正冲水量 8m³/h，时间 20s；下反冲水量 8.5m³/h，时间 15s；上反冲水量 7.5m³/h，时间 15s。通过式（4.3）可以计算膜组件每次清洗时所消耗的水量 Q'，每小时进行两次膜清洗。

$$Q'=Q_1T_1+Q_2T_2+Q_3T_3 \qquad (4.3)$$

式中，Q' 为单次膜清洗用水量（m³）；Q_1 为正冲用水量（m³/h）；Q_2 为下反冲用水量（m³/h）；Q_3 为上反冲用水量（m³/h）；T_1 为正冲时间（s）；T_2 为下冲时间（s）；T_3 为上冲时间（s）。

在不考虑膜清洗水的回用对水的回收率的影响，该回收率定义为水的一次回收率，当考虑膜清洗水回用时，水的回收率定义为二次回收率。由式（4.4）可以计算水的一次回收率。

$$\eta_1 = \frac{Q-2Q'}{Q}\times100\% \qquad (4.4)$$

式中，η 为水的一次回收率；Q 为膜每小时产水量（m³）

通过式（4.4）计算出一次膜物理清洗消耗的水量为 0.11m³，由于每小时进行两次膜清洗，可以得到每小时膜清洗用水量为 0.22m³，且每小时的产水量为 2m³，从而计算出该混凝-超滤膜短流程工艺对水的回收率为 89%，回收率较低（通常传统工艺对水的回收率可保证在 90%以上）。所以对膜清洗水进行处理以便回收利用，来节约水资源。

膜物理清洗后的废水中含有大量的悬浮物质，这主要来源于在膜丝内表面形成的滤饼层物质，肉眼观察悬浮颗粒物尺寸较大。把膜清洗水收集在 400L 的水箱中，然后自由沉降 10min，悬浮颗粒物沉降性能较好，这段时间大部分可以沉淀下来，而上清液通过絮凝沉淀工艺进行处理，各工艺参数为：絮凝剂的投加量为 10mg/L，絮凝时间 20min，沉淀时间 30min。絮凝沉淀工艺进出水水质指标如表 4-4 所示。

表 4-4　絮凝沉淀工艺进出水水质

水质指标	进水		出水	
	范围	平均值	范围	平均值
浊度/NTU	2.45~7.68	5.66	0.65~1.23	0.89
色度/度	15~25	20	<5	<5
UV_{254}/cm^{-1}	0.049~0.068	0.057	0.034~0.056	0.046
COD_{Mn}/（mg/L）	2.78~4.88	3.98	2.11~3.33	2.78

由表 4-4 可知，絮凝沉淀工艺出水水质与原水水质相比，水质较好，可通过与原水混合进行回收利用。试验期间，超滤膜短流程工艺出水水质良好，回用水没有对膜组件造成不利的影响，85%的膜清洗水可以回收再利用，二次回收率的计算可通过式（4.5）计算得到。

$$\eta_2 = \frac{Q - 2Q' + 2Q' \times 0.85}{Q} \times 100\%　　　　　（4.5）$$

通过式（4.5）的计算得到，膜清洗水的二次回收率可以提高至 96.5%。通过该种方法对膜清洗水回收既不影响最终超滤膜的出水水质，还能明显提高对水的回收率，节约了水资源。

4.2　本 章 小 结

（1）本章主要分析了造成膜污染的原因及分类，研究了膜的物理清洗方法和化学清洗方法，并且对膜清洗水的回用做了相关试验。

（2）针对 2013 年"8·16"特大洪水过后，大伙房水库原水发生季节性污染对超滤膜组件造成污染的问题，采用混凝和预氧化作为超滤的前处理工艺，在低温低浊期采用混凝-超滤短流程工艺；在高温高藻期，采用次氯酸钠预氧化超滤工艺，可有效缓解膜污染。

（3）在实际运行过程中，每隔一段时间用浓度为 400mg/L 的次氯酸钠溶液执行一次维护性化学清洗，可以有效缓解膜污染，并且膜组件用次氯酸钠溶液浸泡时间越长清洗效果越好。在离线化学清洗过程中，无论是酸洗还是碱洗，随着时间的延长清洗效果越好。总体来说，酸洗过程中盐酸较草酸效果更优。

（4）膜清洗水经过 10min 自由沉降后，上清液经絮凝沉淀工艺处理后，出水 COD_{Mn} 平均值为 2.78mg/L，UV_{254} 平均值为 0.046cm^{-1}，与大伙房水库原水相比水质较好，通过与原水混合进行回收不影响超滤膜短流程工艺的稳定运行，使水的回收率从 89%提高至 96.5%。

第三部分　微污染地下水净化理论与工程技术

第5章　微污染含铁锰地下水生物处理技术

地下水是一种十分宝贵的资源，近年来，我国地下水开采量迅速增加，占全国城市总用水量的 30%左右（Li et al.，2004）。美国更甚，地下水开采量占主要饮用水量的 40%~50%（Bouwer and Croue，1998）。与地表水相比，地下水作为生活饮用水水源的优点显而易见，如地下水水质不易受到污染，比较卫生、可靠、安全，地下水一般水质良好，处理简单，水处理厂造价低等。但是我国大部分地区的地下饮用水中含有过量的铁、锰，尤其在北方地区，绝大部分地下水属于复合型微污染水源，即地下水中不仅含有铁、锰，同时还含有氨氮和有机物等（赵玉华等，2011；赵玉华等，2014）。

自 1960 年以来，不少学者对地下水除铁除锰进行了深入研究，相继研发出了接触氧化法、接触氧化除铁理论、接触氧化除锰工艺。在 20 世纪 90 年代初，中国市政工程东北设计研究院项目组又提出了生物除铁除锰的新理论（陈宇辉等，2003；张杰等，2005；唐文伟等，2009；张杰等，2005）。随着生物固锰除锰技术的确立，生物法去除地下水中的铁锰一直是相关领域的研究热点，该方法引起了国内外众多专家和学者的兴趣，他们纷纷对此进行研究探讨，进一步促进这一技术的全面发展及其在实际工程中的应用。由于地表水渗透等原因造成的地下水污染，原本只有铁锰超标的地下水源，水中有机物、氨氮浓度持续升高，并出现超标现象，形成复合型微污染地下水。近年来针对这种水源，基于地下水生物除锰理论的曝气-生物接触氧化工艺处理复合型微污染地下水的研究成为热点（蔡言安等，2014；郜玉楠等，2013）。

5.1　铁锰去除的国内外研究现状

5.1.1　地下水铁锰的来源及危害

1.地下水铁锰的来源

地下水中铁锰的来源一般分为人为来源和自然来源。人为来源一般为人类活动产生的铁锰通过各种方式进入地下水，进入地下水的途径有铁锰矿的开采、含铁锰的垃圾渗滤液通过雨水的淋滤作用、输水管道老化及含铁锰的污水未经处理的排放等；自然来源通常是由于岩石和矿物中难溶化合物中铁锰质经生物和化学反应的溶解，主要以二价铁离子和二价锰离子形式存在地下水中。

2.地下水铁锰的危害

长期使用未经处理的高铁锰地下水作为饮用水，将会带来一系列的危害。对于人体而言，当铁摄入过多时，可引起血色素沉着、提高神经退行性疾病发生的概率，产生高血清铁蛋白，导致糖尿病、心脏疾病、癌症和肾脏问题。当锰摄入过多时，人的中枢神经系统会受到影响。生活中，铁锰暴露在空气中，会使水体呈红褐色和棕褐色，影响视觉。铁氧化物、锰氧化物会沉积在管道里，影响输水性能，严重时会堵塞管道。铁氧化物、锰氧化物会在餐具和织物上留下黄斑。

5.1.2　铁去除的国内外研究现状

铁的常见化合价有+2 价和+3 价，地下水的氧化还原电位比较低，pH 在 6.0～7.5，这种情况下铁一般是以 Fe^{2+} 的形式存在地下水中。铁的氧化还原电位比氧低，易于被空气中的氧所氧化，pH 对 Fe^{2+} 的氧化速率有较大的影响，在 pH > 5.5 的情况下，地下水的 pH 每升高 1.0，则亚铁的氧化速率就增大 100 倍（杨宏等，2003）。

纵观地下水除铁工艺的发展历程，可知地下水除铁技术的发展主要有以下几个阶段。

1.自然氧化除铁

1868 年在欧洲荷兰建成了世界上第一座大型除铁装置，由曝气、氧化反应、沉淀和过滤组成，其除铁原理为空气自然氧化除铁。20 世纪 50 年代初，我国引进的就是这套技术。采用曝气法氧化 Fe^{2+} 需要许多条件，首先在曝气充氧的同时要考虑将水中碳酸变为 CO_2 放出，以提高碱度，增加氧化速率；再者水中溶解性硅酸将影响氢氧化铁的絮凝，形成细微颗粒难以从水中分离。当硅酸浓度大于 40～50mg/L 时，自然氧化无效。

2.氯氧化法除铁

20 世纪 50 年代末期，日本学者研究开发了氯氧化除铁方法。工艺流程为：往含铁水中投加氯气，再经混凝、沉淀和过滤，能得到含铁量很低的处理水。氯是最常用的水处理氧化剂之一，具有成本低、工艺成熟的优点。其对水中的铁通常具有较高的氧化去除效果，但氯氧化通常会受到水中氨氮、有机质等的影响。当原水中存在自然有机质时，预氯化会生成大量有机消毒副产物（ODBPs），如三卤甲烷（THMs）和卤乙酸（HAAs）等。因此目前氯作为预氧化剂已受到限制。另外氯会与水中的氨氮反应，降低氯的氧化性能，使氯氧化除铁的效率降低。

3.接触氧化除铁

20 世纪 60 年代初，我国学者李圭白等进行了"天然锰砂除铁试验"，提出接触氧化除铁的概念：含铁水简单曝气后直接进入滤池，在滤料表面催化剂的作用下，Fe^{2+} 迅速氧化为+3 价的氢氧化物，并截流于滤料中，从而将水中的铁除掉。接触氧化除铁的提出标志着除铁工艺的成熟（李圭白等，2016；高洁和张杰，2003）。

5.1.3　锰去除的国内外研究现状

在 pH 中性条件下，锰的价态主要为正二价和正四价，若要将溶解态的 Mn^{2+} 去除，必须将其氧化为四价锰，因为四价锰在水中以 MnO_2 的形式存在，而 MnO_2 呈固体状态，所以通过沉淀、过滤工艺很容易将其从水中分离出来而使之去除（张杰和戴镇生，1997b）。地下水除锰工艺的发展主要有以下几个阶段。

1.碱化除锰法

地下水除锰是将 Mn^{2+} 氧化为 MnO_2 从水中分离出来，但是 Mn^{2+} 在 pH 为中性条件下几乎不能被溶解氧所氧化，必须加以适宜条件，反应才能进行。

碱化除锰法是向含 Mn^{2+} 水中投加石灰 NaOH、$NaHCO_3$ 等碱性物质，将 pH 提高到 9.5 以上，溶解氧会迅速地将 Mn^{2+} 氧化为 MnO_2 而析出，但是处理水中的 pH 太高，需要酸化后才能供生活所用（李继震等，2000）。

2.KMnO₄ 氧化法

向含 Mn^{2+} 水中投加 $KMnO_4$ 可直接将 Mn^{2+} 氧化为 $MnO_2 \cdot mH_2O$，而 $KMnO_4$ 本身也还原为 $MnO_2 \cdot mH_2O$，生成的高价固态锰氧化物经混凝沉淀去除（张杰和戴镇生，2003）。

3.氯连续再生接触过滤除锰法

1959 年在日本仙台召开的第十届上下水道研究发表会上，中西弘发表了《锰砂和氯连续再生接触过滤除锰法》的论文，开始了该方法的研究和实践。向含 Mn^{2+} 的水中投加氯，然后流入锰砂滤池，在催化剂 $MnO_2 \cdot mH_2O$ 的作用下，氯将 Mn^{2+} 氧化为 $MnO_2 \cdot mH_2O$，并与原有的锰砂表面相结合。新生成的 $MnO_2 \cdot mH_2O$ 也具有催化能力，是自催化反应。

4.光化学氧化法

在有阳光照射和游离氯的条件下，中性含锰水中能很快析出 MnO_2 沉淀，这是紫外线活化了氯的氧化能力，将 Mn^{2+} 氧化的结果。

5.空气接触氧化除锰

李圭白（1983）院士多年研究指出，含 Mn^{2+} 地下水曝气后进入滤层中过滤，能使高价锰的氢氧化物逐渐附着在滤料表面，形成锰质活性滤膜。这种自然形成的活性滤膜具有接触催化的作用，在 pH 中性域 Mn^{2+} 就能被滤膜吸附，然后再被溶解氧氧化，又生成新的活性滤膜物质参与反应，所以锰质活性滤膜的除锰过程也是一个自催化反应过程。

6.生物固锰除锰技术

20 世纪 80 年代初，中国市政工程东北设计研究院在长期的工程实践中发现，细菌的存在与否，与滤池的除锰能力有相关关系。凡是除锰效果好的滤池，滤层中铁细菌含量很高，反之则很低。针对这一发现，该院采用生物固锰除锰技术，在 pH 为中性条件下，利用 Mn^{2+} 氯化菌的生物氧化作用将滤层中的 Mn^{2+} 氧化。在生物滤层中，Mn^{2+} 首先吸附于细菌表面，然后在细胞胞外酶的作用下氧化为 Mn^{4+}，最后从水中去除（张杰，2005；中国市政东北设计院等，1986）。

5.2　微污染含铁锰地下水的优势菌群筛选

优势菌群筛选的目的是增强生物过滤工艺的生物降解效能，提高工艺运行初期菌种固定化效果，加快工艺生物启动速度。针对沈阳市地下水源水质特点，选择了强化除锰菌群和复合除铁锰、氨氮优势菌群作为主要筛选研究对象。在原生含铁锰微污染地下水中通过分离提纯获取原生除锰菌，通过对其生理生化特性及生物滤层中菌群时空变化规律的研究，初步掌握生物滤层中以除锰菌为核心的菌群时空变化规律，为生物固锰的作用机理及生物学研究奠定了基础。

筛选复合除铁锰、氨氮优势菌群可使工艺运行系统内的生物环境更加适应水环境的特性，使微生物间互相促进，协同作用，提高降解性能。优势菌群的筛选是在实验室条件下，从实际运行的普通除铁锰、氨氮滤柱中分离纯化细菌，筛选出具有除铁锰、氨氮复合功能的优势细菌。在此基础上研究此类除铁锰，氨氮细菌同步去除铁锰，氨氮的特性及温度、pH、底物浓度对其净水性能的影响，通过对优势细菌进行复配，建立高效除铁锰、氨氮优势复合菌剂，为沈阳市微污染含铁锰地下水处理示范工程及应用提供生物技术保障。

5.2.1　除铁锰细菌研究进展

1.除铁锰细菌的种类

铁细菌是指能从各种氧化铁和氧化亚铁溶液中沉淀出氢氧化铁的细菌，铁细菌中有很大一部分具有除锰的功能，因此有时也称为铁锰细菌。铁细菌的营养有三种形式：自养、异养、兼性。自养型的铁细菌只能利用进入水中的二氧化碳作碳源，所以能在几乎是纯矿质的含铁水中繁殖；异养型的铁细菌则只能利用有机物质作碳源；兼性铁细菌既可利用二氧化碳作碳源，又可利用有机物质作碳源。

铁细菌有下列七个属（Grabinska-Loniewska et al.，2004；张杰等，2005）。

1）球衣菌属（*Sphaerotilus*）

典型的是浮游球衣菌（*Sphaerotilus natans*），这是鞘杆菌科（又名衣细菌科 *Chlamydobaceriaceae*）的一个属。鞘杆菌科三个属的细菌（其他两个属为细枝发菌 *Clonothrix* 和纤发菌 *Leptothrix*）都能氧化铁的化合物（刘德明和徐爱军，1994）。球衣菌是一种无色、丝状、附着生长和具有假枝的细菌。丝状体（fliament）由薄的衣鞘（sheath）包围的杆状或卵圆形细胞构成，衣鞘的成分是胶态的氢氧化铁沉积物。球衣菌通过鞘内营养细胞（即处于活性生长状态的细胞）所形成的分生孢子（conidia 即无性孢子）生长。分生孢子群集在球衣菌的一端，漂浮一阵后，最终附着在固体物表面发育成细丝，运动的细胞靠近一端有一撮鞭毛。球衣菌属于异氧菌，不能氧化锰。

2）细枝发菌属（*Clonothrix*）

细枝发菌的丝体附着生长，有假枝，异养型。丝体基部较宽并逐渐向顶部收缩。丝体总是出现衣鞘，但随后又被铁沉淀物覆盖。细枝发菌的细胞呈无色圆柱状。通过靠近尖端盘形细胞形成的细小、不运动的球行分生孢子生长。

3）纤发菌属（*Leptothrix*）

纤发菌以细胞横向分裂成的不动分生孢子或游动细胞进行生长。氢氧化铁从细胞未连接的侧面分泌出来，形成相当厚的圆环柱状衣鞘。纤发菌属细菌能氧化锰，可使 Mn^{2+} 氧化为 Mn^{4+}，生成黑褐色沉淀，沉积于衣鞘上；并且也能使 Fe^{2+} 形成 $Fe(OH)_3$ 沉淀，沉积物在鞘外形成厚厚一层外壳。纤发菌属细菌虽不能在高浓度有机废水中生长，但属异氧细菌。

本属有赭色纤发菌（*Leptothrix ochracea*），它是自然界中最常见和分布最广的铁细菌。赭色纤发菌属于自氧菌，自氧铁细菌的铁氧化反应如下：

$$4FeCO_3+O_2+6H_2O \longrightarrow 4Fe(OH)_3+4CO_2+40kcal$$

上式说明，每 1mol Fe^{2+} 的氧化只能提供 10kcal 能量。由于这个能量很小，说明自氧铁细菌的生长过程中，会分泌大量的氢氧化铁。

4）泉发菌属（*Crenothrix*）

本属中得到承认的只有多孢泉发菌。多孢泉发菌是给水铸铁管中常出现的一种铁细菌。这种细菌的特点是，丝体由十分大的圆柱形细胞组成，长可达数毫米。多孢泉发菌的丝体始终是固着不动。多孢泉发菌大概属于自养菌和兼养菌之间。

5）嘉利翁氏菌属（*Gallionella*）

嘉利翁氏菌属属于自养菌，其外形为单个的或成双的丝状或带状的缠绕螺旋结体。细胞为豆状或棒状，从凹面分泌氢氧化铁。细胞在分泌氢氧化铁时，同时形成丝状或带状的螺旋体。

6）鞘铁菌属（*Siderocapsa Mol.*）

本属外形为球菌或球杆菌，以单个菌或相当大的集团出现。鞘铁菌包有无色荚膜，荚膜周围沉淀出氢氧化铁，并在水生植物表面或水面形成不规则的薄膜。

7）铁单胞菌属（*Sideromonas Chol.*）

本属只有丝藻铁单胞菌（*Sideromonas confenvarum Chol.*）一个种。这种菌为一种球杆菌，定居在丝状藻类表面，并形成胶质的、含大量氢氧化铁的小瘤。

能够氧化铁的细菌还有很多。pH 为 2.0～4.5 时，自养菌氧化亚铁硫杆菌（*Thiobacillus ferrooxidans*）能同时氧化硫和铁，使 Fe^{2+} 氧化为 Fe^{3+} 沉积于菌体上，但也有使铁不附着细胞上，而是沉积于水中的变种。生金菌属（*Metallogenium*）是一种异养菌，这类菌在其丝状体上沉积氢氧化铁。生丝微菌属（*Hyphomicrobium*）也是一种能氧化铁和锰的细菌，生丝微菌在细胞末端有小柄，小柄逐渐长大并与母细胞分离，形成新细胞。在铁细菌中，球衣菌、细枝发菌和纤发菌（赭色纤发菌、生发纤发菌和厚鞘纤发菌）都是能氧化锰的细菌。对于球衣菌来说，也有锰的自养型菌种的报道。土壤的微生物群落中，能够氧化锰的微生物占总数的 5%～15%。在 pH 为 5.5～8.9 时，这些微生物均能使锰氧化。虽然这些微生物的锰氧化反应对酸度不太敏感，但在 pH 为 6.5～7.3 时氧化最快（Emerson，2000）。

能够把 Mn^{2+} 氧化为 MnO_2 的细菌还有下列菌属的一些菌种：节枝菌属（*Arthrobacter*），生金菌属，杆菌属（*Bzcillus*），克雷伯氏菌属（*Klebsiella*），土微菌属（*Pedomicrobium*），棒杆菌属（*Corynebacterium*），假单胞菌属（*Pseudomonas*）。下列微生物也与锰的氧化有联系：色杆菌（*Chromobacterium*）和黄杆菌属（*Flzvobacterium*）与棒杆菌的协同作用；柄球菌属（*Caulococcus*）；库兹涅佐夫氏菌属（*Kuznezovia*）；某些真菌和酶母也具有氧化锰的能力。国内外学者从不同角度对生物法进行了研究，发现除锰藻和绿藻类中的丝藻和仙掌藻，也可用于除锰（Zouboulis and Katsoyiannis，2002；毛大庆，1998；刘德明和徐爱军，1994；Sogaard et al.，2001；Mettler et al.，2001）。

2.除铁锰细菌的生物氧化机理

（1）生物除铁的机理有两个组成部分（许保玖，2000；吴正淮，1994）：①胞内的酶促氧化，称为一级作用；②胞外由铁细菌分泌聚合物的催化氧化，称为二级作用。

一级作用指自养菌嘉利翁氏菌属的氧化作用，还可能包括赭色纤发菌或多孢泉发菌。二级氧化所指的分泌聚合物包括三个类型：嘉利翁氏菌的柄及纤发菌、泉发菌、细枝发菌与球衣菌等的鞘所形成的丝状体（即大多数丝状的鞘杆菌目菌都属于这一类）；生发曲发菌丝体从毛细管子爬出后所遗留的毛细管；各种鞘铁菌科（*Siderocapsaceae*）所分泌的胞外聚合物。

当水中铁被有机物络合时，异养的铁细菌可以利用络合物的有机部分，释放出来的铁则可经催化氧化，这更能反映生物除铁的优点。

（2）生物除锰的机理：①锰氧化菌胞内的酶促反应，起生物法除锰的一级氧化作用；②Mn^{2+}吸附在带负电的、锰氧化菌细胞膜表面的胞外聚合物上，随之产生酶促氧化反应；③在锰氧化菌附近，由于所分泌生物聚合物的影响，产生了简单的催化反应。

5.2.2　除铁锰细菌研究现状

安娜等（2006）检测了成熟锰砂上分离得到的细菌形态结构及其对铁锰氧化过程各因素的变化，得到了混合菌的氧化作用比单一菌的氧化作用强。细菌数量的变化及与铁锰相互作用的结果都影响着溶液的 pH，通过 pH 的升高或降低，可以了解细菌对铁锰作用的强弱及细菌数量的增加与减少。

段晓东等（2010）利用传统的细菌分离方法，从地下水生物除锰滤池中分离纯化出 1 株细菌，这菌株在达到第 1 个生长稳定期，细菌浓度为 $2.3×10^8$ 个/mL 时，其 Mn^{2+} 的去除量可达到 35mg/L，具有很强的 Mn^{2+} 生物去除能力；同时，Fe 的存在对 Mn^{2+} 氧化活性具有诱导作用，在相同培养条件下，Fe^{3+} 的诱导性强于 Fe^{2+}，其诱导速度是 Fe^{2+} 的 3～4 倍；有机 Fe^{3+} 的诱导性强于无机 Fe^{3+}，其诱导速度是无机 Fe^{3+} 的 1.6～2 倍。

关晓辉等（2011）将分别培养的具有氧化铁锰能力的且已经纯化后的纤发菌、球衣菌、鞘铁细菌 1 号和鞘铁细菌 2 号混合，然后接种于锰砂滤料表面，以含铁、锰的地下水进行挂膜培养，生物滤柱经 20d 培养后趋于成熟，成熟后的生物滤柱对铁、锰的去除率均接近 100%，且运行稳定。

赵焱和李冬（2009）采用贫营养培养基，从运行多年的生物除铁除锰水厂的跌水曝气池壁上筛选获得了生物除铁除锰菌种 MSB-4。在模拟高锰高铁地下水环境（即水温为 12℃，pH 为 7.5，Mn^{2+} 和 Fe^{2+} 的初始浓度分别为 5.6mg/L 和 14mg/L）中，菌株 MSB-4 于 48h 内对 Mn^{2+} 的去除率达 94.44%，对 Fe^{2+} 的去除率达 90%。

5.2.3　优势细菌氧化性能及协同作用研究方案

1.优势除铁锰、氨氮细菌筛选方案

为了尽量减少分离出的细菌对铁锰、氨氮去除性能受其他细菌的影响，首先采用灭菌水配制含一定铁锰、氨氮浓度 $[\rho(Fe)=3.0mg/L，\rho(Mn)=4.0mg/L，\rho(NH_4^+)=4.0mg/L]$ 的原水。然后按如下步骤筛选优势除铁锰、氨氮细菌。

（1）将备用菌液在灭菌的离心管中离心（15min，4000r/min），沉淀用无菌水洗涤后再次离心，得到的沉淀用无菌水悬浮至 $OD_{600}=0.8$。

（2）将悬浮菌液 20mL 移入无菌锥形瓶中，加入 80mL 上述所配原水，摇匀后取样测定铁、锰、氨氮浓度作为初始水样浓度。其余水样密封后置于振荡培养箱中，条件为 30℃，100～120r/min。

（3）20h 后再次测定水样中铁、锰、氨氮浓度，依据去除效果，筛选出具有去除铁锰、氨氮的优势细菌。

2.优势除铁锰、氨氮细菌净水性能检测方法分析

筛选出的优势除铁锰、氨氮细菌需要进一步检测不同环境条件对其去除铁锰氨氮能力的影响。首先采用灭菌水配制含一定铁锰、氨氮浓度的原水，之后按如下操作。

（1）依据筛选优势细菌菌株的数量 n，将原水分装在 n 个无菌大烧杯中。

（2）将筛选出的优势细菌扩大培养后得备用菌悬液，按照 1%的体积量分别投加到 n 杯原水中，摇匀后取 200mL 分装于 250mL 无菌锥形瓶中，做好标记。

（3）从投加不同细菌的锥形瓶中各取一个，取样检测铁锰、氨氮浓度后密封，置于不同温度的振荡培养箱中，在 100～120r/min 条件下，定时检测铁锰、氨氮浓度。

（4）从投加不同细菌的锥形瓶中各取一个，调节不同 pH，取样检测铁锰、氨氮浓度后密封，置于 30℃振荡培养箱中，在 100～120r/min 条件下，定时检测铁锰、氨氮浓度。

上述（3）为研究温度对优势细菌除铁锰、氨氮的影响，（4）为研究不同 pH 下优势细菌除铁锰、氨氮细菌的净水效果。

若将所配原水中铁锰、氨氮、COD_{Mn} 进行调整，选定温度、pH 等环境条件后按上述步骤进行试验，可研究不同污染物负荷下优势除铁锰、氨氮细菌的净水效果。

3.优势细菌协同作用研究方案

（1）将不同备用优势细菌菌液在无菌环境下离心（15min，4000r/min），沉淀

用无菌水洗涤后再次离心，得到的沉淀用无菌水悬浮至 OD_{600}=0.8。

（2）将不同悬浮菌液等量组合为 20mL 于无菌锥形瓶中，加入所配原水 80mL，摇匀后取样测定铁、锰、氨氮浓度作为初始水样浓度后密封，置于振荡培养箱中，条件为 30℃，100～120r/min。

（3）为了使复配结果更为准确，给予不同细菌足够的适应时间，在 24h 和 48h 分别测定水样中铁、锰、氨氮浓度。

4.优势细菌组合净水稳定性研究

采用灭菌水配制一定浓度的含铁锰、氨氮[ρ（Fe）=3.0mg/L，ρ（Mn）=4.0mg/L，ρ（NH$_4^+$）=6.0mg/L]的原水水样 6000mL，取 200mL 配制水样置于锥形瓶中，作为空白水样。剩余配制水样平均置于 A、B、C 容器中，并将摇匀的 T1$^{\#}$～T5$^{\#}$ 菌液、X1$^{\#}$～X3$^{\#}$菌液和所有 8 种优势菌混合菌液分别投加到 A、B、C 容器中，菌液投加量（不同菌种等量投加）为容器中水样的 1%（生物量为 105 个/mL）。然后，分别从 A、B、C 容器中依次取 200mL 水样分装于锥形瓶中，标记为 A1$^{\#}$～A8$^{\#}$、B1$^{\#}$～B8$^{\#}$和 C1$^{\#}$～C8$^{\#}$。最后，将空白水样与投加菌液的 A、B、C 三组水样充氧密封，置于 25℃摇床中振荡，按照 1$^{\#}$～8$^{\#}$的顺序依次检测水样中每天污染物去除情况及菌种生长状况。

5.2.4　优势细菌动态工艺应用研究方案

1.工艺装置及流程

动态试验中采用曝气生物滤池作为该种水质的处理装置，试验装置流程图如图 5.1 所示，配制的原水由高位水箱经过流量计后从下部流入滤柱，从上部出水口流出。采用底部曝气，曝气方式为鼓风曝气。滤柱材质为有机玻璃，内径 100mm，高为 3m。滤料为马鞍山市华骐环保科技发展有限公司提供的陶粒滤料，粒径为 1.0～3.0mm，层高 1.5m；以粒径为 6～12mm 的卵石作垫层，垫层厚为 0.1m。

2.动态试验方案

试验原水采用往自来水中按比例投加 $MnCl_2 \cdot 4H_2O$、$FeSO_4 \cdot 7H_2O$、NH_4Cl、KH_2PO_4、$CaCl_2$、$MgSO_4$、葡萄糖和淀粉等模拟地下水。

前期将优势菌菌液倒于滤柱中，淹没滤料，采用间歇曝气，对优势菌进水固定，48h 后开始进水，采取低流速，低污染物浓度方式以求优势菌尽快适应滤柱环境。之后根据出水水质研究工艺启动及稳定运行工况。

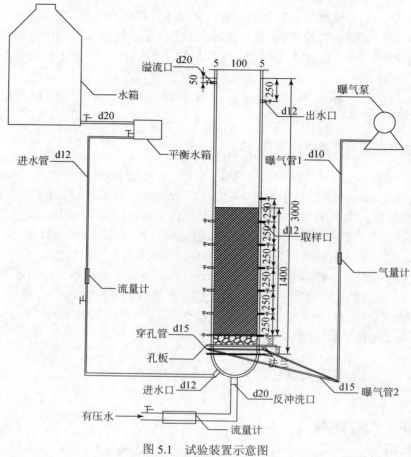

图 5.1 试验装置示意图

3.指标检测方法

分析项目	检测方法
总铁	邻菲罗啉分光光度法
总锰	甲醛肟分光光度法
氨氮	纳氏试剂分光光度法
ORP	ORP 测定仪
pH	pH 计
水温	温度计
微生物	显微分格计数法

5.2.5　优势细菌分离纯化与鉴定

1.细菌分离

1）菌种来源

菌种取自稳定运行的除铁锰、氨氮陶粒曝气生物滤池，该滤池具有良好的除铁锰、氨氮能力［污染物浓度一般为 ρ（Fe）=1.5mg/L，ρ（Mn）=3.0mg/L，ρ（NH$_4^+$）=3.0mg/L 左右］。图 5.2 为所取滤料表面的扫描电镜（scanning electron microscope，SEM）照片。可以看出，滤料表面附着有大量的细菌，呈杆状、球状，根据滤料表面元素分析，表面的铁、锰、氮元素含量都较高，说明它们被细菌氧化并吸附于表面。

8 20.0kV 11.3mm ×1.00k SE　　　　　50.0μm

图 5.2　滤料表面 SEM 图

2）细菌分离

取适量陶粒滤料于无菌锥形瓶中，加入 100mL 无菌水后充分振荡，取 1mL 菌悬液分别接种于除铁锰菌富集培养基和除氨氮菌富集培养基中，30℃下培养 7d，取各自菌液继续在相同培养基下培养三代，获得混合除铁锰细菌菌液和混合除氨氮细菌菌液。取 1mL 混合菌液进行梯度稀释，取 1mL 菌悬液梯度稀释，然后取 0.5mL 稀释液涂布在对应的分离培养基平板上，每个稀释度做 4 个平行样。

同样取滤池中的水样 1mL 做梯度稀释，取 0.5mL 稀释液涂布在上述平板上培养，每个稀释度也做 4 个平行样。

所有接种了细菌的平板在 30℃下培养 7d，取典型菌落继续在对应的分离培养基上重复划线培养，直到菌落形态单一。最后，我们在平板上挑选出生长良好的菌株编号，分纯后准备测定除铁锰、氨氮性能，筛选优势除铁锰、氨氮细菌。

2.筛选优势除铁锰、氨氮细菌

1）细菌除铁锰、氨氮性能检测分析

除铁锰分离培养基分离的细菌称为 T 系列菌，除氨氮培养基分离的细菌称为 X 系列菌，将两类细菌在对应液体培养基中扩大培养，所得菌液在无菌环境下离心（15min，4000r/min），去除上部液体，沉淀用无菌水洗涤，反复离心三次，尽量将培养基成分洗掉，得细菌沉淀用无菌水悬浮至 T 系列 OD_{600}=0.8，X 系列 OD_{600}=0.6。将 20mL 悬浮菌液移入无菌锥形瓶中，加入 80mL 原水[ρ(Fe)=3.0mg/L，ρ(Mn)=4.0mg/L，ρ(NH_4^+)=4.0mg/L]，摇匀后取样测定铁、锰、氨氮浓度作为初始水样浓度。其余水样密封后置于振荡培养箱中，在 30℃、100～120r/min 条件下培养。20h 后再次测定水样中铁、锰、氨氮浓度，计算污染物去除率。经过选择在除铁锰细菌中筛选了 5 株优势菌，在除氨氮细菌中筛选了 3 株优势菌。

图 5.3 为分离纯化后的细菌菌液按 25%投加量时，20h 对含铁锰、氨氮水样的净水效果。从图中可以看出，分离纯化的 5 株除铁锰细菌对铁、锰都有较好的去除效果，尤其是对铁的去除率都在 60%以上；$4^\#$细菌对锰的氧化效果最好，达到50%，另外 4 株对锰的氧化也可以达到 30%左右。$T2^\#$、$T4^\#$、$T5^\#$细菌具有同步去除铁锰、氨氮性能的优势细菌，后续称为除铁锰、氨氮优势菌。其中 $T1^\#$和 $T3^\#$细菌只对铁和锰有去除效果，是除铁锰的优势细菌。分离纯化的三株除氨氮细菌对锰没有去除效果，铁浓度的降低基本接近自然氧化，所以认为三株除氨氮细菌只对氨氮具有去除作用，且去除率都在 50%以上，是除氨氮的优势菌种。

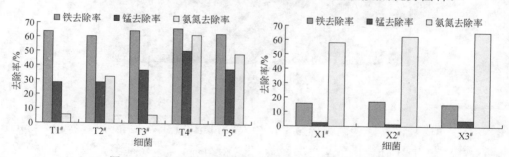

图 5.3　纯化除铁锰和除氨氮细菌对铁锰、氨氮去除效果

通过对分离纯化的菌株进行净水性能的检测分析，可知在除铁锰、氨氮的生物滤池中，存在一个非常复杂的微生物体系，这个体系中起主要净水作用的细菌可大致分为除铁锰、氨氮优势菌，除铁锰优势菌和除氨氮优势菌三类。

2）优势除铁锰、氨氮细菌表观特征

将分离纯化的细菌菌液按梯度稀释，各取 0.5mL 涂布在分离培养基上培养出单菌落，观察典型菌落，记录它们的表观特征，如表 5-1 所示。挑取少量细菌，分别制作革兰氏染色玻片，用电子显微镜观察细菌形态，图片如图 5.4 所示。

表 5-1　菌落形态

菌种	颜色	表面	边缘	光泽	透明度	革兰氏染色
T2#	白色	光滑	光滑	有	半透明	杆状阴性
T4#	浅黄色	光滑	锯齿	有	半透明	杆状阴性
T5#	乳白色	光滑	光滑	无	半透明	杆状阴性
T1#	黄色	光滑	光滑	有	半透明	杆状阴性
T3#	棕黄色	光滑	光滑	有	半透明	—
X1#	白色	光滑	不规整	无	不透明	杆状阳性
X2#	淡黄色	光滑	光滑	有	半透明	—
X3#	乳白色	光滑	不规整	无	不透明	杆状阳性

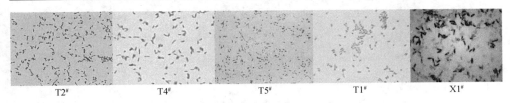

T2#　　　　　T4#　　　　　T5#　　　　　T1#　　　　　X1#

图 5.4　优势细菌革兰氏染色图片

图 5.4 为除铁锰、氨氮优势菌株 2#、4#、5# 细菌的革兰氏染色图片。从图中可以看出，这三株细菌都为球状菌，2#、4# 细菌染色后显紫色，为 G+，5# 菌染色显红色，为 G–。4# 菌个体较大，且看出部分细菌已长出芽孢，5# 菌个体最小。从形态上看，三株优势细菌都是球状菌，符合一般铁锰类细菌的形态特征，这也说明这些细菌是滤池中起主要除铁锰作用的菌种。

3.菌种鉴定

细菌分类鉴定方法一般包括表型鉴定法和分子遗传学鉴定法两大类。又从微观学分为 4 个水平：核酸水平、细蛋白质水平、细胞组分水平、细菌形态和生理生化水平。表型鉴定法是对后 3 个水平的鉴定，包括常规鉴定法、数值分类鉴定法和化学分类鉴定法。分子遗传学鉴定法是核酸水平的鉴定，对细菌染色体或质粒 DNA 进行分析，包括 G+Cmol% 含量测定、核酸杂交、PCR 技术、16SrRNA 和 16~23SrRNA 序列分析、全基因组测序等，此类方法使细菌种属定位和亲源关系判别由表型特征深化为基因型鉴定。

本节采用的是 16SrDNA 序列分析法，通过 PCR 技术提取扩增细菌的 DNA 片段，在 ncbi 系统上比对相似度得出新菌的种属。

以下为鉴定过程中 PCR 引物、反应体系和扩增程序。

16SrDNA 序列的扩增采用的通用引物序列如下所示。

正向引物 8F：5′－AGA GTT TGATCC TGG CTC AG－3′

反向引物 1492：5′-TACGGHTACCTTGTTACGAC TT- 3′

PCR 反应体系：（50mL）：l0×buffer（含 Mg^{2+}）5μL，dNTP 4μL，正向和反向引物各 1μL，模板 1μL，Tap 聚合酶缓冲液 0.4μL，重蒸水 37.6μL。

PCR 扩增程序：94℃预变性 5min；94℃ 1min，52℃ 1min，72℃ 2min，第二步循环 35 次；72℃ 10min；4℃放置。

通过在 ncbi 系统上比对，鉴定结果如下。

测序菌株名称	比对结果	相似度
T2$^{\#}$	（GU290329.1）*Citrobacter* sp.2009I12 16S ribosomal RNA gene，partial sequence	99%
T4$^{\#}$	（FJ542329.1）*Citrobacter freundii* strain MG-F1 16S ribosomal RNA gene，partial sequence	99%
T5$^{\#}$	（FJ542329.1）*Citrobacter freundii* strain MG-F1 16S ribosomal RNA gene，partial sequence	99%
T1$^{\#}$	（DQ279751.1）*Citrobacter* sp.AzoR-4 16S ribosomal RNA gene，partial sequence	99%
T3$^{\#}$	（DQ279751.1）*Citrobacter* sp.AzoR-4 16S ribosomal RNA gene，partial sequence	99%
X1$^{\#}$	（JF411231.1）*Bacillus* niabensis strain m6 16S ribosomal RNA gene，partial sequence	99%
X2$^{\#}$	（JN228329.1）*Pseudomonas stutzeri* strain 2D49 16S ribosomal RNA gene，partial sequence	98%
X3$^{\#}$	*Bacillus* sp.CJHH2 16S ribosomal RNA gene，partial sequence（DQ279751.1）Citrobacter sp.AzoR-4 16S ribosomal RNA gene，partial sequence	99%

由上表可以看出，T 系列细菌都属于柠檬酸杆菌属（*Citrobacter* sp.），其中 T4$^{\#}$和 T5$^{\#}$为弗氏柠檬酸杆菌属（*Citrobacter freundii*），是柠檬酸杆菌属的一个分支。从伯杰氏细菌手册可知：整个柠檬酸杆菌属的细菌有很大一部分具有去除各类重金属的能力，现又发现三株同时具有硝化（反硝化）功能的菌种。X1$^{\#}$和 X3$^{\#}$是芽孢杆菌属（*Bacillus* sp.），此属细菌已发现很多菌种具有硝化功能；X2$^{\#}$是施氏假单胞菌属（*Pseudomonas stutzeri*），此属细菌也有多数被用于固氮脱氮。

4.菌种的保藏方法

微生物具有容易变异的特性，因此，在保藏过程中，必须使微生物的代谢处于最不活跃或相对静止的状态，才能在一定的时间内使其不发生变异而又保持生活能力。低温、干燥和隔绝空气是使微生物代谢能力降低的重要因素，所以，菌种的保藏方法虽多，但都是根据这三个因素而设计的。保藏方法主要有以下四种。

1）斜面低温保藏法

将菌种接种于固体斜面培养基上培养，棉塞部分用油纸包扎好，移至 2～8℃的冰箱中保藏。保藏时间依微生物的种类而有所不同，霉菌、放线菌 2～4 个月移种一次，细菌最好每月移种一次。此法缺点是容易变异，屡次传代会使微生物的代谢改变，污染杂菌的机会也较多。

2）液体石蜡保藏法

将菌种接种在固体斜面培养基上，待细菌充分生长后将灭菌的液体石蜡注入试管，使细菌与空气隔绝，在低温或室温下保存。霉菌、放线菌、芽孢细菌可保藏 2 年以上，酵母菌可保藏 1～2 年，一般无芽孢细菌也可保藏 1 年左右。此法的优点是制作简单且不需经常移种。缺点是保存时所占位置较大。

3）载体保藏法

此法是将微生物吸附在适当的载体上，如土壤、沙子、硅胶、滤纸，而后进行干燥的保藏法，如沙土保藏法和滤纸保藏法应用相当广泛。细菌、酵母菌、丝状真菌均可用滤纸保藏法保藏，前两者可保藏 2 年左右，有些丝状真菌甚至可保藏 14～17 年。沙土保藏法多用于能产生孢子的微生物，可保存 2 年左右。

4）冷冻干燥保藏法

先使微生物在极低温度（-70℃左右）下快速冷冻，然后在减压下利用升华现象除去水分（真空干燥）。此法为菌种保藏方法中最有效的方法之一，对一般生活力强的微生物及其孢子及无芽胞菌都适用，即使对一些很难保存的致病菌也能保存。适用于菌种长期保存，一般可保存数年至十余年，但设备和操作都比较复杂。

本试验菌种采用斜面低温保藏法保存，虽然斜面低温保藏法容易引起微生物的污染，但操作简便，易于执行，只要经常取保存的细菌重新培养保存就可以避免细菌被污染。

5.3 微污染高锰低铁地下水生物处理技术小试研究

利用筛选驯化的除铁锰、氨氮优势菌群的降解特性集成"跌水曝气生物强化过滤工艺"对微污染高锰低铁地下水进行处理，考察集成工艺运行特性及处理污染物效能，同时对铁、锰、氨氮、有机物同时去除的影响因素及工艺优化进行了研究。

5.3.1 跌水曝气生物强化过滤运行性能研究

试验中首先对生物强化过滤工艺的挂膜启动过程和稳定运行过程进行了考察，分析启动期和稳定期工艺对铁、锰和氨氮同时去除的运行效果。

1.跌水曝气生物强化过滤工艺参数研究

1）工艺装置

动态试验中采用曝气生物强化过滤作为微污染地下水的处理装置，试验装置流程图如图 5.5 所示，配制的原水由高位水箱经过流量计后从上部流入滤柱，跌水高度为 0.4m。滤柱材质为有机玻璃，内径 185mm，高为 2.5m。滤料为马鞍山市华骐环保科技发展有限公司提供的陶粒滤料，滤料采用"反粒度过滤"的方式装填，上层滤料粒径为 3.2～5.0mm，层高 0.8m；下层滤料粒径为 1.6～2.5mm，层高 0.8m；以粒径为 6～12mm 的卵石作垫层，垫层厚为 0.2m。

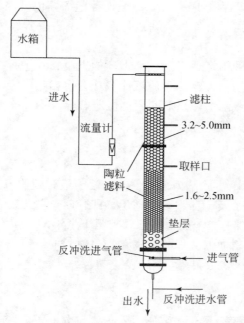

图 5.5　试验装置示意图

试验装置实物图如图 5.6 所示。本试验采用接种挂膜法启动生物滤柱，研究当滤速和原水污染物浓度变化对工艺去除铁锰和氨氮的影响。

配水水箱　　　　　　　　　　　　试验装置

图 5.6　动态试验装置

2）原水特点及其工艺参数

本试验的研究对象为沈阳市李官堡地下水源，根据该水源地历年的检测数据，采用历年水质平均值[$C(Mn^{2+})$=2.77mg/L, $C(Fe^{2+})$=1.47mg/L, $C(NH_4^+)$=1.61mg/L]作为启动阶段原水的配制标准。

挂膜阶段采取较低的滤速和较弱的反冲洗强度，随着滤层内细菌数量的不断增加，应适当提高滤速和反冲洗强度。启动阶段的滤速为 0.7～1.0m/h，挂膜成功后，滤速逐渐提高至 3m/h。由于气体的扰动会影响细菌在滤料表面的附着，因此整个启动阶段不曝气。整个启动过程水中溶解氧控制在 4.0～5.5mg/L。

启动完成后，在验证铁浓度、锰浓度、氨氮浓度及溶解氧浓度的变化对铁锰和氨氮去除率的影响时，进水流量固定在 80L/h 以下。

采用接种挂膜的启动方式进行小试装置生物固定化，将预先富集培养好的除铁锰细菌、除氨氮细菌培养基各 50L 注入滤柱中，静置两天后打开进出水阀门，进行反冲洗，反冲洗强度为 10%滤料膨胀率，反冲洗时间为 3min。

2.跌水曝气生物强化过滤启动期净水效能研究

整个启动过程中，$C(Mn^{2+})_{进水}$=1.87～4.22mg/L，$C(Fe^{2+})_{进水}$=0.5～3.5mg/L，$C(NH_4^+)_{进水}$=1.02～3.28mg/L，pH 变化范围为 6.67～7.25，温度变化范围为 10.1～17.5℃。滤柱接种完成后，从 3 月 18 日开始对进出水中的铁锰、氨氮进行检测，滤速为 0.7～1.0m/h，铁锰与氨氮的去除率变化分别见图 5.7 和图 5.8（工艺启动运行时间为 60d）。

1）铁锰的去除效果分析

由图 5.7 可知，5 月 3 日之前锰的去除率很低，基本都在 20%以下，可能由于外界温度较低，不利于铁锰菌的生长，也可能由于陶粒粒径较大，空隙率大，滤料截留的能够促进铁锰细菌繁殖的铁泥量有限，因此，系统运行初期锰的去除率较低；随着运行时间的增加，滤料截留的铁泥量越来越多，铁锰细菌繁殖的越来

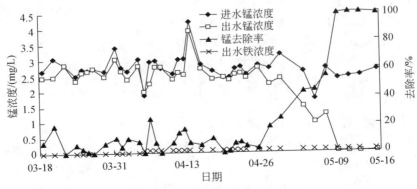

图 5.7　启动过程锰去除变化曲线

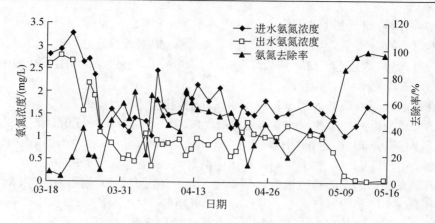

图 5.8　启动过程氨氮去除变化曲线

越多,当细菌繁殖由适应期进入指数生长期时,锰的去除率急剧增加,如图 5.7 中从 5 月 7 日(去除率 55.2%)到 5 月 9 日(去除率 99.2%)所示。经过近两个月的培养,出水锰的浓度开始稳定在 0.05mg/L 以下,说明启动过程的除锰效果已经稳定。

由图 5.7 可知,整个启动过程中,铁的出水浓度都很低,稳定在 0.2mg/L 以下,而锰在系统运行前 50 天出水浓度都较高。这可能是由于在 pH 中性条件下,铁可被空气自然氧化去除,而锰却不能被自然氧化去除,只能借助滤料表面的微生物来进行降解。

2)氨氮的去除效果分析

由图 5.8 可知,滤池接种初期,氨氮的去除率就达到 40%以上,这可能是由于接种初期除氨氮优势菌在滤料上的附着性较好。低温对除氨氮细菌活性的影响较小。在 5 月 5 日之前,出水氨氮浓度波动较大,这可能是由于除氨氮细菌在滤料上的附着稳定性较差,导致去除率出现反复波动的现象。但随着滤料上除氨氮细菌的增长,氨氮去除率波动越来越小。在 5 月 7 日之后,硝化细菌出现对数增长趋势,出水氨氮浓度基本稳定在 0.2mg/L 以下。

由图 5.7 和图 5.8 明显可以看出,锰的去除过程和氨氮的去除过程是相似的,说明在溶解氧、温度等外界条件相同的情况下,除铁锰细菌与除氨氮细菌的生长周期基本一致。挂膜的成功说明采用跌水曝气-生物强化过滤工艺同时去除铁、锰和氨氮是可行的。

3)滤速变化对工艺启动性能的影响

流速变化过程中,$C(Mn^{2+})_{进水}=2.52\sim3.24mg/L$,$C(Fe^{2+})_{进水}=1.04\sim3.97mg/L$,$C(NH_4^+)_{进水}=1.24\sim1.88mg/L$,pH 变化范围为 6.78~7.15。在 1m/h 滤速条件下启动成功后,开始逐渐调大滤速,研究滤池生物膜的稳定性。图 5.9~图 5.11 分别表示了在 2m/h、3m/h、4m/h 滤速条件下,工艺对铁、锰和氨氮的去除情况。

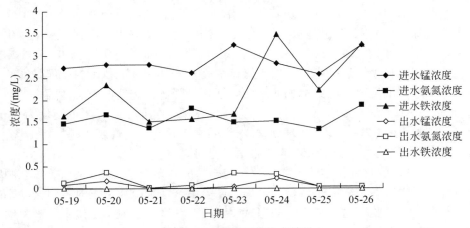

图 5.9　2m/h 下工艺净水效果

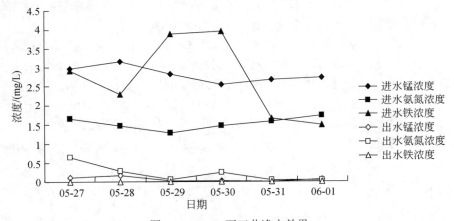

图 5.10　3m/h 下工艺净水效果

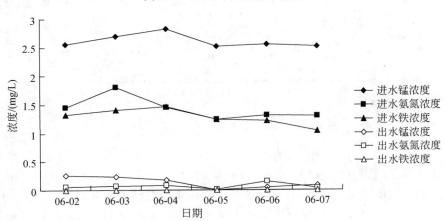

图 5.11　4m/h 下工艺净水效果

由图 5.9～图 5.11 可知，随着滤速增加，铁的去除率不会受到影响，但锰与氨氮的去除率会受到较大影响。且出水氨氮浓度所受影响比锰稍高，根据《生活饮用水卫生标准》（GB 5749—2006）中（Mn^{2+}为 0.1mg/L，NH_4^+为 0.5mg/L）的要求，由图可见，滤速提高后，出水氨氮浓度基本都在标准范围内，但是锰的浓度会存在超标的现象，因此增加滤速成为锰生物降解稳定性的限制性因素。当滤速为 2m/h 时，需经过 6d 的运行，工艺出水水质才能稳定；而当滤速增为 3m/h 和 4m/h 时，经过 2～3d 培养即可达标，说明生物膜的稳定性越来越好。

4）原水污染物浓度变化对工艺启动性能的影响

跌水曝气-生物强化过滤工艺除铁锰和氨氮的启动成功，说明采用该工艺同时去除地下水中铁锰和氨氮是可行的。静态试验中铁锰和氨氮浓度对各自去除率的影响甚微，为了验证这一结论，动态试验中改变铁锰和氨氮配水浓度，观察铁锰和氨氮去除率受浓度变化的影响。运行期间，控制滤速平均值为 3m/h，pH 变化范围为 6.78～7.15，分别调节进水铁、锰和氨氮浓度，验证在动态条件下铁浓度、锰浓度、氨氮浓度的变化对铁锰和氨氮去除率的影响。

（1）原水铁浓度变化对工艺净水效果的影响。为了检验动态条件下铁浓度变化对工艺净水效果的影响，试验中稳定原水中锰和氨氮的浓度，变化铁的浓度，C（Fe^{2+}）由 0.5mg/L 逐渐增加到 4mg/L，运行期间铁、锰和氨氮的去除情况如图 5.12 所示。由图可见，在 7 月 10 日之前（运行 115d），铁浓度<1mg/L，出水锰浓度>1mg/L；之后增加铁浓度至 3～4mg/L，此时出水锰浓度逐渐下降至<0.5mg/L。在铁浓度变化过程中，进水氨氮浓度维持在 5mg/L 左右，出水氨氮浓度<0.3mg/L。

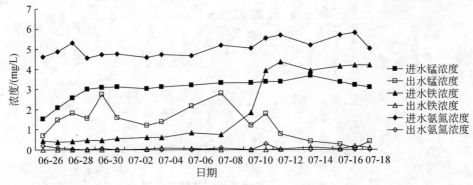

图 5.12　铁浓度变化对工艺净水效果的影响

由试验结果可知，低浓度的铁对锰的去除存在影响，当原水铁浓度逐渐升高时，出水锰浓度开始逐渐下降，7 月 17 日检测数据显示出水锰浓度为 0.05mg/L，达到《生活饮用水卫生标准》。该结论与张杰院士研究结论相同，当水中铁浓度较低时，铁一般在滤层上部被去除，造成滤层下部 Fe^{2+} 的浓度太低，严重影响了微生物的除锰过程。而铁浓度对氨氮的去除不存在影响，尽管氨氮一直稳定在 5mg/L 左右，但是出水氨氮浓度一直较低，稳定在 0.3mg/L 以下，完全满足《生活饮用水卫生标准》。

（2）原水锰浓度变化对工艺净水效果的影响。试验中稳定进水铁和氨氮浓度，以检验动态条件下原水锰浓度变化对工艺净水效果的影响。当锰浓度由 0.6mg/L 逐渐增加到 3.3mg/L 时，运行期间铁和氨氮去除率变化如图 5.13 所示。

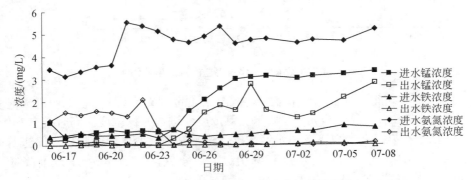

图 5.13　锰浓度变化对工艺净水效果的影响

由图 5.13 可知，在 6 月 25 日（运行 100d）之前，进水锰浓度维持在 0.5mg/L 左右，出水锰浓度基本都在 0.1mg/L 以下；之后进水锰浓度开始逐渐升高至 3mg/L 左右，出水锰浓度也开始逐渐升高。在 6 月 22 日之前，调整了进水氨氮浓度为 3mg/L 左右，之后升至 5mg/L 左右；出水氨氮浓度在进水浓度变化之前较高，随后逐渐下降至 0.1mg/L。进水铁浓度一直稳定在 0.5mg/L 左右，出水铁浓度基本都为微量。

进水氨氮浓度的升高导致出水氨氮浓度偏高，但经过 4 天的稳定运行，生物膜开始逐渐适应高氨氮浓度的水质，出水氨氮浓度逐渐下降，最终稳定在 0.1mg/L 以下。当进水锰浓度由 0.5mg/L 逐渐增加到 3mg/L 左右时，出水氨氮浓度始终稳定在 0.1mg/L 以下，因此锰浓度的变化对氨氮的去除不存在影响。另外，由图 5.13 可见，锰浓度的提高对自身去除的影响特别大，造成出水锰浓度极度增加，培养一段时间后出水锰浓度渐有下降，这是由于随着运行时间延长，附着滤料表面生物量逐渐增加，提高了生物降解能力。

（3）原水氨氮浓度变化对工艺净水效果的影响。在检测氨氮浓度变化对铁锰和氨氮去除的影响时，为了更明显地反映氨氮浓度对铁锰去除的影响，试验中同时提高了锰浓度，观察氨氮浓度的降低对锰去除的影响，其去除效果如图 5.14 所示。

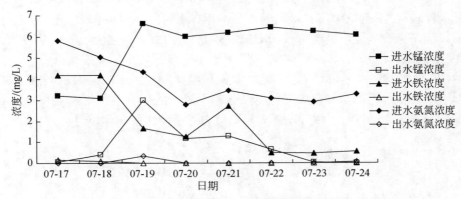

图 5.14　氨氮浓度变化对工艺净水效果的影响

由图 5.14 可得，进水氨氮浓度平均值由 5.8mg/L 降至 3mg/L 左右；进水锰浓度平均值由 3mg/L 提高至 6mg/L。出水氨氮浓度在进水氨氮浓度提高时稍有变化，但基本稳定在 0.2mg/L 以下；出水锰浓度受进水锰浓度变化影响明显，但随着进水氨氮浓度的降低，出水锰浓度下降明显。进水铁浓度由 4mg/L 逐渐降低至 0.5mg/L，出水铁浓度基本为微量。

随着进水锰浓度的增加，出水锰浓度明显上升，在 7 月 19 日达到了 3mg/L，但当进水氨氮浓度逐渐降低时，出水锰浓度也急剧下降，经过 4d 的培养，出水即已达标，稳定在 0.04mg/L。这是由于锰浓度突然提高，造成铁锰细菌反应不及时，所以出水锰浓度突然增加。后续由于氨氮浓度的减少使除氨氮细菌在与除铁锰细菌竞争时效果减弱，而同时随着生物膜上铁锰细菌的逐渐繁殖，所以锰去除率开始逐渐升高。由此说明，原水氨氮浓度的降低有利于提高锰的去除率。

3.跌水曝气生物强化过滤稳定期净水效能研究

经过启动运行后，利用小试动态装置，进行工艺长期稳定性的研究。

本试验原水为人工配置，模拟沈阳地区地下水水质。按比例投加 $MnCl_2 \cdot 4H_2O$，$FeSO_4 \cdot 7H_2O$，NH_4Cl 和微量 KH_2PO_4 至储有自来水的水箱中，充分混合，配置成铁、锰、氨氮共存的地下水，并按照含量，配置成高锰低铁高氨氮的水质特征。在试验进行第 246d 加入少量葡萄糖，使原水呈微污染特征。对于试验中重要的指标，将原水浓度与李官堡地下水水源 2000～2007 年的数据进行了对比，见表 5-2。

表 5-2　李官堡水源和试验原水水质分析

分析指标	李官堡水源原水含量范围/平均值/（mg/L）	试验原水含量范围/（mg/L）	GB 5749—2006 指标/（mg/L）
总铁	0.05～16.82 / 1.47	0.05～4.39	0.3
总锰	0.25～6.98 / 2.77	1.87～8.61	0.1

续表

分析指标	李官堡水源原水含量范围/平均值/（mg/L）	试验原水含量范围/（mg/L）	GB 5749—2006 指标/（mg/L）
氨氮	0.02～9.28 / 1.61	0.78～6.52	0.5
亚硝态氮	0.001～0.094 / 0.009	0.01～0.13	—
硝态氮	0.01～8.92 / 2.30	3.13～4.06	10（20）
高锰酸盐指数（COD_{Mn}）	0.3～3.5 / 1.36	1.55～2.70	3

表 5-3 列出了试验期间模拟跌水曝气生物强化过滤工艺的运行参数情况。滤速控制范围为 1.5～4m/h，进水溶解氧范围为 4.5～7.5mg/L，试验进行 285d。

表 5-3　工艺运行工况

试验日期	运行时间/d	平均滤速/（m/h）	平均水温 /℃
2009.11.09—2009.11.21	1～13	1.5	10
2009.11.23—2009.12.05	15～29	2	11
2009.12.07—2010.02.09	31～93	3	10
2010.02.28—2010.06.05	112～209	3	12
2010.07.02—2010.07.27	237～262	4	15
2010.07.28—2010.08.18	263～285	4	17

1）锰的去除效果分析

沈阳地区地下水中锰的含量普遍较高，因此，本试验原水中锰的投加量也较大。试验期间，进水锰的浓度范围在 1.87～8.61mg/L，远高于国内含铁锰地下水中锰的平均含量。图 5.15 反映了跌水曝气-生物强化过滤工艺稳定期对锰的去除效果。

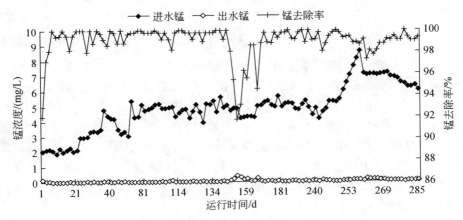

图 5.15　工艺对锰的去除效果

如图 5.15 所示，成熟生物滤层对锰的氧化效率较高。当进水锰浓度在 1.87～8.61mg/L，平均浓度为 4.85mg/L 时，出水锰浓度为 0～0.4mg/L，锰的去除率为91.8%～100%，平均去除率为 95.9%。一般情况下，少有超标现象，平均出水浓度为 0.05mg/L，优于《生活饮用水卫生标准》。在稳定运行阶段，当进水锰浓度达到较高的浓度（7mg/L 以上）时，出水锰仍然能持续达标，而当进水锰浓度超过 8mg/L 时，出水锰超标。由此可见，滤柱中锰氧化细菌能够承受的最大进水锰负荷在 8mg/L 左右，该浓度已经超过沈阳地区地下水锰浓度的最高水平。整个试验过程中，没有"漏锰"现象发生，证明了成熟生物陶粒与常用的成熟锰砂一样有较强的固锰能力，且覆着其表面的锰氧化物不易被还原。滤柱中锰氧化细菌的生物群系已经成熟并达到平衡状态，试验原水 pH 在中性条件下，通过细菌高效的酶促作用将锰去除，并长期保持较高的除锰效能。

2）铁的去除效果分析

根据沈阳地区地下水中铁含量的平均情况，试验所配置进水铁浓度在 0.07 ～4.39mg/L，平均进水浓度为 1.87mg/L，总体含量较低，图 5.16 反映了跌水曝气-生物强化过滤稳定运行期间对铁的去除效果。

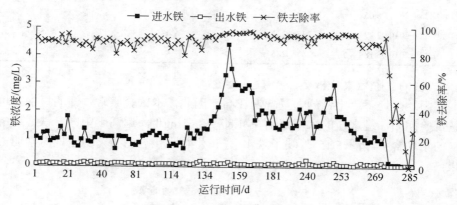

图 5.16　工艺对铁的去除效果

如图 5.16 所示，生物滤柱对铁的去除效果较好。当进水总铁浓度在 0.07～4.39mg/L 时，出水均能控制在《生活饮用水卫生标准》之内，出水铁浓度为 0.07～0.25mg/L，平均出水浓度为 0.10mg/L，去除率在 87%左右，最高达 97.7%。生物除铁除锰理论认为，铁的氧化是自催化反应，包含一定的化学氧化，铁的去除较锰的去除难度小，且稳定性较好。但当试验原水总铁浓度低至 0.18mg/L 以下时，出水仍能检出一定的铁含量，而非完全去除，致使铁的去除率有明显下降，因此铁的去除率在一定程度上取决于原水铁的浓度。

3）氨氮的去除效果分析

目前，由于工业发展所带来的水体环境污染，沈阳地区地下水除常见的铁锰共存特性外，还表现出氨氮微污染的特点。试验原水氨氮浓度在 0.78～6.52mg/L，平均值达 3.84mg/L。图 5.17 反映了试验跌水曝气生物强化过滤工艺对氨氮的净化效果。

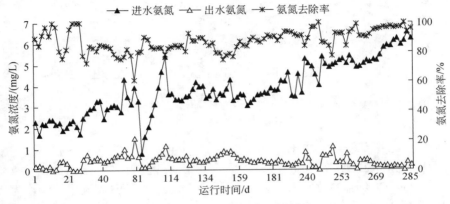

图 5.17　工艺对氨氮的去除效果

　　如图 5.17 所示，氨氮的整体净化效果较好，但稳定性不及铁锰的去除。在试验进水氨氮高浓度条件下，出水氨氮浓度在 0～1.52mg/L，平均出水浓度为 0.44mg/L，低于《生活饮用水卫生标准》（0.5mg/L），平均去除率为 87.7%，在试验进行初期，存在一定的超标现象，后期超标情况渐少。随运行时间的增加，氨氮的去除效果呈现总体上升的趋势，图中出水氨氮的浮动体现出氨氮的降解受其他因素如滤速、进水污染物浓度变化、溶解氧等的影响。从运行第 269d 起，进水氨氮浓度高于 5mg/L，并于第 277d 起超过 6mg/L，此期间氨氮的去除率达到 95% 以上，表现出跌水曝气-生物强化过滤工艺对氨氮的高效去除能力。氨氮主要通过硝化过程去除，生物滤层内的除铁锰细菌和除氨氮细菌都能够进行硝化作用，生物膜混合菌种同样具有较稳定的硝化能力，但硝化效率会略低于单独接种硝化细菌的情况，且受限于其他条件因素，长期运行可使硝化的效率更加稳定。

　　4）有机物的去除效果分析

　　在微污染含铁锰地下水中，除了主要超标的物质铁、锰、氨氮外，还存在一定的有机污染，但种类比较复杂，因此用 COD_{Mn} 来表征地下水受有机污染程度的综合性指标。试验前测得自来水中 COD_{Mn} 含量为 0.75～0.92mg/L，投入 NH_4^+-N 和铁锰等还原性物质后，原水中 COD_{Mn} 含量有一定的提升，从试验进行第 237d 开始检测滤柱进出水 COD_{Mn}，并在第 246d 开始加入少量葡萄糖作为有机碳源，以研究滤柱对高锰酸盐指数去除率的影响。图 5.18 为试验过程中 COD_{Mn} 的去除情况。

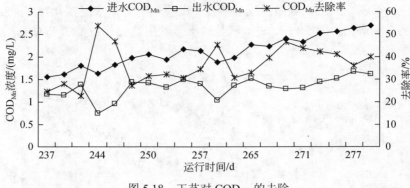

图 5.18　工艺对 COD_{Mn} 的去除

如图 5.18 所示，进水 COD_{Mn} 为 1.55～2.7mg/L，出水 COD_{Mn} 均有不同程度的降低，去除率为 22.7%～54%，浮动较大。从第 246d 开始，进水 COD_{Mn} 负荷提高，滤柱去除 COD_{Mn} 的效率未受影响，原因是除铁锰细菌具有利用碳源作为代谢产物的能力，因此随着投入葡萄糖，COD_{Mn} 的去除率反而表现出一定的上升趋势，并最终稳定在 40% 左右。因有机物的投加量并不是很大，且葡萄糖本身不是较难降解的物质，所以未发现铁、锰、氨氮的氧化受原水中有机物质存在的影响。因此认为，铁、锰、氨氮和有机物质通过单级生物处理有效去除有着一定的可行性，对原水中特定有机物质的存在和含量的影响仍需进一步研究。

5）浊度的去除分析

地下水中存在一定的浊度，跌水曝气-生物强化过滤除浊主要依靠以下几方面作用：一是滤料的机械截留作用；二是填料上生物膜的生物絮凝作用和对形成浊度物质的吸附降解；另外，老化脱落的生物膜也可起到生物絮凝剂的作用，与细小的悬浮颗粒形成大絮体沉降下来。图 5.19 为试验滤柱对浊度的去除情况。

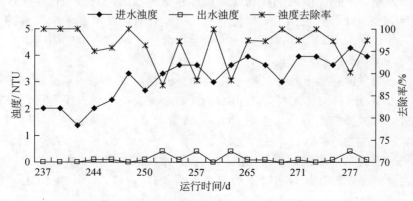

图 5.19　曝气生物滤池对浊度的去除

如图 5.19 所示，进水浊度为 1.39～4.29NTU，出水浊度很好地控制在 0.42NTU

以下，去除率在 96%左右。资料表明，曝气生物过滤所去除浊度不宜过高，若原水浊度过高则泥沙可能包裹生物膜，影响其正常生长。由于地下水普遍清澈透明，即便在微污染条件下，其浊度较为有限，且滤层深度为 1.6m，不需添加混凝剂使浊质脱稳，对浊度的去除效果稳定，几乎不受其他因素的影响。

5.3.2　跌水曝气生物强化过滤工艺参数优化

试验所研究地下水中主要超标的水质指标是铁、锰、氨氮，因此跌水曝气生物强化过滤工艺对铁、锰、氨氮的去除是研究的核心。本节着重对铁、锰、氨氮氧化的适宜运行条件和工艺参数优化进行研究：主要通过设置不同运行参数（滤速、进水溶解氧），调配原水污染物负荷等手段进行试验分析其影响；根据反冲洗前后出水水质变化来研究反冲洗对滤池稳定性的影响，验证反冲洗强度和周期设置的合理性。

1.滤速的影响

本研究的特征在于原水属于高锰、低铁、含氨氮的微污染地下水，即原水中铁的浓度较低，而锰的含量则远远高于其他地区地下水，且有氨氮的存在，其浓度也达到"微污染"概念的较高水平。因此经济有效地运行参数是一个值得重新考虑的问题，滤速是重要的运行参数。

试验期间，地下水温 10.5～12℃，$C(\mathrm{Mn})_{进水}=1.87\sim4.36\mathrm{mg/L}$，$C(\mathrm{Fe})_{进水}=0.70\sim1.32\mathrm{mg/L}$，$C(\mathrm{NH_4^+-N})_{进水}=1.69\sim3.31\mathrm{mg/L}$。图 5.20 反映了 1.5m/h、2m/h、3m/h 三个不同滤速条件下，跌水曝气生物过滤对铁、锰、氨氮的生物氧化能力。

由图 5.20 可知，滤速从 1.5m/h 逐渐提高至 3m/h，出水铁浓度始终稳定在 0.1mg/L 左右，且不受滤速和其他因素影响。出水锰浓度在试验开始的第 1d 略有超标，随后都在 0.1mg/L 以下，且运行 5d 后稳定在 0.05mg/L 以下，滤速和原水锰浓度的提高，均未对滤柱除锰效果产生影响。

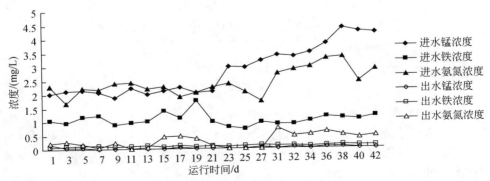

图 5.20　不同滤速条件下工艺运行特性

　　与铁锰的氧化均未受到水力负荷影响相比，氨氮的去除受滤速变化的影响较明显。在 1.5m/h 的滤速条件下，氨氮的去除率随运行时间的增加而提升，并最终呈痕量；当滤速为 2m/h 时，出水氨氮也随之上升至 0.4mg/L 左右，氨氮的去除率由最初的 80% 左右提高至接近 100%。当滤速达到 3m/h 时，开始出现出水氨氮超标现象，通过前端曝气提高进水溶解氧浓度至 7.5mg/L，出水氨氮达标。整个阶段进水锰浓度的不断提高，对氨氮和铁的去除无明显影响。

2.反冲洗的影响

　　跌水曝气-生物过滤工艺运行一个周期，需反冲洗来清除滤料表面截留的杂质和老化的生物膜，以保持滤料的孔隙率和微生物的活性。反冲洗过于频繁，对除铁锰、氨氮优势菌群的生物量会有影响，而运行周期过长，滤料表面截留过多铁、锰氧化物，又会对生物膜的活性产生影响。适宜的反冲洗周期和强度有利于滤池的稳定运行。该工艺与普通生物滤池相比，滤料粒径要增大 2～4 倍，且陶粒的粗糙程度和空隙率比一般的滤料要高，且原水中铁含量较低，反冲洗周期依据滤池的水头损失和出水水质来确定，为 7d。反冲洗强度为 4L/（m^2·s），采用气水联冲的方式，反冲洗时间为 15min。通过反冲洗前后各时间对出水铁、锰、氨氮含量的检测，研究反冲洗对滤柱去除污染物效能的影响，验证反冲洗周期和强度设置的合理性。经检测进水锰浓度为 5.33mg/L，铁浓度 1.60mg/L，氨氮浓度 3.39mg/L，反冲洗前后各时间的出水各项浓度见图 5.21。

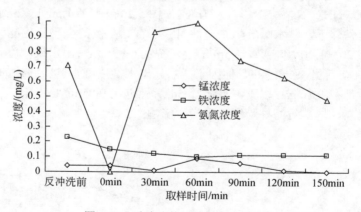

图 5.21　反冲洗前后的出水水质变化

　　如图 5.21 所示，水温 10℃时，滤速 3m/h，进水溶解氧平均值为 6mg/L，反冲洗前出水锰浓度 0.04mg/L，铁浓度 0.23mg/L，氨氮浓度 0.71mg/L，均略差于滤池稳定运行时的出水浓度，同时水头损失增大，因此对滤池进行反冲洗。反冲洗后对滤柱恢复运行，出水铁的去除效果恢复较快，60min 后出水铁浓度为 0.1mg/L，较冲洗前去除率提升了 8%，随后出水趋于稳定；出水锰浓度随运行时间有浮动增加，反冲洗后 30min 时出水锰为痕量，60min 时出水锰浓度最高，为 0.09mg/L，随后逐渐恢复至先前稳定运行时的效果，并在 150min 时去除率达 100%（未检出出水锰）；滤池刚出水时氨氮浓度未检出，随后变化较大，30min 时出水氨氮浓度为 0.93mg/L，60min 时达 0.99mg/L，60min 后处理效果逐渐变佳，到 150min 时出水氨氮浓度为 0.48mg/L，较反冲洗前去除率提升了 7%左右。对于冲洗前后各时间出水锰和氨氮浓度先降低后上升再降低的情况，主要是因为反冲洗可冲洗掉滤层截留的非生物颗粒和生物颗粒，提高了除铁锰细菌和除氨氮细菌的活性，增加了污染物质和溶解氧向生物膜表面的传质效率，但也会损失部分生物膜，运行一段时间（大概 30min）后细菌的抗负荷能力也随之下降。因此出现了反冲后滤池刚开始运行时处理效果较好，随后有下降的情况，连续运行 150min 使生物膜的生物量恢复至稳定运行时的状态。

3.滤层高度的影响

在滤速 3m/h，水温 11℃ 的条件下，在滤柱的各取样口取样测定各物质浓度，对铁、锰、氨氮分别的沿层氧化特征，沿层降解过程中的相互影响及对溶解氧的需求进行讨论，以更好地确定工艺净化铁、锰、氨氮所需的滤层深度。控制进水锰浓度在 5mg/L 左右，进水氨氮浓度 4mg/L 左右，图 5.22 和图 5.23 分别表示原水铁浓度为 1.18mg/L 和 2.82mg/L 时，沿滤层深度氮的转化情况及铁、锰、溶解氧的浓度变化。

氨氮的沿层去除比较平均，亚硝态氮的生成和转化迅速，其浓度在滤层 0.22m 处有短暂的上升，随后降低，沿层亚硝态氮的浓度均在 0.1mg/L 以下，硝态氮浓度随着氨氮浓度的降低而增加；锰的氧化速率在滤层 0.75～1.25m 处最高；在滤层 1.6m（出水）处，铁、锰、氨氮、硝态氮浓度都能达到《生活饮用水卫生标准》，亚硝态氮也控制在很低的浓度值。

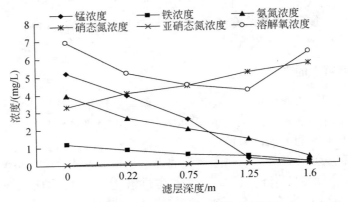

图 5.22　进水低铁浓度时工艺延层特征

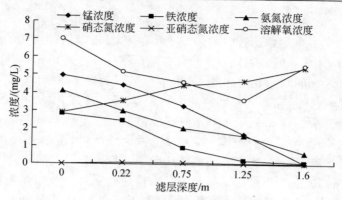

图 5.23　进水高铁浓度时工艺延层特征

如图 5.23 所示，原水铁浓度增加至 2.82mg/L，铁的氧化更多在滤层中上部进行，滤层 0.75m 处铁的浓度为 0.91mg/L，去除了约 68%，至滤层 1.25m 处，铁氧化至 0.2mg/L；锰在滤层上中部的去除率，相对图 5.22 有下降趋势，至滤层 0.75m 处，锰的浓度仍达 3.28mg/L，仅去除了 34%，滤层下部氧化锰的效率则有提高，出水锰仍稳定达标；氨氮的沿层氧化较图 5.22 变缓，滤层 0.22m 和 0.75m 处均会累积少量的亚硝态氮，硝化反应效率有所降低。

在三种污染物质中，铁的氧化还原电位最低，因此铁的氧化进行较快，在原水铁浓度较高时得到明显的体现；氨氮的氧化还原电位高于铁，其氧化速率和去除效果会受到铁浓度的限制；锰的氧化还原电位最高，因此其氧化的高效段会滞后于氨氮与铁的氧化，更多取决于原水铁的浓度，但并不是在铁和氨氮的氧化完成后才进行。由于滤柱长期运行，除锰细菌的生物量可以完成锰的高效氧化。

在图 5.22 和图 5.23 中，溶解氧浓度在滤层 0～1.25m 随滤层深度的增加呈下降趋势。由于跌水作用，淹没滤层且未接触生物膜的原水溶解氧含量可达 7mg/L 左右，生物氧化（主要是氨氮的硝化作用）的进行消耗了大量的溶解氧，尤其在滤层 0～0.22m 处，污染物浓度最高，生物活性也较高，溶解氧消耗最为明显。底部出水接触空气使溶解氧又升高。

4.进水溶解氧的影响

小试中采用跌水曝气的方式提高进水溶解氧，进水溶解氧浓度无法调节，本节利用前端曝气方式控制进水溶解氧的变化，利用曝气量反映进水溶解氧，以确定最佳进水溶解氧的需求，为扩大中试及示范工程提供技术参数。

当铁锰和氨氮共存时，前端曝气量的确定是工艺设计中的一个关键因素。为了确定不同滤速下的最佳曝气量，首先稳定进水铁锰和氨氮的浓度（锰和氨氮的浓度稳定在 6mg/L 左右），在流量一定的情况下调节曝气量，本着污染物去除达标和曝气量最小的原则，寻找最佳曝气量。

1）滤速 1m/h 的最佳曝气量

如图 5.24 所示，当曝气量在 0.4～0.2m³/h 时，出水铁锰和氨氮浓度都为痕量，水质良好。当曝气量减小到 0 时，出水锰和氨氮都存在严重超标现象。这说明在不曝气的情况下，原水中溶解氧浓度有限，锰与氨氮的去除都受到了严重影响。

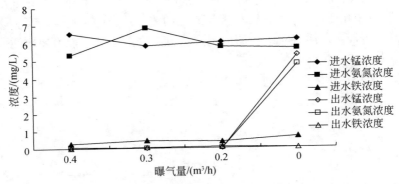

图 5.24　1m/h 时曝气量对去除率的影响

为了确定 1m/h 下的最佳曝气量，在 0～0.2m³/h 内变化曝气量，连续检测出水水质，找到出水水质达标时的最小曝气量。铁锰和氨氮进出水浓度如图 5.25 所示。

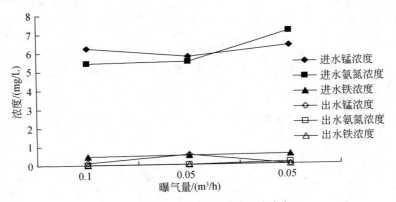

图 5.25　1m/h 时最佳曝气量的确定

由图 5.25 可得，当曝气量为 0.1m³/h 时，出水水质良好，出水锰浓度为 0.1mg/L。当曝气量减小为 0.05m³/h 时，出水锰浓度为 0.52mg/L，超出水质标准，考虑到突然变化曝气量可能引起微生物的暂时不适应，因此在 0.05mg/L 条件下，连续培养了一天，检测结果显示出水锰浓度为 0，出水氨氮稍有增高，为 0.13mg/L，出水水质完全符合水质标准。

以上分析可得，进水滤速 1m/h 的最佳曝气量为 0.05m³/h，气水比为 2.5∶1，对应进水溶解氧为 4mg/L。

2）滤速 1.5m/h 的最佳曝气量

由图 5.26 可知，随着曝气量的逐渐增加，出水锰浓度和氨氮浓度正在逐渐下降，当曝气量为 0 时，出水氨氮和锰浓度都超标。在曝气量达到 0.05m³/h 时，氨氮的浓度降为 0.13mg/L，首先达标，但出水锰浓度为 4.39mg/L，依然很高。在曝气量增加到 0.1m³/h 时，出水锰浓度降为 0.7mg/L，当曝气量升至 0.15m³/h 时，出水锰浓度为 0.04mg/L，出水铁锰和氨氮浓度均达标。由此可见，在锰和氨氮的降解过程中，如果存在溶解氧不足的情况，氨氮争夺溶解氧的能力要比锰争夺溶解氧的能力强。

以上分析可得，进水滤速为 1.5m/h 的最佳曝气量为 0.15m³/h，气水比为 3.75∶1。

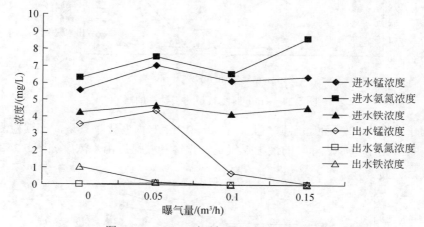

图 5.26　1.5m/h 时曝气量对去除率的影响

3）滤速 2.5m/h 的最佳曝气量

由图 5.27 可知，在高曝气量的条件下，铁锰和氨氮的去除都不存在问题，出

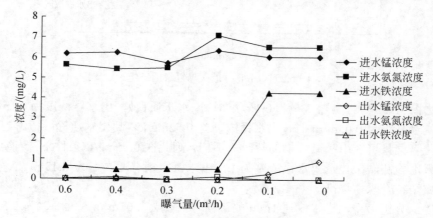

图 5.27　2.5m/h 时曝气量对去除率的影响

水水质全部达标。但当曝气量由 0.2m³/h 降到 0.1m³/h 过程中，铁锰和氨氮三种物质中只有锰的出水浓度由 0 增加到 0.28mg/L，当曝气量为 0 时，出水锰的浓度增加为 0.88mg/L。因此可得出，在滤速 2.5m/h 下，得到的最佳曝气量应为 0.2m³/h。

通过以上分析，可得出当进水滤速 2.5m/h 时，出水水质达标的最佳曝气量为 0.2m³/h，气水比为 4.33：1。

4）滤速 3m/h 的最佳曝气量

由图 5.28 可知，当滤速为 3m/h 时，曝气量由 0.1m³/h 逐渐增至 0.5m³/h 的过程中，氨氮和铁的去除都不存在问题，出水锰浓度却随着曝气量的增加在逐渐减小，当曝气量达到 0.5m³/h 时，出水锰浓度为 0.1mg/L，出水水质达标。此时氨氮浓度由于进水浓度偏高，稍有升高，但仍在标准范围内。

通过以上分析，可得出，当进水滤速为 3m/h 时，出水水质达标的最佳曝气量为 0.5m³/h，气水比为 6.25：1。

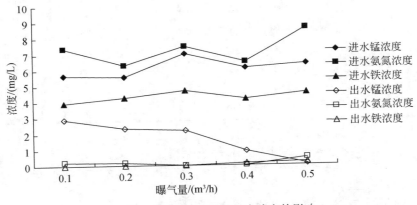

图 5.28　3m/h 时曝气量对去除率的影响

5.温度的影响

实际地下水进水温度变化较小，本节目的是考察菌种随不同温度变化的特性，通过开展小试动态试验研究，探索菌种在不同温度条件下净水性能的稳定性，可为该优势复合菌剂的广泛应用提供参考依据。

1）不同温度对工艺净水效能的影响

从 3 月 25 日到 6 月 5 日，水温最低时 9℃，最高时 21℃。为突出温度的影响，控制进水锰浓度 5mg/L 左右，进水铁浓度 1.5mg/L 左右，进水氨氮浓度 3.5mg/L 左右。在滤速 3m/h 时，进水溶解氧为 6.5～7.5mg/L 的运行工况下，检测进出水浓度，观察去除率变化。

表 5-4 反映了不同水温下滤柱的进出水浓度及去除率。在进水浓度变化不大

的条件下，随水温的变化，出水铁、锰、氨氮浓度及去除率变化趋势曲线如图 5.29 所示。

表 5-4　不同水温下进出水浓度及去除率分析

水温 $T/℃$	进水锰/（mg/L）	进水铁/（mg/L）	进水氨氮/（mg/L）	出水锰/（mg/L）	出水铁/（mg/L）	出水氨氮/（mg/L）	锰去除率/%	铁去除率/%	氨氮去除率/%
9	4.95	1.65	3.36	0.06	0.11	0.68	98.8	93.3	79.8
10	4.97	1.62	3.39	0.04	0.1	0.68	99.2	93.8	79.9
11	4.61	1	3.84	0.01	0.1	0.48	99.8	90	87.5
12	5.15	1.36	3.81	0.01	0.11	0.46	99.8	91.9	87.9
13	4.99	1.42	3.77	0.01	0.1	0.34	99.8	93	91
14	4.96	1.57	3.64	0.01	0.12	0.31	99.8	92.4	91.5
15	5.12	1.48	3.48	0	0.09	0.29	100	93.9	91.7
16	4.79	1.42	3.51	0.01	0.08	0.23	99.8	94.4	93.4
17	4.94	1.59	3.66	0	0.1	0.31	100	93.7	91.5
18	5.15	1.63	3.36	0.01	0.11	0.23	99.8	93.2	93.2
19	4.32	1.79	3.42	0.01	0.1	0.33	99.8	94	90.4
20	4.71	1.56	3.89	0	0.1	0.17	100	93.4	95.6
21	4.74	1.45	4.4	0.01	0.09	0.09	99.8	93.8	97.9

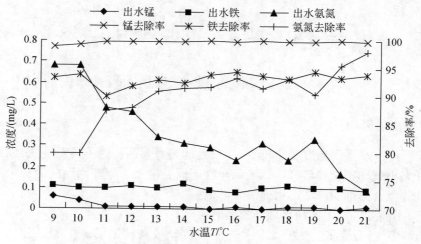

图 5.29　出水各污染物浓度及去除率随水温的变化

如图 5.29 所示，铁锰的氧化受温度影响不明显，硝化的效果随温度的提高有明显的上升趋势。出水铁浓度在水温 9～21℃时未发生明显变化，稳定在 0.1mg/L 左右，去除率始终在 90% 以上；在该进水浓度配比下，跌水曝气-生物过滤工艺除锰效果稳定，出水锰仅在 9℃和 10℃时较高，但仍能控制在 0.1mg/L 以下，而当水温在 11～21℃时，锰的去除率稳定在 99.8%～100%，出水锰接近痕量；在水温 9～10℃时，出水氨氮达到 0.68mg/L，超出《生活饮用水卫生标准》，11～12℃时，出水氨氮能够达标，稍低于 0.5mg/L，去除率在 88%左右，较 9～10℃时提高了 8%～9%，当水温≥13℃时，出水氨氮有了明显的降低，去除率提高到 90%以上，在 20℃，出水氨氮为 0.17mg/L，去除率超过 95%，21℃时，进水氨氮提高到 4.4mg/L，出水氨氮仅 0.09mg/L，去除率达到了 98%左右。

　　沿层生物量和生物活性的变化反映了滤柱中沿层除铁锰细菌和除氨氮细菌在不同水温下的生态特性。在 12℃、15℃、20℃时分别检测滤柱沿层锰，铁，氨氮的浓度，通过各段去除率的变化，来分析研究温度对铁、锰、氨氮氧化速率的影响。图 5.30～图 5.32 反映了不同水温下同种污染物的沿层去除率变化。

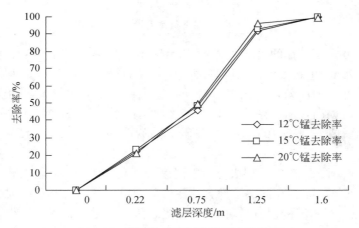

图 5.30　不同水温下锰的沿层去除情况

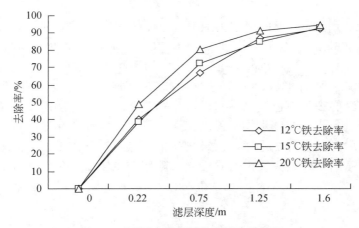

图 5.31　不同水温下铁的沿层去除情况

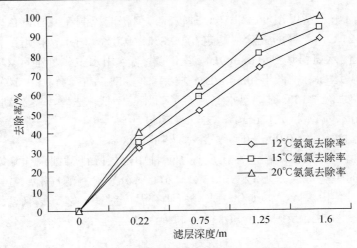

图 5.32　不同水温下氨氮的沿层去除情况

　　如图 5.30 所示，锰的沿层去除率随温度变化不明显，水温 12℃、15℃、20℃时，滤层 0.75m 和 1.25m 处去除率随温度提高有微弱提高，这是因为锰的去除在滤层中下部较为高效，该段能保持一定锰氧化细菌的生物量，随温度提高其活性也会有所提高，氧化速率会有所变化，但由于锰的去除率总体稳定，因此认为锰氧化细菌在 12～20℃均能保持较好的活性，并且对地下水净化的温度适应性较强。

　　如图 5.31 所示，铁的沿层去除率随温度的升高而增加，但出水铁浓度未有明显变化。铁的氧化尤其在滤层上部会伴随着化学氧化，另一部分铁细菌还有除锰的能力，其适宜生长环境与锰氧化细菌相当，因此很难说是铁的生物氧化受温度影响较锰明显，上述结果可能是因为进水铁浓度较低，稍有变化去除率就会发生变化。

　　如图 5.32 所示，氨氮的沿层去除率随温度的变化较明显，12℃、滤层 0.22m处的去除率为 32.2%，15℃时达到 35.1%，20℃时上升到了 40.2%，由此可知硝化细菌在滤层上中部具有较高的生物量和生物活性；在滤层 0.75m 处三个温度下去除率分别达到 51.4%、58.6%、64.1%，1.25m 处出水的去除率上升也较明显。温度提高，沿层去除率也提高，与沿层生物量和生物活性随温度变化的趋势相一致。20℃时各滤层深度生物量最大，活性最高，因此硝化过程进行较迅速，效果最好。通过观察可知，三种污染物质中，氨氮在各深度的去除率和最终处理效果随温度的变化最为突出，其沿层去除率与生物量、生物活性的具体关联见表 5-5。

表 5-5　沿层生物量、生物活性与氨氮去除率分析

	滤层深度/m	0.22	0.75	1.25	1.6
12℃	生物量	17.39	13.76	5.98	
	生物活性	5.95	5.12	2.24	
	氨氮浓度/（mg/L）	2.36	1.69	0.93	0.41
	氨氮各段去除量/（mg/L）	1.12	0.67	0.76	0.52
	氨氮各段去除率/%	32.2	51.4	73.4	88.2
15℃	生物量	19.32	14.95	6.02	
	生物活性	7.87	7.91	2.64	
	氨氮浓度/（mg/L）	2.29	1.46	0.69	0.23
	氨氮各段去除量/（mg/L）	1.24	0.70	0.77	0.46
	氨氮各段去除率/%	38.9	58.6	80.4	93.5
20℃	生物量	22.42	16.47	6.44	
	生物活性	10.24	10.04	2.77	
	氨氮浓度/（mg/L）	2.53	1.52	0.46	0.03
	氨氮各段去除量/（mg/L）	1.70	1.01	1.06	0.43
	氨氮各段去除率/%	40.2	64.1	89.1	99.3

注：生物量/［nmol（P/g）］，生物活性/［μg/TF（g/h）］，滤层 1.6m 处为出水口

2）不同温度对工艺生物特性的影响

从滤柱中取出滤料约 1g，置于锥形瓶中，并加入 10mL 蒸馏水，密封置于振荡培养箱充分振荡，取少量菌液进行革兰氏染色，用显微镜观测，结果如图 5.33 所示。

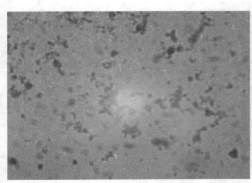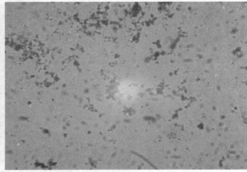

图 5.33　滤料附着细菌染色结果

　　如图 5.33 所示，贫营养环境决定生物膜较稀疏且薄，因此菌液染色后发现细菌在照片中不是很密集，但仍清晰可见，滤料上所附着细菌染色后呈红色，为革兰氏阴性菌。亚硝化细菌和硝化细菌其菌属皆为革兰氏阴性菌，而铁、锰氧化细菌则包括革兰阴性和阳性菌，图中未观察到革兰氏阳性菌，这可能与挂膜启动时细菌的接种有一定的关系，使以铁锰氧化细菌中的阴性菌和硝化细菌成为滤层中的优势菌属。

　　将未经细菌培养的陶粒洗净烘干后进行电镜拍照，并分别于 12℃和 20℃时从滤柱中取滤料进行扫面电镜观察，通过滤料表面的电镜照片（图 5.34～图 5.36）可以更清晰地看到其表面的变化情况。

　　图 5.34 为陶粒滤料的结构形态，通过 50.0K 的放大电镜扫描可以清晰看到陶粒表面具有较大的孔隙率和比表面积，利于细菌的生长及对污染物质的吸附。如图 5.35 所示，12℃时，在成熟滤柱中取出的滤料表面可以清晰看到杆状和大小球状的菌胶团。20℃时，由同一放大倍数（20.0K）的照片可见，球状的菌胶团分布更加密集。

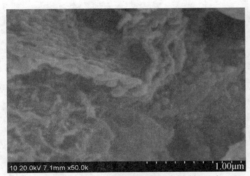

图 5.34　未接种细菌的陶粒结构形态

图 5.35　12℃时滤料上所附着生物形态

图 5.36　20℃时滤料上所附着生物形态

3）不同温度条件沿层生物量变化

生物量对系统工艺的处理效能起到至关重要的作用，通过不同水温条件下生物量的检测，对深入了解滤柱去除污染物的特性有着重要的意义。目前，在生物法水处理中，有关生物量的测定方法众多，本节采用脂磷法测生物量，测定结果以 nmol P/g 表示，含有 1nmol P 的生物膜中约相当于含有大肠杆菌（E.coli）大小的细胞 106 个。文献表明，所有的生物细胞内都含有脂磷，这些脂磷不会储存，而是自然转化，其半衰期为几小时到几天。尽管死细胞也会保留脂磷直到它们被溶解或被分解，但是在死细胞中脂磷含量很低。因此，可以用脂磷含量近似表示活性生物量。在各取样口处取滤料质量约 1.2g，图 5.37 表示不同水温下沿层生物量的变化趋势。

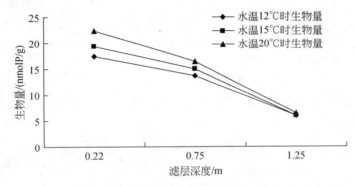

图 5.37　不同水温下的沿层生物量变化

如图 5.37 所示，温度对滤层的生物量有一定的影响，温度越高，生物量也随之提高；生物量随滤层深度的增加呈下降趋势，且过滤深度较低处生物量的涨幅更明显。下向流的过滤方式使滤层上部的细菌最先得到营养物质，滤层上部的水中污染物含量较大，营养物质充足，而在滤层下部，污染物浓度已下降至较低的水平，成为微生物生长的限制因子，滤层上部（进水端）细菌营养物质的供应相对来说比下部（出水端）细菌充足。因此滤层上部细菌首先增殖而且其速率明显快于下部滤层细菌的增殖。

由表 5-6 可知，水温 12℃时，检测得滤层 0.22m 处的生物量为 17.39nmol P/g，15℃时为 19.32 nmolP/g，提高了 11%，20℃时为 22.42 nmolP/g，较 15℃时又提高了 16%。在滤层中部 0.75m 处，12℃，15℃，20℃时的生物量分别为 13.76nmolP/g，14.95 nmolP/g，16.47 nmolP/g，随温度变化没有 0.22m 处明显。到滤层 1.25m 处，分别为 5.98nmolP/g，6.02nmolP/g，6.44nmolP/g，随温度变化已不是很明显，但仍呈上升趋势。

表 5-6 不同水温条件下滤层生物量分布

取样深度/m	水温 12℃		水温 15℃		水温 20℃	
	磷脂总量/nmol	单位重量载体生物量/（nmolP/g）	磷脂总量/nmol	单位重量载体生物量/（nmolP/g）	磷脂总量/nmol	单位重量载体生物量/（nmolP/g）
0.22	21.45	17.39	22.52	19.32	24.23	22.42
0.75	17.60	13.76	19.31	14.95	20.17	16.47
1.25	7.98	5.98	8.41	6.02	9.69	6.44

4）不同温度条件沿层生物活性变化

生物活性反映生物对污染物的降解能力，与生物量一样决定着生物反应器对污染物的去除效率。本节采用测定 TTC-脱氢酶活性来反映滤层中微生物活性。在水生物处理过程中，脱氢酶是微生物降解污染物获得能量的必需酶，它能够辅助受氢体转移电子从而将物质氧化，参与物质生物氧化的电子得失的整个过程，由活的生物体所产生。因此，脱氢酶活性在很大程度上反映了生物活性，而且能直接表示生物细胞对基质降解能力的强弱。表 5-7 反映了不同水温条件下滤柱生物活性的分布。

表 5-7 不同水温条件下滤层生物活性分布

取样深度/m	水温 12℃时生物活性/［μg TF/（g·h）］	水温 15℃时生物活性/［μg TF/（g·h）］	水温 20℃时生物活性/［μg TF/（g·h）］
0.22	5.95	7.87	10.24
0.75	5.12	7.91	10.04
1.25	2.24	2.64	2.77

由表 5-7 分析可得，温度 15℃时的生物活性较 12℃时各深度的生物活性分别提高了 32%，54%，18%，温度 20℃时较 15℃时分别提高了 30%，27%，5%，这说明脱氢酶活性随温度升高而提高，能够解释氨氮的去除随温度的变化。沿层生物活性随温度的变化趋势见图 5.38。

如图 5.38 可见，生物活性随温度升高的变化幅度较生物量要大，滤层上中部也并未出现明显随滤层深度增加活性下降的趋势，原因可能是滤层上部截留的非生物杂质（主要是铁的氧化产物）较多，虽生物量较大，但营养基质的扩散受到了限制，滤层中部（0.75m 深度）虽因营养物质的含量有所降低使微生物的增长速率变缓，但也由于一定含量的氨氮和锰的氧化仍主要发生在滤层中部附近的位置，所以该处生物保持较高的活性。因此滤层 0.22m 深度和 0.75m 深度的生物活性相当，在水温 15℃时，滤层 0.75m 处的生物活性还要略高于滤层 0.22m 处。

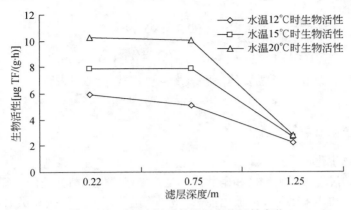

图 5.38　不同水温下的沿层生物活性变化

滤层中生物活性与生物量随温度的变化有一定差异，生物活性的变化更多地体现出硝化和亚硝化细菌的活性变化，温度每提高 3～5℃，酶促反应速率也会有一定的提高，这样对于微生物氧化和降解营养物的效率也会有所不同。

5.4　最佳曝气量计算模型

曝气生物滤池除铁锰和氨氮的启动成功，说明采用曝气生物滤池装置同时去除地下水中铁锰和氨氮是可行的。试验得出影响铁锰和氨氮去除的主要因素为溶解氧，动态试验通过改变曝气量来调整溶解氧的浓度，确定某些特定工况下的最佳曝气量。对理论需氧量和由最佳曝气量推导得出的实际需氧量进行曲线模拟，找到两者之间的关系式，并以此来确定不同条件下的最佳曝气量。

当各流速下的最佳曝气量确定后，计算各工况下铁锰和氨氮微污染水体的理论需氧量和实际需氧量，通过曲线模拟确定两者之间的关系，确立不同铁锰和氨氮浓度、不同工况下的最佳曝气量计算模型。

1.铁、锰理论需氧量计算

从理论上分析，Fe^{2+}、Mn^{2+} 在生物滤层中的氧化过程是很复杂的，它们的生物氧化反应是在细胞膜表面进行的，而且在整个氧化反应过程中伴随有复杂的电子传递过程。但是无论电子和能量是怎样传递的，根据化学当量关系，理论上所需要的溶解氧量可以用式（5.1）～式（5.5）表示（张杰等，2001）。

$$4Fe^{2+} + O_2 \longrightarrow 4Fe^{3+} + 2O^{2-} \qquad 4Fe^{2+} : O_2 = 4 \times 55.8 : 32 \qquad (5.1)$$

$$[Fe^{2+}] : [O_2] = 4 \times 55.8 : 32 \qquad [O_2] = 32/(4 \times 55.8)[Fe^{2+}]$$

$$[O_2] = 0.143[Fe^{2+}] \qquad (5.2)$$

$$2Mn^{2+} + O_2 \longrightarrow 2Mn^{4+} + 2O^{2-} \qquad 2Mn^{2+} : O_2 = 2 \times 54.9 : 32 \qquad (5.3)$$

$$[Mn^{2+}]:[O_2]=2\times 54.9:32$$

$$[O_2]=32/(2\times 54.9)[Mn^{2+}] \qquad [O_2]=0.29[Mn^{2+}] \tag{5.4}$$

综合考虑，理论上所需要的溶解氧量可以用式（5.5）来表示。

$$[O_2]=0.143[Fe^{2+}]+0.29[Mn^{2+}] \tag{5.5}$$

2.氨氮理论需氧量计算

从微生物生化反应过程来分析，硝化反应是氨氮在有氧条件下经硝化菌作用转化为硝酸盐的过程。亚硝酸菌和硝酸菌都是化能自养型细菌并统称为硝化菌，它们利用式（5.6）和式（5.7）反应放出能量，进行细胞的合成（郑俊和吴浩汀，2005）。

$$NH_4^+ +1.5O_2 \xrightarrow{\ \text{亚硝化菌}\ } NO_2^- +H_2O+2H^+,\Delta G= -309.8kJ \tag{5.6}$$

$$NO_2^- +0.5O_2 \xrightarrow{\ \text{硝化细菌}\ } NO_3^-,\Delta G= -100.5kJ \tag{5.7}$$

通过以上两化学当量计算可以得出，反应式中，每毫克氮（以 N 计）被氧化需溶解氧 3.43mg，反应式中氧化每毫克亚硝酸盐（以 N 计）需 1.14mg/L 溶解氧，即将 NH_4^+ 氧化为 NO_3^-，每毫克氮（以 N 计）共需约 4.57mg/L。因此硝化过程的理论需氧量计算如下。

$$[O_2]=4.57[NH_4^+] \tag{5.8}$$

由于传质过程的限制，氧在生物膜中的转移公式为

$$R_{O_2} = k(C_s - C) \tag{5.9}$$

式中，R_{O_2} 为氧在生物膜中转移速率；C_s 为生物膜外水体中溶解氧实际浓度；k 为转移系数；C 为生物膜内溶解氧浓度。

由式（5.9）可知，溶于水中 O_2 越多，传质速度越快，如果水中主体溶解氧浓度（DO）仅满足化学当量所需时，微生物对氧的利用将受到限制，主体浓度越高，传质越快，微生物对氧的利用率越高。因此，要保持反应器对氨氮的较高去除率，则需维持出水溶解氧不低于 2～4mg/L（张杰和戴镇生，1997）。

3.铁锰和氨氮共存时理论需氧量计算

综合以上铁锰和氨氮的需氧量分析可得，当地下水同时含有铁锰和氨氮时，理论需氧量的计算如式（5.10）所示。

$$[O_2]=0.143[Fe^{2+}]+0.29[Mn^{2+}]+4.57[NH_4^+] \tag{5.10}$$

根据试验所得数据，各流量下最佳曝气条件时的最佳理论需氧量计算如表 5-8 所示。

4.实际需氧量的计算

根据前人的实践经验，曝气生物滤池的微生物需氧量（R）可视为标态下的

表 5-8　最佳曝气条件下最佳理论需氧量计算

流速 (m/h)	流量 (m³/h)	进水锰浓度 (mg/L)	进水氨氮浓度 (mg/L)	进水铁浓度 (mg/L)	出水锰浓度 (mg/L)	出水氨氮浓度 (mg/L)	出水铁浓度 (mg/L)	理论需氧浓度 (mg/L)	理论需氧量 (mg/h)
1	20	6.36	7.11	0.52	0	0.13	0	33.817	676.34
1.5	40	6.36	8.6	4.56	0.04	0	0	41.787	1671.48
2.5	60	6.36	7.11	0.52	0	0.13	0	33.817	2029.02
3	80	6.36	8.6	4.56	0.1	0.48	0.23	39.543	3163.44

需氧量 [水温 20℃, 1atm (1atm=1.01325×10⁵Pa)], 实际所需供氧量 (R_s) 应换算至水温 T 时的供氧量较为合理; 当水温 T 时, 曝气生物滤池实际需氧量 R_s 为 (张自杰等, 2006)

$$R_s = \frac{RC_{sb(T)}}{\alpha \times 1.024^{T-20}[\beta\rho C_{s(T)} - C_1]}(\text{kg/h}) \tag{5.11}$$

氧转移的影响因素:

1) 污水水质

污水中含有各种杂质, 它们对氧的转移产生一定的影响, 特别是某些表面活性物质, 如短链脂肪酸和乙醇等, 这类物质的分子属两亲分子 (极性端亲水、非极性端疏水)。它们将聚集在气液界面上, 形成一层分子膜, 阻碍氧分子的扩散转移, 总转移系数 K_{La} 值将下降, 为此引入一个小于 1 的修正系数 α。

$$\alpha = \frac{\text{污水中的} K'_{La}}{\text{清水中的} K_{La}} \tag{5.12}$$

由于污水中含有盐类, 因此, 氧在水中的饱和度也受水质的影响, 对此, 引入另一数值小于 1 的系数 β 予以修正。

$$\beta = \frac{\text{污水的} C'_s}{\text{清水的} C_s} \tag{5.13}$$

上述的修正系数 α、β 值, 对仅含有铁锰和氨氮超标的地下水来说, 起到的作用甚微, 因此我们把两者的值都定为 1。

2) 水温

水温对氧的转移影响较大, 水温上升, 水的黏滞性降低, 扩散系数提高, 液膜厚度随之降低, K_{La} 值增高, 反之, 则 K_{La} 值降低, 其间的关系为

$$K_{La(T)} = K_{La(20)} \times 1.024^{(T-20)} \tag{5.14}$$

式中, K_{La} 为水温为 T℃时的氧总转移系数; K_{La} 为水温为 20℃时的氧总转移系数; T 为实际温度; 1.024 为温度系数。

在试验当中, 对处理水水温进行测定, 测量结果显示试验期间水温基本稳定在 22℃。

3) 氧分压

氧的饱和度 (C_s 值) 受氧分压或气压的影响。气压降低, C_s 值也随之下降;

反之则提高。因此，在气压不是 $1.013\times10^5\text{Pa}$ 的地区，C 值应乘以如下的压力修正系数。

$$\rho = \frac{\text{所在地区实际气压（Pa）}}{1.013\times10^5} \tag{5.15}$$

本试验是在沈阳建筑大学校内实验室进行，因此实际气压应为 $1.013\times10^5\text{Pa}$，即 $\rho=1$。

对鼓风曝气池，安装在池底的空气扩散装置出口处的氧分压最大，C_s 值也最大；但随气泡上升至水面，气体压力逐渐降低，降低到一个大气压，而且气泡中的一部分氧已转移到液体中，鼓风曝气池中的 C_s 值应是扩散装置出口处和混合液表面两处的溶解氧饱和浓度的平均值，按式（5.16）计算。

$$C_{sb} = C_s\left(\frac{P_b}{2.026\times10^5} + \frac{O_t}{42}\right) \tag{5.16}$$

式中，C_{sb} 为鼓风曝气池内混合液溶解氧饱和度的平均值（mg/L）；C_s 为在大气压力条件下，氧的饱和度（mg/L）；P_b 为空气扩散装置出口处的绝对压力（Pa），其值为

$$P_b = P + 9.8\times10^3 H \tag{5.17}$$

式中，H 为空气扩散装置的安装深度（m）；P 为大气压力，$P=1.013\times10^5\text{Pa}$。

本试验所用曝气生物滤池装置的空气扩散装置的安装深度为 2m，因此，

$$P_b = P + 9.8\times10^3\times2 = 1.209\times10^5\text{Pa}$$

气泡在离开池面时，氧的百分比按式（5.18）来求。

$$O_t = \frac{21(1-E_A)}{79+21(1-E_A)}100\% \tag{5.18}$$

式中，E_A 为空气扩散装置的氧的转移效率，一般在 6%～12%。

试验中所采用的空气扩散装置为普通曝气头，但是滤池所采用的陶粒滤料对空气扩散起到了积极的促进作用，因此试验中 E_A 取值为 10%，即 $Q_t=19.3\%$。

在水温为 22℃时，氧的饱和度 $C_s=8.83\text{mg/L}$，可计算出

$$C_{sb(22)} = C_{s(22)}\left(\frac{P_b}{2.026\times10^5} + \frac{O_t}{42}\right) = 8.83\times\left(\frac{1.209\times10^5}{2.026\times10^5} + \frac{19.3}{42}\right) = 9.326\text{mg/L}$$

C_1 为滤池出水中剩余溶解氧的浓度，在下向流曝气生物滤池中可通过滤池进水溶解氧浓度来计算，通过对进出水溶解氧浓度测量得到，$C_{进水}=3\text{mg/L}$，即 $C_1=3\text{mg/L}$。

由以上所得系数，可得最终计算公式为

$$R_s = \frac{RC_{sb(T)}}{\alpha\times1.024^{T-20}[\beta\rho C_{s(T)}-C_1]} = \frac{RC_{sb(22)}}{\alpha\times1.024^{22-20}[\beta\rho C_{s(T)}-C_1]} = 1.5256R \tag{5.19}$$

根据式（5.11）或式（5.19）计算出的曝气生物滤池实际需氧量 R_s 后，还需换算成实际所需的空气量 G_s。G_s 与曝气装置和滤池的总体氧的利用率 E_A 有关，

按式（5.20）计算。

$$G_s = \frac{R_s}{0.3E_A} = 50.853R(\text{m}^3/\text{h})\qquad(5.20)$$

根据各流量下的最佳曝气量（G_s）可以计算得到实际需氧量（R）值，如表 5-9 所示。

表 5-9　最佳曝气条件下实际需氧量计算

流速/（m³/h）	流量/（m³/h）	曝气量/（m³/h）	实际需氧量 R/（mg/h）
1	20	0.05	1453.7
1.5	40	0.15	1764.7
2.5	60	0.2	1938.3
3	80	0.5	3108.1

5.实际需氧量方程的建立

根据实际需氧量和理论需氧量所得到的数据（表 5-10），寻找两者之间的关系。

表 5-10　曝气量计算模型数据

流速/（m³/h）	流量/（m³/h）	曝气量/（m³/h）	实际需氧量 R/（mg/h）	理论需氧量/（mg/h）
1	20	0.05	1453.7	676.34
1.5	40	0.15	1764.7	1671.48
2.5	60	0.2	1938.3	2029.02
3	80	0.5	3108.1	3163.44

若两者之间为线性关系，则所得拟合曲线如图 5.39 所示。

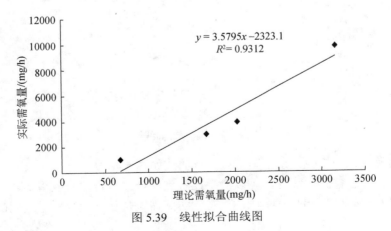

图 5.39　线性拟合曲线图

若两者之间为对数关系，则所得拟合曲线如图 5.40 所示。

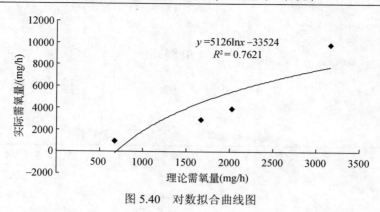

图 5.40　对数拟合曲线图

若两者之间为多项式关系，则所得拟合曲线如图 5.41 所示。

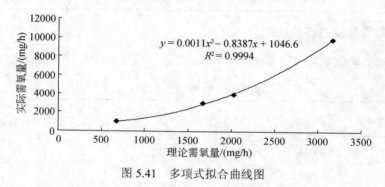

图 5.41　多项式拟合曲线图

若两者之间为乘幂关系，则所得拟合曲线如图 5.42 所示。

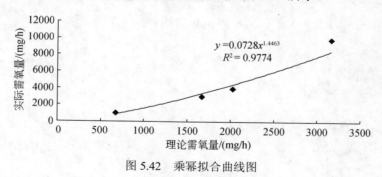

图 5.42　乘幂拟合曲线图

若两者之间为指数关系，则所得拟合曲线如图 5.43 所示。

根据以上各拟合曲线图，可以清楚地看到，最佳拟合曲线应为多项式关系的拟合曲线，拟合度 $R^2=0.9994$，因此可得到实际需氧量和理论需氧量之间的回归分析方程为

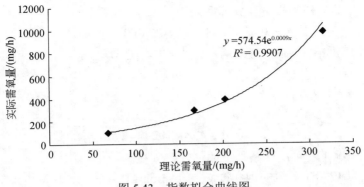

图 5.43　指数拟合曲线图

$$R = 0.0011[O_2]^2 - 0.8387[O_2] + 1046.6 \qquad (5.21)$$

由理论需氧量公式（5.10）：

$$[O_2]=0.143[Fe^{2+}]+0.29[Mn^{2+}]+4.57[NH_4^+]$$

及刚得到的实际需氧量计算式：

$$R=0.0011[O_2]^2-0.8387[O_2]+1046.6 \qquad (5.21)$$

就可计算出实际所需的空气量（即曝气量：G_s）为

$$G_s = \frac{R_s}{0.3E_A} = \frac{1}{0.3E_A} \times \frac{RC_{sb(T)}}{\alpha \times 1.024^{T-20}[\beta\rho C_{s(T)} - C_1]} \qquad (5.22)$$

6.曝气量计算模型的验证

为了验证以上得到的最佳曝气量计算模型，取两个不同工况下的数据，以验证该模型的实用性。

工况 1：水温 t=11.5℃，流速 v=2.5m/h，C（Mn^{2+}）进水=3.21mg/L，C（Fe^{2+}）进水=0.95mg/L，C（NH_4^+）进水=1.74mg/L。

工况 2：水温 t=12℃，流速 v=3m/h，C（Mn^{2+}）进水=3.33mg/L，C（Fe^{2+}）进水=0.87mg/L，C（NH_4^+）进水=2.89mg/L。

通过理论计算公式：

$$[O_2]=0.143[Fe^{2+}]+0.29[Mn^{2+}]+4.57[NH_4^+] \qquad (5.10)$$

计算各工况下的理论需氧量，计算结果如表 5-11 所示。

表 5-11　理论需氧量计算

流速(m/h)	流量 (m³/h)	进水锰浓度 (mg/L)	进水氨氮浓度 (mg/L)	进水铁浓度 (mg/L)	理论需氧浓度 (mg/L)	理论需氧量 (mg/h)
2.5	60	3.21	1.74	0.95	9.019	541.14
3	80	3.33	2.89	0.87	14.297	1143.76

根据得到的最佳需氧量计算模型：

$$R = 0.001\text{l}[O_2]^2 - 0.8387[O_2] + 1046.6 \tag{5.21}$$

可得到工况 1 条件下的最佳需氧量 R_1=914.1L/h，工况 2 条件下的最佳需氧量 R_2=1273.3L/h。

由供气量计算方程：

$$G_{\text{s}} = \frac{R_{\text{s}}}{0.3E_{\text{A}}} = \frac{1}{0.3E_{\text{A}}} \times \frac{RC_{\text{sb}(T)}}{\alpha \times 1.024^{T-20}[\beta\rho C_{\text{s}(T)} - C_1]} \tag{5.22}$$

可计算工况 1 和工况 2 条件下的最佳曝气量。

在水温为 12℃时，氧的饱和度 C_{s}=10.83mg/L，由式（5.16）可计算出

$$C_{\text{sb}(12)} = C_{\text{s}(12)}\left(\frac{P_{\text{b}}}{2.026 \times 10^5} + \frac{O_t}{42}\right) = 10.83 \times \left(\frac{1.209 \times 10^5}{2.026 \times 10^5} + \frac{19.3}{42}\right) = 11.439\text{mg/L}$$

供气量计算方程中其他参数的选择与前面确定的曝气量计算模型相同。滤池出水中剩余溶解氧的浓度 C_1 的取值，可由滤池进水溶解氧浓度与出水溶解氧浓度的差值来计算，通过对进出水溶解氧浓度测量得到，$C_{\text{进水}}$=11.6mg/L，$C_{\text{出水}}$=8.2mg/L，即 C_1=3.4mg/L。

由以上所得系数，可得最终计算公式为

$$R_{\text{s}} = \frac{RC_{\text{sb}(T)}}{\alpha \times 1.024^{T-20}[\beta\rho C_{\text{s}(T)} - C_1]} = \frac{RC_{\text{sb}(12)}}{\alpha \times 1.024^{12-20}[\beta\rho C_{\text{s}(T)} - C_1]} = 1.274R \tag{5.23}$$

根据以上各式计算出的曝气生物滤池实际需氧量 R_{s} 后，还需换算成实际所需的空气量 G_{s}。由实际曝气量计算公式（5.20）可得

工况 1 条件下，实际曝气量为

$$G_{\text{s}} = \frac{R_{\text{s}}}{0.3E_{\text{A}}} = 0.023 \text{ m}^3/\text{h} \tag{5.24}$$

工况 2 条件下，实际曝气量为

$$G_{\text{s}} = \frac{R_{\text{s}}}{0.3E_{\text{A}}} = 0.049 \text{ m}^3/\text{h} \tag{5.25}$$

根据工况 1 计算结果，设定工况 1 时的曝气量为 0.05m³/h，此时出水水质为 $C(\text{Mn}^{2+})_{\text{出水}}$=0.06mg/L，$C(\text{Fe}^{2+})_{\text{出水}}$=0.13mg/L，$C(\text{NH}_4^+)_{\text{出水}}$=0。

根据工况 2 计算结果，设定工况 2 时的曝气量也为 0.05m³/h，出水水质不达标，尤其是锰。当曝气量增加至 0.1m³/h 时，运行 2d 后，出水铁锰和氨氮浓度为 $C(\text{Mn}^{2+})_{\text{出水}}$=0，$C(\text{Fe}^{2+})_{\text{出水}}$=0.14mg/L，$C(\text{NH}_4^+)_{\text{出水}}$=0.46mg/L。

试验结果显示，采用最佳需氧量计算模型得出的曝气量比实际的曝气量要大一些。工况 2 条件下出现出水水质不达标的情况，这是由于验证试验是在水温 12℃条件下进行的，而曝气量模拟计算公式是在 22℃条件下进行的，低温条件下滤料上生物膜活性有所降低，所以需要更大的曝气量来加速细菌的氧化作

用效果。

5.5　本　章　小　结

（1）从生物滤池陶粒滤料表面和滤池水样中分离纯化细菌，将其投加到含铁锰、氨氮原水中检测净水效果，以及对污染物的氧化能力，筛选出 3 株除铁锰、氨氮菌，2 株除铁锰菌，3 株除氨氮菌。对这三株细菌的表观特征及革兰氏染色特征检测，并通过 PCR 技术，提取各株细菌的特征 DNA 片段，在 ncbi 系统上比对基因序列，得出结论：T1#、T2#、T3#细菌都属于柠檬酸杆菌属（*Citrobacter* sp.），T4#和 T5#为弗氏柠檬酸杆菌属（Citrobacter freundii），是柠檬酸杆菌属的一个分支。从伯杰氏细菌手册可知：整个柠檬酸杆菌属的细菌有很大一部分具有去除各类重金属的能力。X1#和 X3#是芽孢杆菌属（*Bacillus* sp.），此属细菌已发现很多菌种具有硝化功能；X2#是施氏假单胞菌属（Pseudomonas stutzeri），采用斜面低温保藏法。

（2）跌水曝气-生物强化过滤工艺运用于高锰低铁、氨氮微污染地下水的净化，能够有效地改善水质，使出水水质达到《生活饮用水卫生标准》的要求。在适宜的运行条件下，对氨氮、锰、铁、COD_{Mn} 和浊度的平均去除率分别为 87.7%、95.9%、87%、40%、96%。

（3）由 5 株优势复合菌剂经扩大培养、固定化后建立的跌水曝气-生物强化过滤对沈阳市低铁高锰地下水同步去除铁锰和氨氮是可行的。整个启动时间为 82d，出水铁锰和氨氮浓度均满足《生活饮用水卫生标准》。

（4）滤速对铁锰和氨氮三种物质具有一定的影响，其中锰受滤速变化的影响较大，滤速迅速增加会造成出水锰浓度超标，但是经过 2～3d 的稳定运行后，出水锰仍可达标。

（5）采用跌水曝气-生物强化过滤去除铁锰和氨氮，进水溶解氧浓度会影响铁锰和氨氮的去除，且对锰的影响最为明显。试验过程中，采用前端曝气方式调节进水溶解氧浓度，当溶解氧升高时，出水铁和氨氮浓度基本维持在低浓度下，出水锰浓度下降明显。

（6）最佳滤层高度为 1.25m，出水铁锰、氨氮、COD_{Mn} 均可达标。

（7）最佳反冲洗周期为 7d，反冲洗强度 4L/（m² · s），反冲洗后 150min 恢复稳定运行时处理效果。

（8）通过对铁、锰、氨氮在不同水温下沿层氧化速率的分析，氨氮的沿层去除率随温度的提高而明显提高，出水浓度也随温度提高而降低，总体去除率提高明显。

（9）采用曝气生物滤池处理铁锰和氨氮微污染地下水，铁锰和氨氮的去除受溶解氧浓度影响较大，尤其是锰和氨氮。只有当曝气量达到一定值时，出水铁锰和氨氮才能达标。

（10）在实验室条件下，对于成熟而运行时间较长的生物滤池，其实际需氧量与理论需氧量回归分析方程为：

$$R = 0.0011[O_2]^2 - 0.8387[O_2] + 1046.6$$

相关系数 R^2 为 0.994，根据该关系式，在特定工况下，通过进水铁锰和氨氮浓度值即可得出实际需氧量，由实际需氧量可计算最佳曝气量。寻求各工况下的最佳曝气量对降低曝气所浪费的能耗具有重要意义。

第6章　微污染含铁锰地下水氧化强化吸附处理技术

6.1　微污染地下水处理的国内外研究现状

微污染含铁锰地下水，是指地下水水质中含有铁、锰、氨氮及有机物的低温低浊水。本章研究处理的地下水水源中，铁、锰的含量比较高，尤其是锰。因此铁锰是最主要的去除物质。

地下水除铁除锰的研究在国内已有较长的历史，20世纪60年代初，我国成功试验了天然锰砂接触氧化除铁工艺；70年代确立了接触氧化除铁理论；80年代初，又开发了接触氧化除锰工艺，并迅速在生产上应用推广。

1.常规处理工艺

含铁锰地下水的常规处理工艺为氧化、沉淀、过滤、消毒工艺，但李圭白院士曾经发现，经过反应池、沉淀池之后的出水处理效果不明显，去除几乎是在过滤过程中完成的，因此提出省略反应池和沉淀池，然后提出了空气接触氧化法除铁锰。

2.空气接触氧化法除铁锰

含铁锰的地下水经过曝气后进入滤层过滤。高价锰的氢氧化物附着在滤料表面，形成活性滤膜，在pH中性条件下，促进铁锰的去除。由于铁的氧化还原电位比较低，铁首先被氧化，出现了明显的滤料上层除铁，下层除锰现象，从而二级处理工艺被提出。但是这种工艺对于氨氮和有机物几乎没有去除效果，而且分级处理构筑物比较多，造价高（高洁和张杰，2003；李圭白，1983）。

3.活性炭吸附

Ewa Okoniewska等研究采用活性炭对含铁锰和氨氮的原水进行处理。对原水pH为5、7和9时的吸附效果进行研究，结果表明在pH=9时，铁锰和氨氮的吸附效果最好；pH=5时，铁锰和氨氮的吸附效果最差。采用动态装置研究滤速变化对去除率的影响，结果表明，流速对铁锰和氨氮的去除影响不明显（不包括在高流速条件下，水力停留时间差别很明显的情况）。在铁锰和氨氮进水浓度变化的情况下，对铁锰和氨氮的吸附效果进行研究，结果表明活性炭对水中锰的吸附效果最好，对铁的稍差，但对氨氮的吸附水平却很低。根据试验结果得出：采用活性炭同时去除地下水中铁锰和氨氮存在一定的困难。

Prasenjit Mondal 等采用 Fe^{3+} 改性的活性炭处理含砷、铁和锰污染的地下水时发现，Fe^{3+} 改性的活性炭对砷的处理比不改性的活性炭的处理效果好，对铁的吸附效果也很好，但是 Fe^{3+} 改性的活性炭对锰的吸附效果没有不改性的活性炭高，且初期吸附量较大，后期存在严重的解吸附过程（Prasenjit Mondal et al.，2007）。

袁德玉等（2005）采用高锰酸钾预处理含有机物、铁、锰、氨氮的微污染地表水，并与预氯化工艺进行了对比，结果表明，高锰酸钾预处理在减少铁锰污染、去除氨氮、降低有机物含量等方面具有比预氯化更好的处理效果。但采用高锰酸钾预处理存在投加量无法确定的问题，当投加量太多时，过量的高锰酸钾会使水呈现红色，若投加量太少则对污染物去除不彻底。

4.生物法

由于铁锰和氨氮共存的微污染地下水严重威胁着地下水资源及饮用水安全，同时由于铁锰和氨氮共存，且去除机理和方法具有复杂性，因此成为国内外学者关注的焦点。目前最受青睐的是经济高效的生物法，且该方法的研究已取得了一些成果。

Pierre（1992）研究认为当铁锰和氨氮同时存在时，各自的氧化还原电位决定了污染物去除顺序。铁的氧化还原电位较低（<200mV），氨氮的较高（200～400mV），锰的氧化还原电位最高（>400mV）。因此他认为，生物除铁与生物除锰各自有不同的最佳运行条件，两级过滤是必须的，即一级过滤除铁，二级过滤除锰，最后消毒。同时他认为，当原水中含有 NH_4^+-N 时，必须完全硝化以后生物除锰才能进行。

Frischherz 等（1985）采用生物砂滤池处理同时含有氨氮和锰的地下水，研究结果表明，当地下水中同时含有锰和氨氮时，滤池的启动时间需要 3～4 个月。

Bray 和 Olanczuk-Neyman（2001）也采用生物砂滤池处理同时含有氨氮和锰的地下水，研究结果显示，锰的去除率并不取决于氨氮或溶解氧浓度，相对而言，氨氮的影响似乎要大一些。由于吸附作用，硝化的滞后作用并不能显著影响氨氮的去除率。

Gouzinis 等（1998）采用生物滴滤池装置对连续流与 SBR 工艺的除锰效果进行了对比研究，研究了生物膜法同时除铁锰和氨氮的作用效果。结果发现，锰去除是生物作用和化学作用共同完成的。对相同的滤池采用连续流运行与 SBR 方式运行，在未接种细菌的情况下，SBR 的化学除锰率最高可达 94%，即使在水力停留时间很短的情况下也能超过 60%，而连续流除锰率最高也只有 24%；接种细菌后，SBR 与连续流的生物除锰率都可达 98%，但此时连续流的水力停留时间却远小于 SBR 的水力停留时间。试验中将铁锰和氨氮浓度对去除率的影响进行了研究，发现当氨氮浓度低于 2mg/L 时，锰与氨氮的去除不存在相互影响。在高氨氮条件下，锰的去除存在抑制作用；锰浓度变化对氨氮的去除不存在影响，铁浓度对氨氮的去除存在影响，但是氨氮浓度对铁的去除不存在影响；铁浓度会影响锰的去除，但是锰浓度不会影响铁的去除。

Tekerlekopoulou 和 Vayenas（2012）研究采用生物滴滤池去除饮用水中的铁锰和氨氮，研究结果表明，采用单级生物滴滤池，可以达到同时去除铁锰和氨氮的目的。在对氨氮去除的试验中，发现粒径较小的砾石滤料在较低的滤层深度下出水氨氮即可达标，但同时滤料之间的空隙率也会减小，导致水力阻力明显变大，不利于提高水力负荷；当滤料粒径较大时，氨氮达标去除的滤层深度会增加，对滤池来说也是不利的。对铁去除的试验表明，虽然生物氧化对铁去除率的提高在 5%～6%，但是出水铁浓度达标的滤层深度却大大降低。对锰去除的研究表明，若要提高锰去除率，则宜采用较小粒径的滤料，且水力负荷不宜过高。在对铁锰和氨氮共存水质进行处理时，发现锰是速度限制性污染物，是水力负荷和污染物负荷的限制性因素。

Tekerlekopoulou 和 Vayenas（2012）还采用不同粒径的双层滤料滴滤池对铁锰和氨氮的同时去除效果进行了研究，结果发现，当铁锰和氨氮沿滤层被氧化时，水的 ORP（氧化还原电位）会沿滤层深度不断增加。氨氮和铁的存在明显会影响锰的氧化，且铁浓度对锰去除的影响更严重。他们还对锰沿滤层深度去除情况进行研究，发现生成的 MnO_2 对 Mn^{2+} 的氧化有催化作用。且试验中发现，锰的去除并不是在氨氮完全去除的情况下发生的，这与一些学者的观点不同，（Gouzinis，1998；Frischherz，1985）并给出了采用滴滤池处理铁锰和氨氮时，铁锰和氨氮可达标去除的浓度搭配图，如图 6.1 所示。

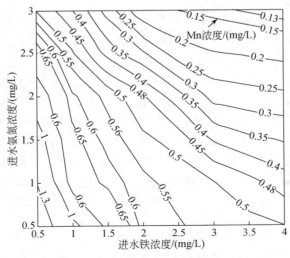

图 6.1　铁锰和氨氮可同时去除的原水浓度搭配

从图 6.1 明显可以看出，铁锰和氨氮同时去除时的浓度影响非常明显，铁锰和氨氮同时去除的浓度不是很高，尤其是锰，在铁和氨氮浓度只有 0.5mg/L 时，锰的去除浓度只有 1.3mg/L。因此开发高浓度铁锰和氨氮去除的技术十分有必要。

Tamara 等（2005）采用密闭式生物砂滤池处理含铁锰和氨氮的微污染地下水，研究表明，单级生物滤池可同时去除铁锰和氨氮，滤速最高可达 22～24m/h。密闭式处理装置保证较高的溶解氧浓度，因此即使原水氨氮含量很高，出水中也不会出现亚硝态氮。由于铁锰和氨氮存在不同的机理和动力学过程，根据其所得到的经验公式，可知当滤速小于 18m/h 时，锰浓度是限制性因素，当滤速大于 18m/h 时，铁浓度是限制性因素。

杨维等（2008）针对地下水中铁锰对氮转化的影响进行了静态试验研究，结果表明，低含量的铁对硝化反应有促进作用，高含量的铁对硝化反应有抑制作用；锰和铁锰共存对氮转化的影响是相似的，对硝化过程有抑制作用。

日本国立第一医院采用深井水作为水源，井水中含铁 1.1mg/L、锰 0.5mg/L、氨氮 0.2mg/L、亚硝酸氮和硝酸氮均未检出。该水源利用纤毛铁细菌除去铁锰的同时，氨氮被氧化为硝酸盐。滤后水中含铁 0.28mg/L，锰未检出，氨氮为痕量，亚硝酸氮为 0.004mg/L，硝酸氮为 0.28mg/L（范懋功，1988）。

我国辽河油田沈阳采油厂水处理站用地下水作水源，原水含铁 3.5mg/L、锰 0.24mg/L、氨氮 0.75mg/L。原水经跌水曝气后用泵送到天然锰砂压力滤池过滤，滤后水中含铁 0.12mg/L、锰 0.04mg/L、氨氮 0.02mg/L，铁锰和氨氮同时被除去。沈阳李官堡地下水源原水含铁 0.4～0.9mg/L、0.7～0.9mg/L、1～1.6mg/L。在做处理试验时，原水曝气后经天然锰砂滤池过滤后水中的铁、锰、氨氮含量都为痕量（范懋功，1988）。

通过以上资料分析可以看到，铁锰和氨氮共存时很难达到同时去除。当氨氮浓度较高时（>2mg/L），锰与氨氮的同时去除会产生相互影响；铁的存在对锰和氨氮的去除都有负面影响，但锰跟氨氮的存在对铁的去除不存在影响（Bray and Olanczuk-Ney man，2001）。Pierre（1992）认为要达到三种物质同时去除的目的，必须对原水进行分级处理。Tekerlekopoulou 等（2012）采用生物滴滤池的研究表明，采用单级生物滤池可以达到同时去除铁锰和氨氮的目的，但受水力负荷和污染物负荷的限制，底物去除浓度有限。而且，生物法中的生物活性受到温度的影响很明显，特别是低温条件下微生物的活性会大大降低。在低浊条件下，生物本身需要的营养物质不足，从而会影响其生长挂膜。因此，在东北地区，气温变化比较大，特别是冬季低温条件下，生物法仍然存在很大的弊端。

5.化学预氧化法

现有的预氧化法处理水的研究中主要应用的氧化剂有：氯气、二氧化氯、次氯酸钠、高锰酸钾、臭氧、高铁酸钾。

（1）氯气：氯氧化法对原水的适应性很强，氧化速率也很快，对铁锰的去除率也比较高。但是氯氧化生成的氢氧化铁结构是无定形的，沉渣难以脱去，若原水中碳酸含量多时，为脱除 CO_2 也需曝气。氯与水中的有机物反应也可以增加水中的有毒副产物（仝重臣，2012；高斌等，2002）。

（2）二氧化氯：采用二氧化氯代替氯气作为氧化剂，对有机物的去除效果明显高于常规工艺，并且明显减少副产物的生成，去除 COD_{Mn} 的效果优于氯，去除氨氮的效果不如氯。但是作为氧化剂处理含铁锰微污染地下水没有详细系统的研究（祝丹丹等，2010）。

（3）次氯酸钠：次氯酸钠作为氧化剂进行预处理，去除氨氮的效果受到 pH 的影响明显（顾庆龙，2007），但是对于含铁锰的微污染地下水为处理水源没有系统的研究。

（4）高锰酸钾：现今研究的高锰酸钾作为氧化剂除铁锰，去除效果很明显，但都是鉴于锰含量比较低的情况。随着高锰酸钾投加量的增加，水中锰的浓度会增加，因此水中锰的含量先降低后增加。高锰酸钾去除有机物首先是将大分子有机物分解为小分子有机物，随着投加量的增加，才会进一步去除小分子的有机物，所以 COD_{Mn} 的值也是先增加后将降低（王娟珍等，2013；袁力和汪彩文，2008；邹纯静等，2006；陈越和高会艳，2008）。

（5）臭氧：臭氧作为氧化剂处理含铁锰微污染水，对铁锰的去除效果明显，出水能够达到国家《生活饮用水卫生标准》。臭氧除有机物不是将有机物完全氧化，而是将大分子有机物转化为小分子，当臭氧投加量比较大时，才可以把小分子氧化去除，所以当臭氧投加量比较少的时候，COD_{Mn} 的值会有所增加，随着臭氧投加量的不断增加，COD_{Mn} 的值才会有所降低。由于水中有机物的存在，不能去除水中的氨氮，氨氮的含量可能会随着臭氧投加量的升高而升高。臭氧去除亚硝氮的效果很明显。虽然臭氧可以将氨氮转化为硝酸盐，但是在中性条件下反应很慢。臭氧预氧化对水中某些紫外吸收物质的分子有破坏作用，使 UV_{254} 值显著降低（李学强等，2009；赵亮等，2009；袁力和汪彩文，2008）。

（6）高铁酸钾：高铁酸盐作为氧化剂进行水处理的研究不是很多，这跟高铁酸盐本身不稳定性，造价高有关系。高铁酸钾对氨氮和有机物的去除主要是靠混凝团吸附作用，效果不理想，对于铁锰的氧化去除没有详细的研究。在水处理过程中由于有机物的存在，高铁酸盐可以将部分的有机氮转化为氨氮，使水中氨氮的含量有所升高，高铁酸钾对氨氮并没有处理效果，而其对于 COD_{Mn} 具有一定的处理效果，但是效果不大（李学强等，2009；赵亮等，2009；袁力和汪彩文，2008；邹纯静等，2006；陈越和高会艳，2008；马维超等，2009）。

6.2　微污染高锰高铁地下水氧化吸附处理技术小试研究

本试验中原水模拟沈阳市李官堡地下水水质，根据第一水厂地下水源历年检测数据，对其数据进行统计得到如下的分析结果，见表 6-1。根据最不利原水水质特征，即模拟沈阳市微污染高锰、高铁地下水水质，采用氧化-吸附处理技术，开展小试试验研究，所得试验成果可为今后水厂升级改造、应急处理提供技术支撑。

表 6-1　水源水质分析结果

水分析指标/（mg/L）	第一水厂原水污染物浓度范围/（mg/L）	平均值/（mg/L）	设计平均值/（mg/L）	GB 5749-2006 指标/（mg/L）
氨氮	0.02～9.28	1.61	3	0.5
总铁	0.05～16.82	1.47	4	0.3
总锰	0.25～6.98	2.77	5	0.1
高锰酸盐指数	0.3～3.5	1.14	3	3

小试试验模拟原水成分：向自来水中投加 $MnSO_4 \cdot 2H_2O$，$FeSO_4 \cdot 7H_2O$，NH_4Cl，腐殖酸，苯酚，使其接近预定原水水质，具体各指标浓度值见表 6-1。

6.2.1　氧化法处理微污染含铁锰地下水研究

本节主要研究氧化法对原水处理效果，包括不同氧化剂氧化效果及氧化剂联用效果。文中选用的氧化剂有高锰酸钾、次氯酸钠、高铁酸钾及臭氧，通过对比其处理效果来选出最优氧化剂，之后采用最优氧化剂与其他氧化剂联用对原水进行处理，考察其处理后水质是否达标。

1.高锰酸钾氧化效果分析

向原水中投加不同量的高锰酸钾，反应 30min 后，分别检测水处理后水中污染物的浓度变化。图 6.2、图 6.3 分别描述的是原水经过不同投加量的高锰酸钾氧化之后，水中的污染物浓度及去除率。其中高锰酸钾投加量最大值取15mg/L，这是由于，当地下水中同时存在铁锰、氨氮、有机物，且各项污染物浓度均较高时，采用单一氧化剂对复合污染物进行去除，其投加量远大于常规处理工艺中规定的投加参数。当投加量大于 15mg/L 时，处理后水中出现粉色，影响水质。

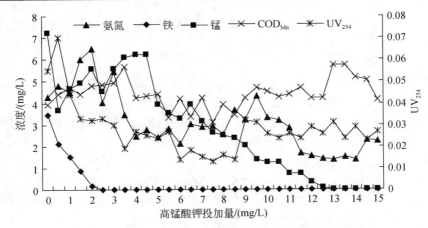

图 6.2 高锰酸钾投加量对反应后水中污染物浓度的影响

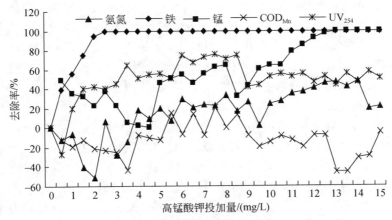

图 6.3 高锰酸钾投加量对污染物去除率的影响

由图 6.2、图 6.3 可见,高锰酸钾氧化对原水中污染物的去除具有明显的先后顺序,铁首先被去除,之后是锰,然后是氨氮和有机物。高锰酸钾投加量越大,反应过后沉淀物颜色也越来越深,沉淀量越大,在投加量少于 2mg/L 时,水中的沉淀物呈土黄色,这些沉淀主要是铁的氧化物。投加量大于 2mg/L 之后,沉淀物颜色逐渐变黑,这是由于在这个过程中水中的锰被氧化,生成的 MnO_2 沉淀。在高锰酸钾投加量大于 12.5mg/L 之后,沉淀产物的总量不再发生变化。

(1)铁去除效果:高锰酸钾对原水中铁的处理效果很明显。当投加量为 2mg/L 时,反应后水中铁的浓度为 0.16mg/L,去除率为 95%,已经达到国家《饮用水水质标准》的规定,当投加量大于 2mg/L 时,反应后水质中已经检测不到铁的存在。因此要使处理后水质中铁浓度达标,高锰酸钾投加量必须保证不小于 2mg/L。

（2）锰去除效果：高锰酸钾对原水中锰具有一定的处理效果，但相对于铁处理效果较差。当高锰酸钾投加量增加 12.5mg/L 时，锰的含量开始逐渐降低直到出水锰的含量为 0.09mg/L，去除率为 98%，达到国家《生活饮用水卫生标准》的要求。当高锰酸钾投加量为 3~5mg/L 时，反应后水中锰的含量有所升高，对于这一现象有待于进一步研究。

（3）氨氮去除效果：由图 6.2、图 6.3 中氨氮浓度和去除率曲线可以看出，在刚开始时，氨氮浓度随着高锰酸钾投加量的增加在增加，这是由于，高锰酸钾氧化过程中，将水中的有机氮转化为无机氮，从而增加了水中氨氮浓度。高锰酸钾投加量在 3.5~11mg/L 时，氨氮浓度变化不大，但在这之后，即锰被完全去除之后，氨氮浓度明显降低，高锰酸钾投加量为 14mg/L 时，此时氨氮浓度最低为1.37mg/L，去除率为 48%，但仍未达到国家饮用水水质标准的要求。

（4）COD_{Mn} 去除效果：高锰酸钾对 COD_{Mn} 的去除效果不理想，反应后水中COD_{Mn} 反而升高，这是因为高锰酸钾在氧化过程中会将大分子的有机物氧化分解为小分子的有机物，从而增加了 COD_{Mn}，这个现象在锰被去除后的一小段尤为明显，因为此时高锰酸钾投加量加大，使氧化有机物的氧化剂量增加。当原水中的锰被完全反应之后，COD_{Mn} 的值有所降低，这是由于此时投加的高锰酸钾去除的有机物主要是小分子易降解的有机物。当高锰酸钾投加量为 14.5mg/L 时，反应后COD_{Mn} 为 4.14mg/L，去除率为-5%。

（5）UV_{254} 去除效果：UV_{254} 表征的是不饱和有机物的量。实验所用自来水的UV_{254} 为 0.005。由图 6.2、图 6.3 中可以看出，高锰酸钾对 UV_{254} 的去除效果很明显，反应后平均值为 0.058，去除率平均能够达到 55%左右，在高锰酸钾投加量为7.5mg/L 时，水中 UV_{254} 值最低为 0.013，去除率为 76%。之后 UV_{254} 的值较之有所降低，因为随着氧化剂投加量的增大，水中的大分子有机物被降解为小分子的有机物中有一部分为不饱和有机物，一定程度上增加了不饱和有机物的量，从而使 UV_{254} 的去除率有所降低。

由以上可知，单独投加高锰酸钾处理高锰、高铁、高氨氮的地下水的最佳投加量可确定为 12.5mg/L，此时反应后水中铁、锰、氨氮、COD_{Mn} 及 UV_{254} 含量分别为 0mg/L、0.09mg/L、1.42mg/L、4.24mg/L、0.026，去除率分别为 100%，98%，46%，-7%，53%。采用单独投加高锰酸钾处理高锰、高铁、高氨氮的地下水，由于其投加量过高，从水质色度和成本方面考虑，不可行。

2.次氯酸钠氧化效果分析

向原水中投加不同量的次氯酸钠，反应 30min 后，分别检测处理后水中污染物的浓度变化。图 6.4、图 6.5 分别描述的是原水经过不同投加量的次氯酸钠氧化之后，处理后水中的污染物浓度及去除率。

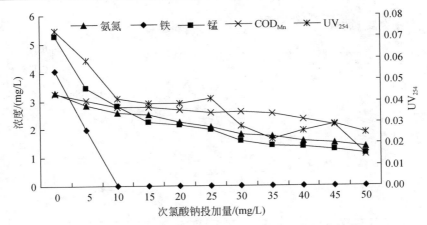

图 6.4　次氯酸钠投加量与反应后水中污染物浓度关系

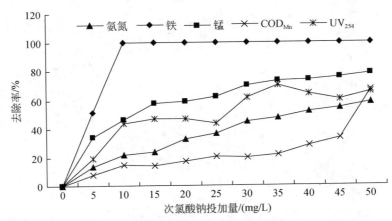

图 6.5　次氯酸钠投加量与反应后水中污染物去除率关系

由图 6.4、图 6.5 可以看出，次氯酸钠对原水进行氧化，铁首先被去除，之后随着投加量的增加，反应后水中锰、氨氮、COD_{Mn} 及 UV_{254} 浓度均稳步降低。当投加量为 10mg/L 时，反应后水中检测不到铁的存在。当投加量增加到 50mg/L 时，反应后水中锰、氨氮、COD_{Mn} 及 UV_{254} 浓度分别为 1.13mg/L、1.38mg/L、1.09mg/L、0.025，去除率分别为：78%、58%、66%、66%，其中氨氮和锰仍未达标。此时次氯酸钠投加量已经远远超过常规水处理中次氯酸钠的投加量，因此采用次氯酸钠作为氧化剂并不能保障处理后水质达标。

3.高铁酸钾氧化效果分析

向原水中投加不同量的高铁酸钾，反应 30min 后，分别检测处理后水中污染物的浓度变化。图 6.6、图 6.7 分别描述的是原水经过不同投加量的高铁酸钾氧化之后，水中的污染物浓度及去除率。

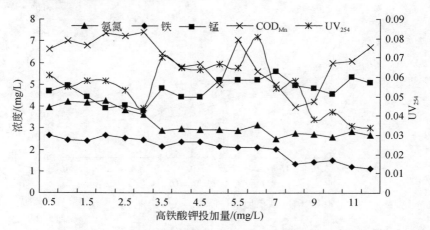

图 6.6　高铁酸钾投加量与反应后水中污染物浓度关系

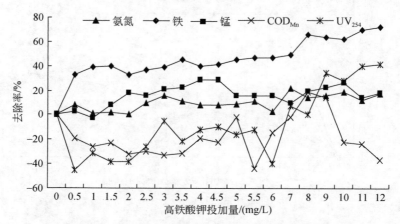

图 6.7　高铁酸钾投加量与反应后水中污染物去除率关系

　　高铁酸钾氧化过后，水中只有土黄色的沉淀物，由此可见高铁酸钾对铁具有一定的氧化效果，对锰氧化效果不佳。

　　由图 6.6、图 6.7 可以看出，高铁酸钾对水中污染物氧化效果较差。当高铁酸钾投加量增加到 12mg/L 时，铁的去除相对明显，此时反应后水中铁的浓度为 1.12mg/L，去除率为 72%，并未达到饮用水水质标准的要求。水中其他污染物，如锰、氨氮、有机物，几乎没有处理效果。

　　由以上结果可知，高铁酸钾氧化效果较差。当高铁酸钾的投加量取实验中的最大投加量 12mg/L 时，反应后水中铁浓度最低，铁、锰、氨氮、COD_{Mn} 及 UV_{254} 含量分别为 1.12mg/L、5.06mg/L、2.67mg/L、6.71mg/L、0.034，去除率分别为 72%，

18%，17%，37%，41%，处理后水中污染物浓度均未达标。

4.臭氧氧化效果分析

向原水中投加不同量的臭氧，分别检测处理后水中污染物的浓度变化。图6.8、图6.9分别描述的是原水经过不同投加量的臭氧氧化之后，水中的污染物浓度及去除率。当臭氧投加量大于7mg/L时，水中污染物浓度基本不再发生变化，因此采用单独投加臭氧的方式处理地下水，臭氧投加量为0～7mg/L。

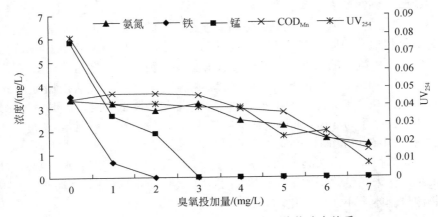

图6.8　臭氧投加量与反应后水中污染物浓度关系

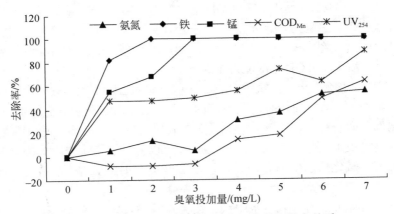

图6.9　臭氧投加量与反应后水中污染物去除率关系

由臭氧氧化小试试验结果可知，在投加量很低的情况下，反应后水中就出现黑黄色的沉淀物，说明臭氧对水中铁和锰的氧化效果较好。在臭氧投加量大于3mg/L的水中，沉淀物量不再增加，说明水中的铁和锰已经被完全去除。

由图6.8、图6.9可以看出，随着臭氧投加量的不断增加，反应后水中污染物浓度明显降低，水中污染物的去除顺序规律也很明显，铁首先被去除，再者是锰，然后是氨氮和有机物。

（1）铁的去除效果：臭氧对铁的去除效果很好，当投加量为 2mg/L 时，反应后水中检测不到铁的存在。

（2）锰的去除效果：锰的去除率曲线一开始上升的比较缓慢，当铁被完全去除后，锰的去除率曲线明显上升。当臭氧投加量为 2mg/L 时，即铁被完全氧化之后，水中锰的浓度为 1.89mg/L，去除率为 68%；当臭氧投加量为 3mg/L 时，反应后水中检测不到锰，去除率达到 100%，可以看出臭氧对锰氧化效果较好。

（3）氨氮的去除效果：氨氮去除率曲线在刚开始的时候上升非常的缓慢，这是因为臭氧将原水中原本存在的一部分氨氮氧化去除，直到臭氧投加量为 2mg/L 时，反应后水中氨氮的浓度达到 2.89mg/L，去除率为 13%。之后随着臭氧投加量的增加，去除率曲线开始下降，原因同高锰酸钾氧化一样。当臭氧投加量为 3mg/L 时，即锰刚好完全被去除后，出水氨氮浓度逐渐呈现降低趋势，此时氨氮浓度为 3.16mg/L，去除率为 5%，随着臭氧投加量增加，氨氮的去除率曲线在缓慢升高。当投加量达到 6mg/L 时，氨氮去除率最高，达到 53%，反应后水中氨氮浓度为 1.67mg/L。当投加量为 7mg/L 时，氨氮去除率达到 55%，反应后水中氨氮浓度为 1.45mg/L，仍未满足饮用水卫生标准的要求。之后随着臭氧投加量的增加，水中污染物浓度基本上不发生变化。

（4）COD_{Mn} 去除效果：当臭氧投加量为 0~3mg/L 时，反应后水中 COD_{Mn} 值相对于原水有所增加，反应后水中 COD_{Mn} 浓度为 3.56~3.63mg/L，去除率为-8%~-6%。当锰被完全去除时，富足的一部分臭氧又开始氧化一部分有机物，表现为 COD_{Mn} 的去除率曲线开始上升。当臭氧投加量增加到 7mg/L 时，去除率达到最大（63%），反应后水中 COD_{Mn} 浓度为 1.20mg/L。

（5）UV_{254} 去除效果：臭氧对 UV_{254} 具有明显的去除效果，去除率曲线整体呈现升趋势。之间去除率曲线有一段下凹的部分，这是由于随着臭氧投加量的增加，臭氧氧化部分有机物，之后随着大分子有机物降解的越来越多，使 UV_{254} 值升高。最后随着臭氧投加量越来越大，水中 UV_{254} 可以得到进一步去除。当臭氧投加量为 7mg/L 时，氧化后水中 UV_{254} 值最低为 0.008，此时 UV_{254} 去除率为 89%，接近于自来水。

由以上结果可知，臭氧对水中铁、锰去除效果较好。臭氧的投加量为 3mg/L 时，反应后水中铁、锰、氨氮、COD_{Mn} 及 UV_{254} 含量分别为 0mg/L、0mg/L、3.16mg/L、3.56mg/L、0.039，去除率分别为 100%、100%、5%、-6%、50%。

5.不同氧化剂氧化效果对比分析

针对之前的结论，总结出高锰酸钾、次氯酸钠、高铁酸钾及臭氧对原水的氧化效果如表 6-2 所示。

表 6-2　不同氧化剂效果比较

氧化剂	高锰酸钾	次氯酸钠	高铁酸钾	臭氧	
温度/℃			10~15		
pH			7.0~7.5		
反应时间/min			30		
六联搅拌器转速/（rad/min）			60		
投加量/（mg/L）	12.5	50	12	7	3
反应后水中铁浓度/（mg/L）	0	0	1.12	0	0
反应后水中锰浓度/（mg/L）	0.09	1.13	5.06	0	0
反应后水中氨氮浓度/（mg/L）	1.42	1.38	2.67	1.45	3.16
反应后水中 COD_{Mn}/（mg/L）	4.24	1.09	6.71	1.2	3.56
反应后水中 UV_{254}	0.026	0.025	0.034	0.008	0.039
反应后水中铁去除率/%	100	100	72	100	100
反应后水中锰去除率/%	98	78	18	100	100
反应后水中氨氮去除率/%	46	58	17	55	5
反应后水中 COD_{Mn} 去除率/%	-7	66	-37	63	-6
反应后水中 UV_{254} 去除率/%	53	66	41	89	50
最优氧化剂			臭氧		

　　由表 6-2 可见，几种氧化剂中，无论从投加量的多少，还是从处理效果来比较，臭氧都是最优者，因此，选择臭氧作为最优氧化剂。

6.2.2　吸附法处理微污染含铁锰地下水研究

1.粉末活性炭吸附效果分析

　　试验所采用的粉末活性炭，是由国药集团化学试剂有限公司生产的。活性炭每克表面积为 500~1000m²，相对密度为 1.9~2.1，表观相对密度为 0.08~0.45。具体成分及含量如表 6-3 所示。

表 6-3　粉末活性炭主要成分

质检项目	指标值
亚甲基蓝吸附量	合格
乙醇溶解物/%	≤0.2
干燥失重/%	≤10.0
pH（50g/L，25℃）	5.0~7.0

续表

质检项目	指标值
硫化合物（以硫酸盐计）/%	≤0.10
盐酸溶解物/%	≤0.8
重金属（以 Pb 计）/%	≤0.005
氯化物（Cl）/%	≤0.025
灼烧残渣（以硫酸盐计）/%	≤2.0
铁（Fe）/%	≤0.02
锌（Zn）/%	≤0.05

向原水中投加不同量的粉末活性炭，考察吸附后水中污染物浓度的变化，所得结果如图 6.10 所示。当粉末活性炭投加量高于 200mg/L 时，处理后水中污染物浓度基本上不发生变化，因此取粉末活性炭投加量为 0～200mg/L。

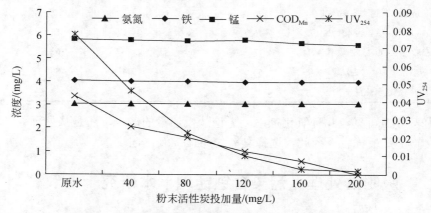

图 6.10　粉末活性炭投加量与处理后水中污染物浓度关系

由图 6.10 可知，粉末活性炭只对原水中 COD_{Mn} 和 UV_{254} 处理效果比较明显，而对铁、锰、氨氮几乎没有吸附效果。当粉末活性炭投加量为 200mg/L 时，反应后水中基本上检测不到 COD_{Mn} 和 UV_{254}，此时，处理后水中铁、锰、氨氮浓度分别为：3.98mg/L、5.56mg/L、3.02mg/L，不能满足《生活饮用水卫生标准》（GB 5749—2006）规定的要求。

2.粉末沸石吸附效果分析

沸石是火山熔岩形成的一种架状构造的铝硅盐矿物，属于非金属矿，具有独特的选择吸附能力和较大的吸附面积，即具有分子筛和类似活性炭的作用。沸石最主要的是其成分中有 AlO_4^{-1}，多了一个 O 原子，会带-1 的价数，因此沸石中会有些 Na^+、K^+、Ca^{2+}等碱金属来抵消使其呈电中性（带有较多 Na^+ 的称为钠沸石，

Ca^{2+} 称为钙沸石，以此类推）。因为 AlO_4^{-1} 是-1 价，因此对阳离子交换的先后顺序以 Cs^+，Rb^+，NH_4^+，K^+，Na^+ 等+1 价离子排前面，且较大的离子优先，然后才交换 Ba^{2+}，Sr^{2+}，Ca^{2+}，Mg^{2+} 的+2 价离子。所以当沸石中的游离金属以 Na^+ 存在时便会与水中的 Cs^+，Rb^+，NH_4^+ 交换，如果是以 Ca^{2+} 存在时就会与水中的 Cs^+，Rb^+，NH_4^+，Ba^{2+}，Sr^{2+} 作交换。本试验中选用粉末沸石是由法库县包家屯兴业沸石粉厂生产的，粉末沸石粒径为 350 目，主要成分如表 6-4 所示。

表 6-4　粉末沸石成分及含量

元素	SiO_2	Al_2O_3	Fe_2O_3	CaO	MgO	K_2O	NaO
含量/%	68～71	13～14	1～1.8	1.7～2.2	0.9～1.3	1.5～4	0.5～1.5

　　向原水中投加不同量的粉末沸石，考察吸附过后，水中污染物浓度的变化，所得结果如图 6.11 所示。

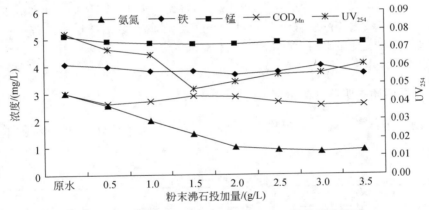

图 6.11　粉末沸石投加量与处理后水中污染物浓度关系

　　由图 6.11 可知，粉末沸石只对原水中氨氮具有吸附效果，而对铁、锰、COD_{Mn} 和 UV_{254} 几乎没有吸附效果。当粉末沸石投加量为 2.0g/L 时，处理后水中铁、锰、氨氮、COD_{Mn} 及 UV_{254} 浓度分别为：3.76mg/L、4.85mg/L、0.91mg/L、2.66、0.055，不能满足《生活饮用水卫生标准》（GB 5749—2006）规定的要求。之后随着粉末沸石投加量的增加，反应后水中污染物浓度变化不大。由此可见，要保证处理后水质达《生活饮用水卫生标准》的要求，必须与其他工艺联用。

3.MAP 法吸附效果分析

　　MAP 法即磷酸铵镁沉淀法，其原理是向含 NH_4^+ 水中投加 Mg^{2+} 和 PO_4^{3-}，从而生成难溶复盐 $MgNH_4PO_4 \cdot 6H_2O$（简称 MAP）结晶，从而达到将水中氨氮去除的效果。由于 MAP 法仅对水中氨氮浓度具有处理效果，因此，我们主要研究水中氨氮浓度的变化即可。向原水中投加 $MgSO_4 \cdot 7H_2O$、$Na_2HPO_4 \cdot 7H_2O$，使水中 $Mg : PO_4 : NH_4^+$ 比例为 $1:1:1$、$1:2:1$、$2:1:1$、$2:2:1$、$0.5:0.5:1$，分别考察不同投加比例条件下处理后水中氨氮的浓度，所得结果如图 6.12 所示。

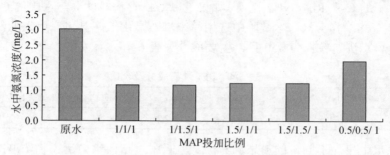

图 6.12　$Mg^{2+} : PO_4^{2-} : NH_4^+$ 不同投加比例与处理后水中氨氮浓度关系

由图 6.12 可以看出，当 $Mg^{2+} : PO_4^{2-} : NH_4^+$ 比例为 $1:1:1$ 时，处理后水质最好，此时水中氨氮的浓度最低，为 1.18mg/L。因此在之后的试验过程中均采用 $Mg : PO_4 : NH_4$ 投加比例为 $1:1:1$，但处理后氨氮浓度仍未达标，因此仍需继续寻找更优的处理工艺。

4.不同吸附剂吸附效果分析

针对之前的数据，总结出粉末活性炭、粉末沸石、MAP 法的处理效果如表 6-5 所示。

表 6-5　不同吸附剂效果比较

吸附剂	粉末活性炭	粉末沸石	MAP 法
温度/℃		10~15	
pH		7.0~7.5	
反应时间/min		30	
六联搅拌器转速/（rad/min）		60	
最佳投加量	200mg/L	2g/L	$Mg : PO_4 : NH_4$ 比例为 $1:1:1$
反应后水中铁浓度/（mg/L）	3.98	3.76	4.05
反应后水中锰浓度/（mg/L）	5.56	4.85	5.10
反应后水中氨氮浓度/（mg/L）	3.02	0.91	1.18
反应后水中 COD_{Mn}/（mg/L）	0.00	2.66	3.00
反应后水中 UV_{254}	0.002	0.055	0.078

由表 6-5 数据可知，不同吸附剂只对水中某种特定的污染物具有处理效果。例如，粉末活性炭对水中有机物处理效果较好，能使反应后水中 COD_{Mn} 达标，粉末沸石及 MAP 法对水中氨氮具有明显处理效果，但仍未使其达标。因此采用单独吸附剂处理不能保障出水水质。

6.2.3　不同氧化吸附集成工艺处理微污染含铁锰地下水研究

由之前结论可知，采用单独氧化方法或者单独吸附的方法均不能满足同步除铁锰、氨氮、有机物的要求，但是不同氧化剂和吸附剂均有针对性的目标污染物去除效果。因此，本节重点分析氧化-吸附集成工艺对同步除铁锰、氨氮、有机物的效能。

原水中的污染物主要有铁、锰、氨氮及有机物。通过之前的试验结论，同时去除水中的污染物不可行，只有采用分步处理，具体分为：除铁锰部分、除氨氮部分、除有机物部分。其中对铁、锰处理效果最佳工艺为臭氧氧化，对有机物处理效果最佳工艺为粉末活性炭吸附，对氨氮处理效果最佳工艺为次氯酸钠氧化、粉末沸石吸附及 MAP 法。根据污染物去除的先后顺序，可以设计以下几种组合方案。

1.臭氧氧化+粉末活性炭吸附+次氯酸钠氧化处理效果分析

原水在臭氧投加量为 3mg/L 条件下反应 15min，之后在粉末活性炭投加量为 200mg/L 条件下吸附 10min，最后投加不同量次氯酸钠，反应 15min，考察处理后水中污染物浓度的变化，所得结果如图 6.13 所示。

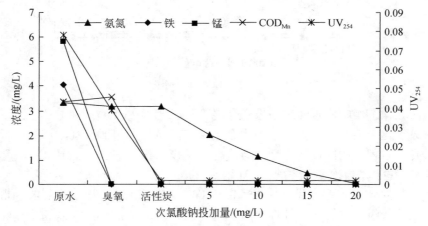

图 6.13　组合工艺 1 处理后水中污染物浓度关系

由图 6.13 可知，原水经过臭氧氧化之后，水中铁、锰能够被完全去除。粉末活性炭吸附之后，水中 COD_{Mn} 和 UV_{254} 被完全去除，水中的污染物只剩下氨氮。随着次氯酸钠投加量的增加，水中氨氮浓度呈稳定下降趋势，当次氯酸钠投加量在 15mg/L 时，反应水中氨氮浓度为 0.45mg/L，符合《生活饮用水卫生标准》（GB 5749—2006）规定的要求。此时，原水在这一组合联用工艺处理之后，水中铁、锰、氨氮、COD_{Mn} 和 UV_{254} 浓度分别为：0mg/L、0mg/L、0.45mg/L、0mg/L、0.002，污染物浓度全部达标。次氯酸钠最佳投加量为 15mg/L。

综上，这一组合联用工艺具体为：原水经过投加量为 3mg/L 的臭氧氧化 15min，之后采用投加量为 200mg/L 粉末活性炭吸附 10min，最后经过投加量为 15mg/L 次氯酸钠氧化 15min。工艺处理后水质达标。

2.粉末活性炭吸附+臭氧氧化+次氯酸钠氧化处理效果分析

原水在粉末活性炭投加量为 200mg/L 时吸附 10min，之后在臭氧投加量为 3mg/L 条件下反应 15min，最后投加不同量次氯酸钠，反应 15min 后。考察处理后水中污染物浓度的变化，所得结果如图 6.14 所示。

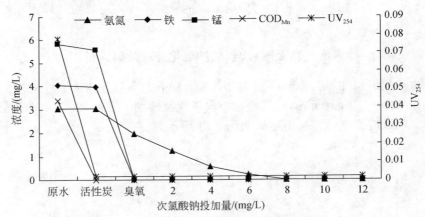

图 6.14 组合工艺 2 处理后水中污染物浓度关系

由图 6.14 可知，原水经过粉末活性炭吸附后，水中 COD_{Mn} 和 UV_{254} 被完全去除。臭氧氧化之后，水中铁和锰被完全去除，污染物只剩下氨氮，且氧化后氨氮浓度具有一定程度的降低，之后随着次氯酸钠投加量的增加，水中氨氮浓度呈稳定下降的趋势，当次氯酸钠投加量达到 6mg/L 时，反应后水中氨氮浓度为 0.21mg/L，符合《生活饮用水卫生标准》（GB 5749—2006）规定的要求。此时，原水经过这一组合联用工艺处理之后，水中铁、锰、氨氮、COD_{Mn} 和 UV_{254} 浓度分别为：0mg/L、0mg/L、0.21mg/L、0mg/L、0.002，污染物浓度全部达标。次氯酸钠最佳投加量为 6mg/L。

综上，这一组合联用工艺具体为：原水经过投加量为 200mg/L 粉末活性炭吸附 10min，之后采用投加量为 3mg/L 的臭氧氧化 15min，最后经过投加量为 6mg/L 次氯酸钠氧化 15min。工艺处理后水质达标。

3.粉末活性炭吸附+臭氧氧化+粉末沸石吸附效果分析

原水在粉末活性炭投加量为 200mg/L 时吸附 10min，之后在臭氧投加量为 3mg/L 条件下反应 15min，最后投加不同量粉末沸石，反应 10min 后，考察处理后水中污染物浓度变化，所得结果如图 6.15 所示。

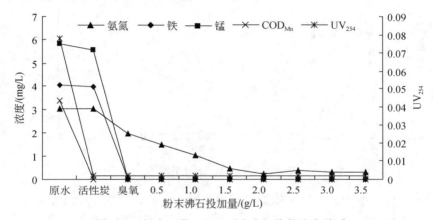

图 6.15　组合工艺 3 处理后水中污染物浓度关系

由图 6.15 可知，原水经过粉末活性炭吸附后，水中 COD_{Mn} 和 UV_{254} 被完全去除。臭氧氧化之后，水中铁和锰被完全去除，污染物只剩下氨氮，且氧化后氨氮浓度具有一定程度的降低。之后随着粉末沸石投加量的增加，水中氨氮浓度呈稳定下降趋势。当粉末沸石投加量为 1.5g/L 时，水中氨氮浓度为 0.45mg/L，已经符合《生活饮用水卫生标准》（GB 5749—2006）规定的要求。粉末沸石投加量再继续增加到 2.0g/L 时，水中氨氮浓度最低为 0.21mg/L，投加量大于 2.0g/L 时，氨氮浓度基本上稳定在 0.5mg/L 以下，但是相对于投加量为 1.5g/L 时的氨氮浓度虽有所降低，但相差不大。因此在这一组合联用工艺中，确定粉末沸石的最佳投加量为 1.5g/L，此时反应后水中铁、锰、氨氮、COD_{Mn} 和 UV_{254} 浓度分别为：0mg/L、0mg/L、0.45mg/L、0 mg/L、0.002，污染物浓度全部达标。

综上，这一组合联用工艺具体为：原水经过投加量为 200mg/L 粉末活性炭吸附 10min，之后采用投加量为 3mg/L 的臭氧氧化 15min，最后经过投加量为 1.5g/L 粉末沸石吸附 10min。工艺出水水质达标。

4.粉末活性炭吸附+臭氧氧化+MAP 法处理效果分析

原水在粉末活性炭投加量为 200mg/L 时吸附 10min，之后在臭氧投加量为 3mg/L 条件下反应 15min，最后采用 MAP 法处理，反应 15min，进行 3 组平行试验。考察处理后水中污染物浓度变化，所得结果如图 6.16 所示。

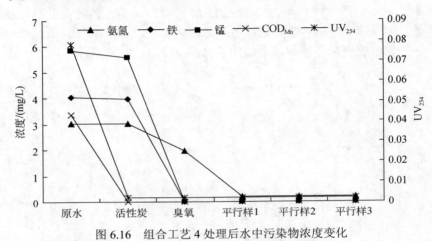

图 6.16　组合工艺 4 处理后水中污染物浓度变化

由图 6.16 可知，原水经过粉末活性炭吸附后，水中 COD_{Mn} 和 UV_{254} 被完全去除。臭氧氧化之后，水中铁和锰被完全去除，水中污染物只剩下氨氮，且氧化后氨氮浓度具有一定程度的降低。之后向水中投加 $MgSO_4 \cdot 7H_2O$、$Na_2HPO_4 \cdot 7H_2O$ 使水中 $Mg^{2+} : PO_4^{2-} : NH_4^+$ 比例为 $1 : 1 : 1$，反应后水中氨氮平均浓度为 0.21mg/L，符合《生活饮用水卫生标准》（GB 5749—2006）规定的要求。

综上，这一组合联用工艺具体为：原水经过投加量为 200mg/L 粉末活性炭吸附 10min，之后采用投加量为 3mg/L 的臭氧氧化 15min，最后向水中投加 $MgSO_4 \cdot 7H_2O$、$Na_2HPO_4 \cdot 7H_2O$ 使水中 $Mg^{2+} : PO_4^{2-} : NH_4^+$ 比例为 $1 : 1 : 1$，反应时间为 15min。工艺出水水质达标。

5.粉末活性炭吸附+粉末沸石吸附+臭氧氧化效果分析

原水经过投加量为 200mg/L 粉末活性炭吸附 10min，之后向水中投加不同量粉末沸石，反应 10min 后，最后在臭氧投加量为 3mg/L 条件下反应 15min，考察处理后水中污染物浓度的变化，所得结果如图 6.17 所示。

由图 6.17 可知，原水经过粉末活性炭处理后，表征水中的有机物 COD_{Mn} 和 UV_{254} 被完全去除。随着粉末沸石投加量的增加，组合工艺处理之后，即臭氧氧化反应完成之后，水中铁、锰被完全去除，而氨氮浓度整体呈下降趋势。当粉末沸石投加量为 1.5g/L 时，反应后水中氨氮浓度为 0.27mg/L，符合《生活饮用水卫生标准》（GB 5749—2006）规定的要求。而之后随着粉末沸石投加量的增加，水中氨氮浓度基本稳定在 0.13mg/L 左右，浓度变化不大。

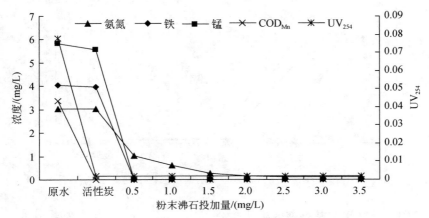

图 6.17　组合工艺 5 处理后水中污染物浓度关系

因此在保障处理后水质的前提下，可以确定粉末沸石最佳投加量为 1.5mg/L，此时反应后水中铁、锰、氨氮、COD$_{Mn}$ 和 UV$_{254}$ 浓度分别为：0mg/L、0mg/L、0.27mg/L、0mg/L、0.002，污染物浓度全部达标。

综上，这一组合联用工艺具体为：原水经过投加量为 200mg/L 粉末活性炭吸附 10min，之后投加量为 1.5g/L 粉末沸石吸附 10min，最后经过采用投加量为 3mg/L 的臭氧氧化 15min。工艺出水水质达标。

6.粉末活性炭吸附+MAP 法处理+臭氧氧化效果分析

原水经过投加量为 200mg/L 的粉末活性炭吸附 10min，之后采用 MAP 法处理，反应 15min 后，最后在臭氧投加量为 3mg/L 条件下反应 15min，考察处理后水中污染物浓度的变化，所得结果如图 6.18 所示。

由图 6.18 可知，原水经过粉末活性炭吸附后，水中 COD$_{Mn}$ 和 UV$_{254}$ 浓度被完全去除，之后向水中投加 MgSO$_4$·7H$_2$O、Na$_2$HPO$_4$·7H$_2$O 使水中 Mg^{2+}：PO$_4^{2-}$：NH$_4^+$ 比例为 1：1：1，组合处理后，水中氨氮平均浓度为 0.13mg/L，符合《生活饮用水卫生标准》（GB 5749—2006）规定的要求。

综上，这一组合联用工艺具体为：原水经过投加量为 200mg/L 粉末活性炭吸附 10min，之后向水中投加 MgSO$_4$·7H$_2$O、Na$_2$HPO$_4$·7H$_2$O 使水中 Mg^{2+}：PO$_4^{2-}$：NH$_4^+$ 比例为 1：1：1，反应时间为 15min，最后采用投加量为 3mg/L 的臭氧氧化 15min。工艺出水水质达标。

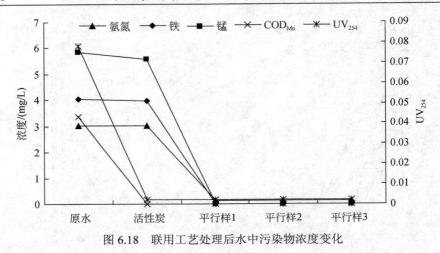

图 6.18　联用工艺处理后水中污染物浓度变化

7.不同组合联用工艺处理效果比较分析

根据以上试验结果，总结出臭氧+粉末活性炭+次氯酸钠、粉末活性炭+臭氧+次氯酸钠、粉末活性炭+臭氧+粉末沸石、粉末活性炭+臭氧+MAP、粉末活性炭+粉末沸石+臭氧、粉末活性炭+MAP+臭氧工艺的处理效果如表 6-6 所示。

表 6-6　不同组合工艺处理效果比较

组合方案	臭氧+粉末活性炭+次氯酸钠	粉末活性炭+臭氧+次氯酸钠	粉末活性炭+臭氧+粉末沸石	粉末活性炭+粉末沸石+臭氧	粉末活性炭+臭氧+MAP	粉末活性炭+MAP+臭氧
温度/℃	10～15					
pH	7.0～7.5					
反应时间/min	15/30					
六联搅拌器转速/（rad/min）	60					
臭氧投加量/（mg/L）	3					
臭氧反应时间/min	15					
粉末活性炭投加量/（mg/L）	200					
粉末活性炭反应时间/min	10					

续表

组合方案	臭氧+粉末活性炭+次氯酸钠	粉末活性炭+臭氧+次氯酸钠	粉末活性炭+臭氧+粉末沸石	粉末活性炭+粉末沸石+臭氧	粉末活性炭+臭氧+MAP	粉末活性炭+MAP+臭氧
次氯酸钠投加量/（mg/L）	15	6	—	—	—	—
次氯酸钠反应时间/min	15	—	—	—	—	—
粉末沸石投加量/（mg/L）	—	—	1.5	—	—	—
粉末沸石反应时间/min	—	—	10	—	—	—
MAP 法投加量	—	—	—	—	$Mg:PO_4:NH_4$ 比例为 1∶1∶1	—
MAP 法反应时间/min	—	—	—	—	15	—
反应后水中铁浓度/（mg/L）	0	0	0	0	0	0
反应后水中锰浓度/（mg/L）	0	0	0	0	0	0
反应后水中氨氮浓度/（mg/L）	0.45	0.21	0.45	0.27	0.21	0.13
反应后水中 COD_{Mn}/（mg/L）	0	0	0	0	0	0
反应后水中 UV_{254}	0.002	0.002	0.002	0.002	0.002	0.002

由表 6-6 可知，六种方案均能够保障处理后水质达到《生活饮用水卫生标准》的要求，通过药剂投加量与处理效果的比较，优选三种方案，分别为粉末活性炭+臭氧+次氯酸钠、粉末活性炭+粉末沸石+臭氧、粉末活性炭+MAP+臭氧。

8.不同组合联用工艺经济比较分析

分别对粉末活性炭+臭氧+次氯酸钠、粉末活性炭+粉末沸石+臭氧、粉末活性炭+MAP+臭氧三种处理工艺进行成本分析，分析内容包括处理过程中所用电器消耗费用、药品费用及所需反应池费用。所得分析结果如表 6-7 所示。

表 6-7　不同组合工艺成本一览表

工艺	粉末活性炭+臭氧+次氯酸钠	粉末活性炭+粉末沸石+臭氧	粉末活性炭+MAP+臭氧
处理水量/（m³/d）		A	
臭氧投加量/（mg/L）		3	
臭氧反应时间/min		15	
臭氧发生器规格		RQ-5G（济南瑞清臭氧设备有限公司）	
臭氧发生器功率/kW		0.3	
臭氧发生器耗电量（度）		0.075	
次氯酸钠投加量/（mg/L）	6	—	—
次氯酸钠药品纯度	95%	—	—
次氯酸钠投加体积/L	0.048A	—	—
次氯酸钠药品单价/（元/L）	6 元/L	—	—
次氯酸钠药品费用/元	0.288A	—	—
次氯酸钠氧化时间/min	15	—	—
粉末活性炭生产厂家		国药集团化学试剂有限公司	
粉末活性炭粒径		分析纯（AR）每 g 表面积为 500～1000m²	
粉末活性炭投加量/（mg/L）		200	
粉末活性炭药品单价		8 元/kg	
粉末活性炭药品费用/元		0.0016A	
粉末活性炭吸附时间/min		10	
粉末沸石生产厂家	—	沈阳法库县沸石厂	—
粉末沸石粒径	—	350 目	—
粉末沸石投加量/（g/L）	—	1.5	—
粉末沸石药品单价/元	—	50 元/t	—
粉末沸石药品费用/元	—	$7.5 \times 10^{-5}A$	—
粉末沸石氧化时间/min	—	10	—
$MgSO_4 \cdot 7H_2O$ 投加量/（mg/L）	—	—	529
$MgSO_4 \cdot 7H_2O$ 药品单价	—	—	14 元/kg
$MgSO_4 \cdot 7H_2O$ 药品费用/元	—	—	0.0074A
$Na_2HPO_4 \cdot 7H_2O$ 投加量/（mg/L）	—	—	139
$Na_2HPO_4 \cdot 7H_2O$ 药品单价	—	—	0.55 元/kg
$Na_2HPO_4 \cdot 7H_2O$ 药品费用/元	—	—	$7.6 \times 10^{-5}A$

续表

工艺	粉末活性炭+臭氧+次氯酸钠	粉末活性炭+粉末沸石+臭氧	粉末活性炭+MAP+臭氧
MAP 反应时间/min	—	—	15
搅拌器功率/kW		0.14	
搅拌器耗电量/度	0.058	0.047	0.058
药品费用总计/元	0.290A	0.0017A	0.0091A
总反应时间/min	40	35	40
反应池容积/m³	0.028A	0.024A	0.028A
反应池造价/元	0.028A×a+b	0.024A×a+b	0.028A×a+b
电器总耗电量/度	0.133	0.122	0.133
电费单价/（毛/度）		9（商业用电）	
电费总计/元			
费用总计/元	0.120	0.110	0.120
费用最低工艺	0.290A+0.028A×a+b+0.120	0.0017A+0.024A×a+b+0.110	0.0019A+0.028A×a+b+0.120
	否	是	否

注：假设三组工艺处理水量为 A m³/d。

假设反应池价格$=V*a+b$，其中 V 为反应池容积，a、b 为系数，单位为元。

由表 6-7 可见，三种工艺中，粉末活性炭+粉末沸石+臭氧费用最低，定为最优工艺。

6.3　本 章 小 结

1. 分别对比臭氧、高锰酸钾、高铁酸钾、次氯酸钠四种氧化剂对地下水中铁锰，氨氮，有机物的处理效能，结果表明，氧化工艺对地下水中铁锰具有较好的去除效果，对氨氮和有机物的去除效果不明显。

2. 对比粉末活性炭、粉末沸石、MAP 三种吸附方法对地下水中铁锰，氨氮，有机物的去除效果，结果表明，粉末活性炭对有机物处理效果明显，对铁锰、氨氮没有去除作用；粉末沸石只对水中氨氮具有吸附效果；MAP 法投加药剂比例为 $Mg^{2+}:PO_4^{2-}:NH_4^+=1:1:1$ 时，除氨氮效果最佳。

3. 粉末活性炭对水中有机物处理效果明显，单独处理能使水中 COD_{Mn} 浓度达标，对其他污染物吸附效果不佳。臭氧与粉末活性炭联用，反应后氨氮不能够达标。先吸附后氧化处理效果优于先氧化后吸附工艺。

4. 粉末沸石只对水中氨氮具有明显吸附效果。臭氧与粉末沸石联用，先氧化后吸附，反应后氨氮和 COD_{Mn} 浓度未达标；先吸附后氧化，处理后水质只有氨氮未达标，且氨氮浓度要低于先氧化后吸附工艺。

5. MAP 法在加药时保证水中 Mg^{2+}∶PO_4^{2-}∶NH_4^+的例为 1∶1∶1，此时除氨氮效果最佳。臭氧与 MAP 法联用，反应后氨氮不能达标。当氧化在前时，反应后水中 COD_{Mn} 浓度未达标。

6. 采用最佳氧化剂与吸附剂进行组合，建立 6 种氧化–吸附组合工艺，用于同步除铁锰、氨氮、有机物，所得结果表明，具有较高处理效果的组合工艺为

（1）粉末活性炭投加量为 200mg/L 吸附 10min，臭氧投加量为 3mg/L 氧化15min，次氯酸钠投加量为 6mg/L 氧化 15min。

（2）粉末活性炭投加量为 200mg/L 吸附 10min，粉末沸石投加量为 1.5g/L 吸附 10min，臭氧投加量为 3mg/L 氧化 15min。

（3）粉末活性炭投加量为 200mg/L 吸附 10min，向水中投加 $MgSO_4 \cdot 7H_2O$、$Na_2HPO_4 \cdot 7H_2O$，使水中 Mg^{2+}∶PO_4^{2-}∶NH_4^+比例为 1∶1∶1，反应时间为 15min，臭氧投加量为 3mg/L 氧化 15min。

（4）对以上三种工艺进行技术经济分析，确定成本最低的工艺为：粉末活性炭投加量为 200mg/L 吸附 10min，粉末沸石投加量为 1.5g/L 氧化 10min，臭氧投加量为 3mg/L 氧化 15min。

（5）粉末活性炭吸附+粉末沸石吸附+臭氧氧化工艺在水处理过程中，为了保证反应后水质，必须保障原水中铁浓度低于 6.5mg/L，锰浓度低于 6.5mg/L，氨氮浓度低于 3.4mg/L，COD_{Mn} 浓度低于 9.00mg/L。

第7章 微污染含铁锰地下水改性沸石处理技术

沸石是一种常见的吸附剂，其吸附性能与其构造有极大的关系。目前研究主要集中在对沸石进行改性，赵玉华利用 NaOH、NaCl、HDTMA 对沸石进行改性，其中使用 NaOH 改性效果最好；同时发现了 NaCl 改性沸石对铁、锰的吸附和过滤能力较未改性沸石有很大的提高，其改性主要提高了沸石的离子交换、表面络合和表面吸附能力，并且随着 NaCl 浓度的升高，其对铁锰的吸附量也明显提高。王云波和廖天鸣（2012）研究了微波改性、HCl 改性和 NaCl 改性沸石，三种改性效果都不错，其中 NaCl 改性最为经济有效。许景寒等（2013）研究了微波加热酸、碱和盐改性的沸石，得出微波 NaOH 改性沸石效果最好。

7.1 改性沸石的制备

首先对天然沸石进行研究，选择适当粒径的沸石和改性剂对沸石进行改性。选用 NaCl 溶液、NaOH 溶液和 HDTMA 溶液对天然沸石进行浸泡改性，通过单因素试验和正交试验研究改性沸石的制备条件、改性剂浓度、固液比及改性时间，并确定其最佳的制备条件。

7.1.1 天然沸石选择研究

1.天然沸石不同粒径选择分析

取不同粒径的沸石各 3.0g，分别投加到装有 100mL 水样的烧杯中，水样的pH 为 6.7，温度为 18.4℃，在磁力搅拌器上搅拌 30min，取样后再经转速为 4000r/min 台式离心机离心 10min，取上清液进行测定，试验结果如表 7-1 所示。

由表 7-1 可知，不同粒径的沸石对除铁和氨氮的影响不明显，但是对除锰和有机物的影响比铁和氨氮大，当粒径从 1.25～1.60mm 减小为 0.40～0.80mm 时，铁和氨氮的去除率只增加了 8.47% 和 5.51%，对锰和有机物的去除率分别增加了 6.32% 和 17.86%，但是粒径为 0.40～0.80mm 对锰和有机物的去除效果增加了近一倍。从铁、锰、氨氮和有机物的去除效果来考虑应该选择粒径为 0.40～0.80mm 的沸石，但是在实际工业生产中粒径太大或太小都不好，粒径太大会减少吸附的表面积，降低吸附容量，粒径太小，水流阻力增大，增加滤料损耗，所以综合考虑应选用粒径为 0.80~1.25mm 沸石作为改性沸石的研究对象。

表 7-1　不同粒径天然沸石对铁、锰、氨氮和有机物去除效果

沸石粒径/mm	铁			锰		
	原水铁浓度/（mg/L）	出水铁浓度/（mg/L）	铁去除率/%	原水锰浓度/（mg/L）	出水锰浓度/（mg/L）	锰去除率/%
1.25~1.60		1.47	38.08		1.61	7.91
0.80~1.25	2.37	1.32	44.43	1.88	1.67	11.07
0.40~0.80		1.27	46.55		1.73	14.23
沸石粒径/mm	氨氮			有机物		
	原水 NH_3-N 浓度/（mg/L）	出水 NH_3-N 浓度/（mg/L）	NH_3-N 去除率/%	原水 COD_{Mn} 浓度/（mg/L）	出水 COD_{Mn} 浓度/（mg/L）	COD_{Mn} 去除率/%
1.25~1.60		2.41	22.04		6.07	14.72
0.80~1.25	3.09	2.29	25.72	7.12	5.12	28.09
0.40~0.80		2.24	27.55		4.8	32.58

2.天然沸石不同投加量的分析

取 0.80~1.25mm 粒径的沸石，质量分别为 0.5g、1.0g、2.0g、5.0g、8.0g、10.0g，投加到装有 100mL 水样的烧杯中，水样的 pH 为 6.9，温度为 18.6℃，在磁力搅拌器上搅拌 30min，取样后再经转速为 4000r/min 台式离心机离心 10min，取上清液进行测定，试验结果如表 7-2 所示。

表 7-2　投加量对天然沸石除铁和锰的影响

沸石投加量/（g/L）	原水铁浓度/（mg/L）	出水铁浓度/（mg/L）	铁去除率/%	原水锰浓度/（mg/L）	出水锰浓度/（mg/L）	锰去除率/%
5		1.79	21.85		1.88	5.95
10		1.49	34.96		1.85	7.44
20		1.34	41.52		1.79	10.41
50	2.30	1.27	44.79	2.00	1.76	11.90
80		1.24	45.89		1.73	13.38
100		1.19	48.07		1.70	14.87

从表 7-2 可看出，随着沸石投加量的增加，天然沸石对铁和锰的去除率明显增加。当投加量为 100g/L 时，天然沸石对铁的去除率达到 48.07%，对锰的去除率为 14.87%。天然沸石对铁的去除效果明显好于对锰的去除效果，这与铁和锰去除规律相同，地下水中铁比锰好去除。但是天然沸石投加量和去除率不成正比，在投加量为 80g/L 时，铁和锰的去除效果较好。

7.1.2　改性剂选择研究

1.研究方法

选择八种改性剂对沸石进行改性，其中 NaCl 溶液（1.0mol/L）、AlCl$_3$ 溶液（1.0mol/L）、NaOH 溶液（1.0mol/L）、CPB（溴化十六烷基吡啶）溶液（1.0mol/L）、FeCl$_3$ 溶液（1.0mol/L）、HDTMA（十六烷基三甲基溴化铵）溶液（1.0mol/L）和（FeCl$_3$+MnCl$_2$）混合溶液（1.0mol/L）采用浸泡改性的方法，FeCl$_3$ 溶液（1.0mol/L）采用涂层改性的方法。

浸泡改性沸石制备过程：取 15g 经过预处理的天然沸石，分别加入 100mL 改性剂溶液中进行浸泡改性。浸泡改性 24h 后，用蒸馏水洗涤至 pH 7.0 左右后放入 105℃烘箱中烘 4h，制得改性沸石。

赵良元、胡波等（杨惠银和唐朝春，2007）利用 NaCl 饱和溶液浸泡并焙烧对沸石进行改性，制得 Na 型斜发沸石，研究表明，Na 型斜发沸石对 Fe^{2+} 和 Mn^{2+} 均表现出较强的吸附能力。Stenkamp 和 Benjamin（1994）将涂铁的石英砂应用于过滤试验，发现改性滤料对铁和锰去除效果明显得到加强，所以试验选用能在沸石表面形成铁氧化物涂层的 FeCl$_3$ 溶液进行涂层改性。

涂层改性沸石的制备过程为：取 15g 预处理沸石加入 20mL、1.0mol/L FeCl$_3$ 溶液中，边搅拌边加入 2mL、5.0mol/L NaOH 溶液进行一次涂层，搅拌均匀后放入烘箱在 105℃烘箱中烘 24h（前 6h 每小时搅拌一次，以利于天然沸石与改性剂充分接触，并防止颗粒互相黏结）；再次加入 10mL、1.0mol/L FeCl$_3$ 溶液和 1mL、5.0mol/L NaOH 溶液，进行第二次涂层，搅拌均匀后放入烘箱在 105℃烘箱中烘 12h（前 6h 每小时搅拌一次），冷却至室温，先用自来水冲洗再用蒸馏水冲洗干净，放入 105℃烘箱中烘 4h 制得涂铁改性沸石。

改性沸石处理水样的试验条件如下：取改性沸石和天然沸石各 2g 分别加入装有 100mL 水样的烧杯中，水样 pH 为 6.8，温度为 19.1℃，在磁力搅拌器上搅拌 30min，再经转速为 4000r/min 台式离心机离心 10min，取上清液进行测定。

2.研究结果分析

试验结果见表 7-3。

表 7-3 不同改性沸石对铁和锰去除效果

改性剂		原水铁浓度/(mg/L)	出水铁浓度/(mg/L)	铁去除率/%	原水锰浓度/(mg/L)	出水锰浓度/(mg/L)	锰去除率/%
天然沸石			1.42	44.25		1.93	11.46
NaCl			0.84	66.98		1.70	21.84
AlCl$_3$			1.09	57.12		1.58	27.30
NaOH			0.69	72.89		1.52	30.03
FeCl$_3$、MnCl$_2$	浸泡	2.55	1.72	32.66	2.18	3.35	−53.53
FeCl$_3$	浸泡		2.05	19.61		1.49	31.65
FeCl$_3$	涂层		1.47	42.35		1.47	32.76
CPB			0.99	64.08		1.73	20.48
HDTMA			0.89	65.01		1.55	26.67

由表 7-3 可以看出，不同改性剂制得的改性沸石对铁和锰的去除效果有明显的差别，NaCl、NaOH、HDTMA、CPB 和 AlCl$_3$ 五种浸泡改性沸石对铁和锰去除效果优于天然沸石，而 FeCl$_3$ 和（FeCl$_3$+MnCl$_2$）浸泡改性沸石及涂铁改性沸石对铁的去除效果比较差，这可能是因为在搅拌过程中，改性沸石相互之间发生碰撞磨损导致附着在沸石表面的铁氧化物脱落进入水样造成的，说明天然沸石不宜进行涂层改性。NaCl、NaOH、HDTMA、CPB 和 AlCl$_3$ 五种改性沸石中 CPB 改性沸石对铁和锰去除效果最差，AlCl$_3$ 改性沸石对锰有较高的去除率，但是 AlCl$_3$ 改性沸石在制备时如果润洗不干净容易导致出水中铝超标。综合考虑试验可以选择 NaCl、NaOH、HDTMA 三种改性剂对天沸石进行改性。

7.2 单因素试验研究

天然沸石改性效果受多种制备因素的影响，试验以改性剂浓度、固液比（沸石与改性剂用量比）、改性时间（沸石在改性剂中浸泡时间）这三种因素为研究对象，以水中的铁、锰、氨氮和有机物为评价指标，探讨改性沸石的最佳制备条件。采用磁力搅拌器对天然沸石和水样进行搅拌增加沸石和水样接触的机会，但是由于磁力搅拌器转速不易控制且在搅拌过程中转子对沸石有很大的破坏，所以在以下试验中采用振荡的方法研究沸石的吸附性能。

7.2.1　改性剂浓度对沸石改性效果的影响

改性沸石表面性能受改性剂浓度的影响很大，因此，制备过程中能否选择适宜浓度的改性剂是十分重要的。适宜的改性剂浓度可以保证改性沸石表面有足够吸附交换能力。当使用的改性剂浓度过低时，改性沸石的表面性能没有显著提高，当使用的改性剂太多时，改性剂不能全部与天然沸石表面发生吸附交换，造成浪费。确定适宜的改性剂浓度有着重要的技术和经济意义。改性剂浓度对三种沸石改性效果影响的试验条件如下所述。

（1）NaCl 溶液改性剂浓度试验条件　　配置 0.5mol/L、1.0mol/L、2.0mol/L、3.0mol/L、4.0mol/L、5.0mol/L 的 NaCl 溶液，取各改性沸石 2g 分别加入装有 100mL 水样的锥形瓶中，pH 为 7.1。在 25℃，140r/min 的条件下放入振荡培养箱中振荡 90min，再经转速为 4000r/min 台式离心机离心 10min，取上清液测定溶液中铁、锰、氨氮和有机物的含量。

（2）NaOH 溶液改性剂浓度试验条件　　配置 0.5mol/L、1.0mol/L、1.5mol/L、2.0mol/L、2.5mol/L、3.0mol/L 的 NaOH 溶液，取各改性沸石 2g 分别加入装有 100mL 水样的锥形瓶中，pH 为 7.0。在 25℃，140r/min 的条件下放入振荡培养箱中振荡 90min，再经转速为 4000r/min 台式离心机离心 10min，取上清液测定溶液中铁、锰、氨氮和有机物的含量。

（3）HDTMA 溶液改性剂浓度试验条件　　配置 1.0%、1.5%、2.0%、2.5%、3.0%、5.0%的 HDTMA 溶液，取各改性沸石 2g 分别加入装有 100mL 水样的锥形瓶中，pH 为 6.8。在 25℃，140r/min 的条件下放入振荡培养箱中振荡 90min，再经转速为 4000r/min 台式离心机离心 10min，取上清液测定溶液中铁、锰、氨氮和有机物的含量。试验结果见表 7-4～表 7-6。

表 7-4　NaCl 溶液浓度对改性效果的影响

NaCl 浓度 /（mol/L）	铁			锰		
	原水铁浓度 /（mg/L）	出水铁浓度 /（mg/L）	铁去除率 /%	原水锰浓度 /（mg/L）	出水锰浓度 /（mg/L）	锰去除率 /%
0.5		1.37	47.32		1.64	12.65
1.0		0.89	65.68		1.55	17.39
2.0	2.60	0.64	75.34	1.88	1.44	23.71
3.0	2.60	0.67	74.37	1.88	1.35	28.46
4.0		0.99	61.82		1.47	22.13
5.0		1.12	56.99		1.55	17.39

NaCl 浓度 /（mol/L）	氨氮			有机物		
	原水 NH_3-N 浓度/（mg/L）	出水 NH_3-N 浓度/（mg/L）	NH_3-N 去除率/%	原水 COD_{Mn} 浓度/（mg/L）	出水 COD_{Mn} 浓度/（mg/L）	COD_{Mn} 去除率/%
0.5		1.90	30.97		4.31	40.80
1.0		1.61	41.29		4.00	45.05
2.0	2.75	1.39	49.55	7.28	3.52	51.65
3.0		1.27	53.68		3.92	46.15
4.0		1.44	47.48		4.08	43.96
5.0		1.73	37.16		4.56	37.36

表 7-5 NaOH 溶液浓度对改性效果的影响

NaOH 浓度 /（mol/L）	铁			锰		
	原水铁浓度 /（mg/L）	出水铁浓度 /（mg/L）	铁去除率 /%	原水锰浓度 /（mg/L）	出水锰浓度 /（mg/L）	锰去除率 /%
0.5		0.64	75.34		1.64	32.83
1.0		0.49	81.14		1.79	26.75
1.5	2.60	0.46	82.10	2.45	1.55	36.47
2.0		0.44	83.07		1.55	36.47
2.5		0.39	85.00		1.50	38.90
3.0		0.44	83.07		1.53	37.69

NaOH 浓度 /（mol/L）	氨氮			有机物		
	原水 NH_3-N 浓度/（mg/L）	出水 NH_3-N 浓度/（mg/L）	NH_3-N 去除率/%	原水 COD_{Mn} 浓度/（mg/L）	出水 COD_{Mn} 浓度/（mg/L）	COD_{Mn} 去除率/%
0.5		1.84	28.61		3.54	45.06
1.0		1.67	35.21		3.42	47.05
1.5	2.58	1.50	41.81	6.45	3.12	51.65
2.0		1.27	50.61		3.47	46.15
2.5		1.39	46.22		2.84	55.95
3.0		1.44	44.01		2.53	60.71

表 7-6　HDTMA 溶液浓度对改性效果的影响

HDTMA 浓度/%	铁			锰		
	原水铁浓度/（mg/L）	出水铁浓度/（mg/L）	铁去除率/%	原水锰浓度/（mg/L）	出水锰浓度/（mg/L）	锰去除率/%
1.0		0.62	74.05		1.94	22.55
1.5		0.59	75.11		1.88	24.93
2.0	2.37	0.49	79.34	2.51	1.79	28.49
2.5		0.51	78.28		1.97	21.36
3.0		0.74	68.76		1.94	22.55
5.0		0.97	59.24		2.03	19.00

HDTMA 浓度/%	氨氮			有机物		
	原水 NH_3-N 浓度/（mg/L）	出水 NH_3-N 浓度/（mg/L）	NH_3-N 去除率/%	原水 COD_{Mn} 浓度/（mg/L）	出水 COD_{Mn} 浓度/（mg/L）	COD_{Mn} 去除率/%
1.0		1.84	39.30		6.34	21.57
1.5		1.61	46.78		5.39	33.33
2.0	3.03	1.50	50.53	8.09	5.07	37.26
2.5		1.39	54.27		4.44	45.10
3.0		1.73	43.04		5.23	35.29
5.0		1.89	37.42		5.70	29.41

1.不同 NaCl 溶液浓度对改性效果的影响

从表 7-4 的数据可以看出，随着 NaCl 溶液浓度的增加，无机改性沸石对铁、锰、氨氮和有机物的去除率先增加后减少，这是因为用 NaCl 溶液对天然沸石进行改性时，在水溶液中主要发生离子交换反应，当浓度过低时，可供离子交换的 Na^+ 较少，不利于交换过程的进行，所以其去除铁、锰、氨氮和有机物的效果较差；当浓度过高时，虽然可交换的 Na^+ 增加了，但沸石的孔穴和表面容纳量是有限的，过多的 Na^+ 不能增加沸石表面的离子交换能力而且会堵塞沸石孔道。当 NaCl 溶液为 0.5mol/L 和 5.0mol/L 时，其制得的改性沸石对铁、锰、氨氮和有机物的去除率最低，当 NaCl 溶液为 2.0mol/L 时对铁和有机物去除率最高，在 3.0mol/L 时对锰和氨氮的去除率最高，但是 NaCl 溶液为 2.0mol/L 和 3.0mol/L 时对铁、锰、氨氮和有机物去除率相差不大，从经济上考虑选择改性剂的浓度为 2.0mol/L。

2.不同 NaOH 溶液浓度对改性效果的影响

从表 7-5 的数据可以看出，随着 NaOH 溶液浓度的增加，改性沸石对铁、锰、氨氮和有机物的去除率先增加后减少，这种现象与 NaCl 改性剂浓度的影响相同。

当 NaOH 溶液为 2.0mol/L 时，其制得的改性沸石对铁、锰、氨氮和有机物的去除率都比较好。

3.不同 HDTMA 浓度对改性效果的影响

由表 7-6 中铁、锰、氨氮和有机物去除率的变化可见，随着 HDTMA 溶液浓度的增加，有机改性沸石对铁、锰、氨氮和有机物的去除率先增加后减少，HDTMA 改性剂浓度为 1.0%时，其制得的有机改性沸石去除铁、锰、氨氮和有机物的效果较差，原因在于吸附在改性沸石表面的阳离子表面活性剂过少时，与溶液中有机物形成的疏水基也较少，因此去除效果较差。在 HDTMA 改性剂浓度为 2.5%条件下制得的改性沸石对氨氮和有机物的去除效果最佳，原因在于改性沸石表面活性吸附位点均匀且充分。当 HDTMA 改性剂浓度增加到 5.0%时，其制得的改性沸石对氨氮和有机物的去除效果反而变差，原因是改性沸石的表面容量有限，表面黏附了足够的改性剂后，多余的改性剂不但不会黏附在沸石表面，反而会影响已黏附在沸石表面的改性剂与沸石之间的黏着力。当 HDTMA 溶液为 2.5%时，其制得的无机改性沸石对铁、锰、氨氮和有机物的去除效果都比较好。

7.2.2　改性时间对沸石改性效果的影响

试验采用浸泡法对沸石进行改性，沸石在改性剂中浸泡的时间即改性时间直接影响改性沸石改性的结果，理论上改性时间越长沸石与改性剂接触越充分，改性效果越好。试验条件如下所述。

（1）NaCl 溶液改性时间试验条件　　配置一定体积 2.0mol/L 的 NaCl 溶液，改性时间依次为 6h、12h、24h、36h、48h，取各改性沸石 2g 分别加入 100mL 水样中，pH 为 7.3。在 25℃，140r/min 的条件下放入振荡培养箱中振荡 90min，再经转速为 4000r/min 台式离心机离心 10min，取上清液测定溶液中铁和锰的含量。

（2）NaOH 溶液改性时间试验条件　　配置一定体积 2.0mol/L 的 NaOH 溶液，改性时间依次为 6h、12h、24h、36h、48h，取各改性沸石 2g 分别加入 100mL 水样中。在 25℃，放入转速为 140r/min 振荡培养箱中振荡 90min，再经转速为 4000r/min 台式离心机离心 10min，取上清液测定溶液中铁、锰、氨氮和有机物的含量。

（3）HDTMA 溶液改性时间试验条件　　配置一定体积 2.5%的 HDTMA 溶液，改性时间依次为 6h、12h、24h、36h、48h，取各改性沸石 2g 分别加入 100mL 水样中。在 25℃，140r/min 的条件下放入振荡培养箱中振荡 90min，再经转速为 4000r/min 台式离心机离心 10min，取上清液测定溶液中铁和锰的含量。试验结果见表 7-7～表 7-9。

表 7-7　改性时间对 NaCl 改性沸石去除效果的影响

改性时间 /h	原水铁浓度 /（mg/L）	出水铁浓度 /（mg/L）	铁去除率 /%	原水锰浓度 /（mg/L）	出水锰浓度 /（mg/L）	锰去除 率/%
6		1.27	50.23		1.73	23.61
12		1.07	58.11		1.67	26.23
24	2.55	0.69	72.89	2.27	1.55	31.47
36		0.67	73.87		1.55	31.47
48		0.62	75.84		1.52	32.79

表 7-8　改性时间对 NaOH 改性沸石去除效果的影响

改性时间 /h	铁			锰		
	原水铁浓度 /（mg/L）	出水铁浓度 /（mg/L）	铁去除率 /%	原水锰浓度/ （mg/L）	出水锰浓度/ （mg/L）	锰去除 率/%
6		0.26	90.81		1.02	29.01
12		0.24	91.68		0.96	33.16
24	2.87	0.16	94.30	1.44	0.84	41.45
36		0.19	93.43		0.87	39.38
48		0.31	89.06		0.90	37.30

改性时间 /h	氨氮			有机物		
	原水 NH_3-N 浓度/（mg/L）	出水 NH_3-N 浓度/（mg/L）	NH_3-N 去除 率/%	原水 COD_{Mn} 浓度/（mg/L）	出水 COD_{Mn} 浓度/（mg/L）	COD_{Mn} 去除 率/%
6		1.90	47.29		5.60	32.69
12		1.78	50.44		5.12	38.46
24	3.60	1.61	55.17	8.32	4.96	40.38
36		1.56	56.75		4.80	42.31
48		1.56	56.75		4.48	46.15

表 7-9　改性时间对 HDTMA 改性沸石去除效果的影响

改性时间 /h	原水铁浓度 /（mg/L）	出水铁浓度 /（mg/L）	铁去除率 /%	原水锰浓度 /（mg/L）	出水锰浓度 /（mg/L）	锰去除率 /%
6		0.87	66.32		1.26	22.12
12		0.51	79.98		1.23	23.96
24	2.57	0.44	82.90	1.61	1.14	29.49
36		0.41	83.88		1.02	31.34
48		0.39	84.85		1.02	31.34

1.改性时间对 NaCl 改性沸石去除效果的影响

由表 7-7 可知，随着改性时间的增加，制得的 NaCl 改性沸石对铁和锰的去除率呈增加的趋势。当改性时间为 48h 时，NaCl 改性沸石对铁和锰的去除效果最好，去除率分别为 75.84%和 32.79%。改性时间为 24h 时 NaCl 改性沸石对铁和锰的去除率分别为 72.89%和 31.47%，当改性时间从 24h 增加到 48h 时，NaCl 改性沸石对铁和锰的去除率分别增加了 2.95%和 1.32%，说明经过 24h 的浸泡改性，沸石已经改性完善，改性沸石的性能趋于稳定。沸石改性 6h 时，NaCl 改性沸石对铁和锰的去除效果最差，其原因是改性剂与沸石的接触时间较短，改性不完全。综上可知，从试验效果及工程角度来讲，改性时间定为 24h，这样既可以使改性沸石达到较理想的改性状态又能节约改性成本。

2.改性时间对 NaOH 改性沸石去除效果的影响

由表 7-8 可知，随着改性时间的延长，NaOH 改性沸石对铁、锰的去除率呈先增加后降低趋势，规律不明显，但是对氨氮和有机物的去除率呈增加的趋势，规律较为明显。改性时间为 24h 时，NaOH 改性沸石对铁和锰的去除效果最佳，去除率分别为 94.30%和 41.45%，改性时间为 48h 时 NaOH 改性沸石对氨氮和有机物的去除效果最佳，去除率分别为 56.75%和 46.15%，但是在改性时间从 24h 延长 48h 时，NaOH 改性沸石对氨氮和有机物的去除效果增加不明显。综上可知，浸泡时间的延长，将会延长制备时间，增加处理成本，沸石在 NaOH 溶液浸泡到 24h 时，改性趋于完善，改性沸石的性能趋于稳定，所以将改性时间定为 24h。

3.改性时间对 HDTMA 改性沸石去除效果的影响

由表 7-9 可知，随着改性时间的增加，制得的 HDTMA 改性沸石对铁和锰的去除率呈增加的趋势。对天然沸石改性 6h 时，改性剂与沸石的接触时间较短，改性不完全，对铁和锰的去除效果差；对天然沸石改性 24h、36h 和 48h 时，其对铁和锰的去除率变化不大，这是由于改性 24h 时，沸石表面结构已经达到最佳，所以将改性时间定为 24h。

7.2.3 固液比对沸石改性效果的影响

对天然沸石进行改性时，天然沸石的投加量和改性剂的使用量也会影响沸石的改性效果。沸石的投加量和改性剂使用量之间的比值称为固液比，选择适当的固液比不但可以使沸石达到较理想的改性状态而且还能节约改性成本。试验条件如下所述。

（1）NaCl 改性沸石固液比试验条件　配置一定体积 2mol/L 的 NaCl 溶液，固液比选择 5：100、10：100、15：100、25：100、50：100，取改性沸石各 2g 分别加入 100mL 水样中，pH 为 6.8。放入温度为 25℃转速为 140r/min 振荡培养箱中振荡 90min，再经台式离心机离心 10min，取上清液测定溶液中铁和锰的含量。

（2）NaOH 改性沸石固液比试验条件　配置一定体积 2mol/L 的 NaOH 溶液，固液比选择 5：100、10：100、15：100、25：100、50：100，取 NaOH 改性沸石各 2g 加入 100mL 水样中，水样 pH 为 7.2。放入温度为 25℃转速为 140r/min 振荡培养箱中振荡 90min，取样后再经台式离心机离心 10min，取上清液测定溶液中铁、锰、氨氮和有机物的含量。

（3）HDTMA 改性沸石固液比试验条件　配置一定体积浓度为 2.5%的 HDTMA 溶液，固液比选择 5：100、10：100、15：100、25：100、50：100，取 HDTMA 改性沸石各 2g 加入 100mL 水样中，水样 pH 为 7.1。放入温度为 25℃转速为 140r/min 振荡培养箱中振荡 90min，取样后再经台式离心机离心 10min，取上清液测定溶液中铁和锰的含量。试验结果见表 7-10～表 7-12。

表 7-10　固液比对 NaCl 改性沸石去除效果的影响

固液比/ （g:mL）	原水铁浓度/ （mg/L）	出水铁浓度/ （mg/L）	铁去除率 /%	原水锰浓度/ （mg/L）	出水锰浓度/ （mg/L）	锰去除率/%
5：100		1.07	53.02		1.32	16.90
10：100		0.87	61.86		1.26	20.66
15：100	2.27	0.62	72.91	1.58	1.11	30.05
25：100		0.57	75.11		1.08	31.92
50：100		0.54	76.22		1.08	31.92

表 7-11　固液比对 NaOH 改性沸石去除效果的影响

固液比/ （g:ml）	铁			锰		
	原水铁浓度/ （mg/L）	出水铁浓度/ （mg/L）	铁去除率/%	原水锰浓度/ （mg/L）	出水锰浓度/ （mg/L）	锰去除率/%
5：100		0.69	75.54		1.05	16.57
10：100		0.39	86.20		0.93	26.03
15：100	2.82	0.39	86.20	1.26	0.84	33.13
25：100		0.26	90.64		0.81	35.50
50：100		0.34	87.98		0.90	28.40

固液比/	氨氮			有机物		
（g:ml）	原水 NH₃-N 浓度/（mg/L）	出水 NH₃-N 浓度/（mg/L）	NH₃-N 去除率/%	原水 COD_Mn 浓度/（mg/L）	出水 COD_Mn 浓度/（mg/L）	COD_Mn 去除率/%
5：100		2.07	40.69		3.68	46.51
10：100		1.90	45.57		4.32	37.21
15：100	3.48	1.61	53.71	6.88	3.36	51.16
25：100		1.95	43.95		4.16	39.53
50：100		2.18	37.44		4.00	41.86

表 7-12　固液比对 HDTMA 改性沸石去除效果的影响

固液比/ （g:ml）	原水铁浓度/ （mg/L）	出水铁浓度/ （mg/L）	铁去除 率/%	原水锰浓度/ （mg/L）	出水锰浓度/ （mg/L）	锰去除 率/%
5：100		0.79	68.01		0.87	25.48
10：100		0.62	75.10		0.78	33.12
15：100	2.47	0.44	82.21	1.17	0.72	38.21
25：100		0.67	73.08		0.78	33.12
50：100		0.69	72.06		0.82	30.57

1.固液比对 NaCl 改性沸石去除效果的影响

从表 7-10 中铁和锰的去除率变化可以看出，随着沸石投加量的增加，制得的 NaCl 改性沸石对铁和锰的去除率增大。当固液比为 15：100 时，制得的 NaCl 改性沸石对铁和锰的去除率分别为 72.91% 和 30.05%，当固液比为 25：100 和 50：100 时，制得的 NaCl 改性沸石虽然对铁和锰的去除率有所增加，但是增加幅度较小。综上，可得 15：100 固液比值为天然沸石和改性剂的最佳比值。

2.固液比对 NaOH 改性沸石去除效果的影响

由表 7-11 可见，固液比为 5：100 时制得的 NaOH 改性沸石对铁、锰、氨氮和有机物去除效果最差，这是因为天然沸石的投加量不足，可供吸附的表面积不足，改性不充分；固液比为 50：100 时，虽然天然沸石的投加量增加了，但可参与反应的改性剂的量又出现不足，导致改性不充分，影响对铁、锰、氨氮和有机物的去除效果；固液比为 15：100 时，天然沸石和改性剂的用量均达到最佳用量，改性充分。

3.固液比对 HDTMA 改性沸石去除效果的影响

由表 7-12 可见，固液比为 5∶100 时制得的 HDTMA 改性沸石对铁和锰去除效果最差，天然沸石的投加量不足，可供吸附的表面积不足，改性不充分；固液比为 25∶100 和 50∶100 时，虽然天然沸石的投加量增加了，但可参与反应改性剂的量又出现不足，导致改性不充分，影响对铁和锰的去除效果；固液比为 15∶100 时，天然沸石和改性剂的用量均达到最佳用量，改性充分。

7.3　多因素正交试验研究

正交试验可以在不影响全面了解诸多因素对性能指标影响的条件下，大大减少试验次数。7.2 中进行的单因素试验量大，试验结果很难完整地反映整体试验情况，如果选用正交试验可以解决这些问题。通过正交试验的结果分析，在各个因素变化的情况下确定对改性沸石影响较大的因素和改性沸石的最佳制备水平。试验以改性剂的浓度、固液比、改性时间为因素，设计三水平三因素 L9（33）正交试验。

7.3.1　NaCl 改性沸石的正交试验研究

将正交试验中设计的各因素和各水平列于表 7-13 中，正交试验结果列于表 7-14。按正交试验方案进行试验，将各种因素不同水平时对去除率的影响列于表 7-15 中，表中极差为指标随因素水平变化而变化的最大范围，极差大者是影响反应的重要因素。

表 7-13　NaCl 改性沸石正交试验因素水平表

因素	水平		
	A	B	C
NaCl 浓度/（mol/L）	1.0	2.0	3.0
固液比/（g：mL）	5∶100	15∶100	25∶100
改性时间/h	12	24	36

表 7-14　制备 NaCl 改性沸石的正交试验表

因素序号	NaCl 浓度/（mol/L）	固液比/（g:mL）	改性时间/h	铁去除率/%	锰去除率/%	NH_3-N 去除率/%	COD_{Mn} 去除率/%
1	1.0	5∶100	12	64.78	18.31	37.98	18.1
2	1.0	15∶100	24	62.7	23.44	55.76	38.08

因素序号	NaCl 浓度/（mol/L）	固液比/（g:mL）	改性时间/h	铁去除率/%	锰去除率/%	NH₃-N 去除率/%	CODₘₙ 去除率/%
3	1.0	25：100	36	65.37	22.3	43.32	29.2
4	2.0	5：100	24	67.31	28.89	68.2	55.7
5	2.0	15：100	36	79.43	20.54	59.65	53.94
6	2.0	25：100	12	64.88	33.12	48.32	41.2
7	3.0	5：100	36	63.71	20.46	43.32	41.2
8	3.0	15：100	12	61.71	30.44	49.32	39.33
9	3.0	25：100	24	64.8	21.38	49.54	60.2

表 7-15　试验结果数据处理表

	水平	因素			水平	因素		
		NaCl 浓度	固液比	改性时间		NaCl 浓度	固液比	改性时间
除铁	M_1	192.85	195.80	191.37	除氨氮	M_1	137.06	149.50	135.62
	M_2	211.62	203.84	208.51		M_2	176.17	164.73	173.50
	M_3	190.22	195.05	194.81		M_3	142.18	141.18	146.29
	m_1	64.28	65.27	63.79		m_1	45.69	49.83	45.21
	m_2	70.54	67.95	69.50		m_2	58.72	54.91	57.83
	m_3	63.41	65.02	64.94		m_3	47.39	47.06	48.76
	极差 R	7.13	2.93	5.71		极差 R	13.03	7.85	12.62
	优方案	A_2	B_2	C_2		优方案	A_2	B_2	C_2
除锰	M_1	64.05	67.66	81.87	除有机物	M_1	85.38	115.00	98.63
	M_2	82.55	74.42	73.71		M_2	150.84	131.35	153.98
	M_3	72.28	76.80	63.30		M_3	140.73	130.60	124.34
	m_1	21.35	22.55	24.57		m_1	28.46	38.33	32.88
	m_2	27.52	24.87	27.29		m_2	50.28	43.78	51.33
	m_3	24.12	25.60	21.10		m_3	46.91	43.53	41.45
	极差 R	6.17	3.05	6.19		极差 R	21.82	5.45	18.45
	优方案	A_2	B_3	C_2		优方案	A_2	B_2	C_2

由表 7-14 和表 7-15 可以看出，根据铁、锰、氨氮和有机物去除率的极差，可知 NaCl 溶液浓度为最主要的影响因素，改性时间次之，固液比对去除效果影响最小。因此，可初步确定其最佳组合为 NaCl 浓度 2.0mol/L，改性时间 24h，固液比 15∶100。

7.3.2　NaOH 改性沸石的正交试验研究

将正交试验中设计的各因素和各水平列于表 7-16 中，正交试验结果列于表 7-17。按正交试验方案进行试验，将各种因素不同水平时对去除率的影响列于表 7-18 中，表中极差为指标随因素水平变化而变化的最大范围，极差大者是影响反应的重要因素。

表 7-16　NaOH 改性沸石正交试验因素水平表

因素	水平		
	I	II	III
NaOH 浓度/（mol/L）	1.5	2.0	2.5
固液比/（g:mL）	5∶100	15∶100	25∶100
改性时间/h	12	24	36

表 7-17　制备 NaOH 改性沸石的正交试验表

因素序号	NaOH 浓度/（mol/L）	固液比/（g:mL）	改性时间/h	铁去除率/%	锰去除率/%	NH₃-N 去除率/%	CODₘₙ 去除率/%
1	1.5	5∶100	12	59.24	25.53	24.8	24.49
2	1.5	15∶100	24	72.99	31.2	38.3	34.69
3	1.5	25∶100	36	74.05	39.71	47.3	38.78
4	2.0	5∶100	24	85.69	36.88	56.3	32.65
5	2.0	15∶100	36	70.87	51.06	49.6	47.48
6	2.0	25∶100	12	83.57	42.55	54	55.1
7	2.5	5∶100	36	84.63	39.71	49.5	48.98
8	2.5	15∶100	12	76.17	34.04	36	30.61
9	2.5	25∶100	24	72.99	36.88	45	34.69

表 7-18　试验结果数据处理表

水平	因素			水平	因素		
	NaOH 浓度	固液比	改性时间		NaOH 浓度	固液比	改性时间
M_1	206.28	229.56	218.98	M_1	110.27	130.52	114.77
M_2	240.13	220.03	231.67	M_2	159.88	123.88	139.53
M_3	233.79	230.61	229.55	M_3	130.53	146.28	146.38
除铁 M_1	68.76	76.52	72.99	除氨氮 m_1	36.76	43.51	38.26
m_2	80.04	73.34	77.22	m_2	53.29	41.29	46.51
m_3	77.93	76.87	76.51	m_3	43.51	48.76	48.79
极差 R	11.28	3.53	4.23	极差 R	16.53	7.47	10.53
优方案	A_2	B_3	C_2	优方案	A_2	B_3	C_3
M_1	96.44	102.12	102.12	M_1	97.96	106.12	110.2
M_2	130.49	116.3	104.96	M_2	135.23	112.78	102.03
M_3	110.63	119.14	130.48	M_3	114.28	128.57	135.24
除锰 m_1	32.15	34.04	34.04	除有机物 m_1	32.65	35.37	36.73
m_2	43.5	38.77	34.99	m_2	45.08	37.59	34.01
m_3	36.88	39.71	43.49	m_3	38.09	42.86	45.08
极差 R	11.35	5.67	9.45	极差 R	12.43	7.49	11.07
优方案	A_2	B_3	C_3	优方案	A_2	B_3	C_3

由表 7-17 和表 7-18 可以看出，根据铁、锰、氨氮和有机物去除率的极差，可知 NaOH 溶液浓度应为最主要的影响因素，改性时间次之，而固液比对去除效果影响最小。因此，可初步确定其最佳组合为 NaOH 浓度 2.0mol/L，改性时间 24h，固液比 15：100。

7.3.3　HDTMA 改性沸石的正交试验研究

将正交试验中设计的各因素和各水平列于表 7-19 中，正交试验结果列于表 7-20。按正交试验方案进行试验，将各种因素不同水平时对去除率的影响列于表 7-21 中，表中极差为指标随因素水平变化而变化的最大范围，极差大者是影响反应的重要因素。

表 7-19　HDTMA 改性沸石正交试验因素水平表

因素	水平		
	I	II	III
HDTMA 浓度/%	1.5	2.0	2.5
固液比/（g:mL）	5：100	15：100	25：100
改性时间/h	12	24	36

表 7-20　制备 HDTMA 改性沸石的正交试验表

因素序号	HDTMA 浓度/%	固液比/（g:mL）	改性时间/h	铁去除率/%	锰去除率/%	NH_3-N 去除率/%	COD_{Mn} 去除率/%
1	1.5	5：100	12	70.17	23.68	28.41	36.36
2	1.5	15：100	24	68.85	26.03	33.13	27.27
3	1.5	25：100	36	70.17	23.68	35.5	34.09
4	2. 0	5：100	24	66.2	26.03	37.81	34.09
5	2.0	15：100	36	75.47	28.4	44.97	47.72
6	2.0	25：100	12	80.76	37.87	52.07	52.27
7	2.5	5：100	36	66.2	26.03	40.23	40.91
8	2.5	15：100	12	68.85	30.77	42.6	36.36
9	2.5	25：100	24	64.88	21.30	30.77	31.82

表 7-21　试验结果数据处理表

	水平	因素				水平	因素		
		HDTMA 浓度	固液比	改性时间			HDTMA 浓度	固液比	改性时间
除铁	M_1	209.19	202.57	199.93	除氨氮	M_1	97.04	106.45	101.71
	M_2	222.43	213.17	219.78		M_2	134.85	120.7	123.08
	M_3	199.93	215.81	211.84		M_3	113.6	118.34	120.7
	m_1	69.73	67.52	66.64		m_1	32.35	35.48	33.9
	m_2	74.14	71.06	73.26		m_2	44.95	40.23	41.03
	m_3	66.64	71.94	70.61		m_3	37.87	39.45	40.23
	极差 R	7.50	4.42	6.62		极差 R	12.6	4.75	7.13
	优方案	A_2	B_2	C_2		优方案	A_2	B_2	C_2

续表

水平	因素			水平	因素		
	HDTMA 浓度	固液比	改性时间		HDTMA 浓度	固液比	改性时间
M_1	73.39	75.74	73.36	M_1	97.72	111.36	93.18
M_2	92.3	85.2	78.11	M_2	134.08	111.35	124.99
M_3	78.1	82.85	92.32	M_3	109.09	118.18	122.72
m_1	24.46	25.25	24.45	m_1	32.57	37.13	31.06
m_2	30.77	28.4	26.04	m_2	44.69	37.12	41.66
m_3	26.03	27.62	30.77	m_3	36.36	39.40	40.91
极差 R	6.31	3.15	6.32	极差 R	12.12	2.28	10.60
优方案	A_2	B_2	C_3	优方案	A_2	B_3	C_2

（除锰 / 除有机物）

由表 7-20 和表 7-21 可以看出，根据铁、锰、氨氮和有机物去除率的极差，可知 HDTMA 溶液浓度应为最主要的影响因素，改性时间次之，而固液比对去除效果影响最小。因此，可初步确定其最佳组合为 HDTMA 浓度 2.0%，改性时间 24h，固液比 15∶100。

7.4　改性沸石处理含铁锰地下水性能研究

静态试验研究中，改性沸石对水中铁、锰、氨氮和有机物等污染物质的去除效果不仅与沸石改性后的性能有关还与改性沸石投加量，吸附时间，原水中 pH 等因素有关。试验以上述三种因素为研究对象，研究其对改性沸石去除水样中铁、锰、氨氮和有机物等污染物质的影响，并根据试验结果分析改性沸石的吸附类型和吸附动力学模型。

7.4.1　投加量对改性沸石去除铁和锰效果的影响

试验以铁和锰去除率为评价指标来研究改性沸石投加量对铁和锰去除效果的影响，三种改性沸石投加量的试验条件如下。

（1）NaCl 改性沸石：取 NaCl 改性沸石 0.5g、1.0g、1.5g、2.0g、3.0g、5.0g 分别投加装有 100mL 水样锥形瓶中，pH 为 6.9。放入转速为 140r/min、温度为 25℃的振荡培养箱中振荡 90min，取样后再经转速为 4000r/min 台式离心机离心 10min，取上清液测定溶液中铁和锰的含量。

（2）NaOH 改性沸石：取 NaOH 改性沸石 0.5g、1.0g、2.0g、3.0g、5.0g、10.0g

分别投加装有 100mL 水样锥形瓶中，pH 为 7.2。放入转速为 140r/min、温度为 25
℃的振荡培养箱中振荡 90min，取样后再经转速为 4000r/min 台式离心机离心
10min，取上清液测定溶液中铁和锰的含量。

（3）HDTMA 改性沸石：取 HDTMA 改性沸石 0.5g、1.0g、2.0g、3.0g、5.0g、
10.0g 分别投加装有 100mL 水样锥形瓶中，pH 为 7.2。放入转速为 140r/min、温
度为 25℃的振荡培养箱中振荡 90min，取样后再经转速为 4000r/min 台式离心机
离心 10min，取上清液测定溶液中铁和锰的含量。

1.NaCl 改性沸石投加量对去除铁和锰效果的影响

由图 7.1 可看出，随着 NaCl 改性沸石投加量的增加，铁和锰的去除率也在增
加，但是铁的去除率始终高于锰的去除率。当投量为 5g/L 时，NaCl 改性沸石对
铁和锰去除率分别为 64.72%和 6.53%，此时改性沸石提供的吸附交换位置少，导
致改性沸石对铁和锰的吸附容量很小，去除效果不佳。当投加量为 30g/L 时，NaCl
改性沸石对铁去除率达 83.21%，对锰的去除率达 27.31%。当沸石投加量高于 30g/L
时，铁和锰去除率增加并不明显。综合试验结果可以认为 30g/L 为 NaCl 改性沸石
的理想投加量。由回归方程可知，铁和锰去除率回归曲线均为二阶回归拟合方程，
其相关系数分别为 0.898、0.976，当置信度为 99%时相关系数为 0.834，铁和锰的
相关系数均大于 0.834。

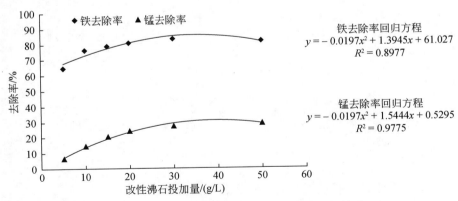

图 7.1　NaCl 改性沸石投加量与铁锰去除率的关系

Fe^{2+} 和 Mn^{2+} 具有相似的化学性质，在与 NaCl 改性沸石接触时发生离子交换
机会相同，但相同试验条件下，Fe^{2+} 和 Mn^{2+} 被氧化去除的速率相差悬殊，原因在
于 Mn^{2+} 最外层电子数是 5 个（3d5），为半充满，不易再失掉电子而被氧化为 Mn^{4+}。
而 Fe^{2+} 最外层电子数是 6 个（3d6），很容易在失掉一个电子而被氧化为 Fe^{3+}。
Mn^{4+}/Mn^{2+} 氧化还原对的标准氧化还原电位为 E_h=1.33V，而 Fe^{3+}/Fe^{2+} 氧化还原电
位为 E_h=0.77V。前者约为后者的 1.6 倍，即前者反应所需的活化能远远高于后者。

氧化生成的 Fe^{3+} 与 OH^- 结合形成带电荷的 $Fe(OH)_3$ 胶体,其数量比锰的胶体数量多。沸石对极性、不饱和、易极化分子具有优先选择吸附作用,极性越强或越易被极化的分子,越易被沸石吸附。$Fe(OH)_3$ 胶体极性强于 Mn^{2+},所以 $Fe(OH)_3$ 胶体先于 Mn^{2+} 和锰的胶体被 NaCl 改性沸石吸附,占据一定的吸附位置,影响锰的吸附效果,所以 NaCl 改性沸石对铁的去除率要高于对锰的去除率。

2.NaOH 改性沸石投加量对去除铁和锰效果的影响

由图 7.2 可看出,随着 NaOH 改性沸石投加量的增加,铁和锰的去除率均明显增加,当投加量为 50g/L 时,NaOH 改性沸石对铁和锰的去除率分别为 85.06% 和 52.71%,当沸石投加量增加到 100g/L 时,铁和锰的去除率分别为 88.16% 和 55.84%,投加量增加一倍但是 NaOH 改性沸石对铁和锰的去除率提高并不明显,因此可以认为 50g/L 是 NaOH 改性沸石的最佳投加量。由回归方程可知,铁和锰去除率回归曲线均为二阶回归拟合方程,其相关系数分别为 0.9115、0.9883,当置信度为 99% 时相关系数为 0.834,铁和锰的相关系数均大于 0.834。

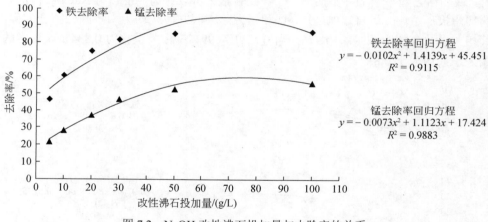

图 7.2　NaOH 改性沸石投加量与去除率的关系

3.HDTMA 改性沸石投加量对去除铁和锰效果的影响

由图 7.3 可看出,随着 HDTMA 改性沸石投加量的增加,单位质量 HDTMA 改性沸石的铁和锰吸附容量减小。当 HDTMA 改性沸石投加量为 50g/L 时,铁和锰的去除效果趋于稳定,去除率分别为 82.13% 和 39.87%。由回归方程可知,铁和锰去除率回归曲线均为二阶回归拟合方程,其相关系数分别为 0.8923、0.9214,当置信度为 99% 时相关系数为 0.834,铁和锰的相关系数均大于 0.834。

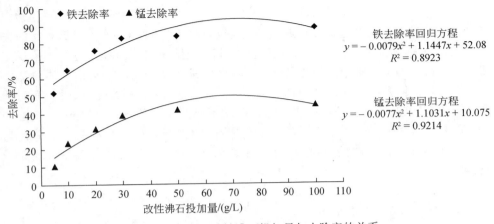

图 7.3　HDTMA 改性沸石投加量与去除率的关系

图 7.1、图 7.2 和图 7.3 上述三种沸石中 NaCl 改性沸石属于盐改性，NaOH 改性沸石为碱改性，HDTMA 改性沸石属于有机改性，在相同投加量时 NaOH 改性沸石对铁和锰的去除效果最佳，NaCl 改性沸石次之，HDTMA 改性沸石最差。

7.4.2　吸附时间对改性沸石去除铁和锰效果的影响

试验的主要内容是研究吸附时间对改性沸石吸附去除水中铁和锰的影响。具体试验方法如下。

（1）NaCl 改性沸石：取 NaCl 改性沸石 3g 分别加入 100mL 水样中，pH 为 7.2，在 25.0℃条件下，放入转速为 140r/min 振荡培养箱中振荡，吸附时间为 10min、30min、60min、90min、120min、180min，取样后再经转速为 4000r/min 台式离心机离心 10min，取上清液测定溶液中铁和锰的含量。

（2）NaOH 改性沸石：取 NaOH 改性沸石 5g 分别加入 100mL 水样中，pH 为 7.0，在 25.0℃条件下，放入转速为 140r/min 振荡培养箱中振荡，振荡时间为 10min、30min、60min、90min、120min、180min，取样后再经转速为 4000r/min 台式离心机离心 10min，取上清液测定溶液中铁和锰的含量。

（3）HDTMA 改性沸石：取 HDTMA 改性沸石 5g 分别加入 100mL 水样中，pH 为 7.3，在 25.0℃条件下，放入转速为 140r/min 振荡培养箱中振荡，吸附时间为 10min、30min、60min、90min、120min、180min，取样后再经转速为 4000r/min 台式离心机离心 10min，取上清液测定溶液中铁、锰、氨氮和有机物的含量。

1.吸附时间对 NaCl 改性沸石去除效果的影响

由图 7.4 可看出，NaCl 改性沸石对铁和锰去除率均随吸附时间的增加而提高，相同吸附时间内铁的去除效果明显好于锰的去除效果。吸附反应初期，铁和锰去除率均随着吸附时间的延长而迅速提高，当吸附时间为 120min 时，对铁和锰的去除率达到最大，而 120min 后，对铁和锰的去除率则出现下降趋势。这是因为反应初期沸石在结构上可吸附交换位置多，吸附交换速度快，反应 120min 基本可达到吸附平衡，继续振荡，吸附交换速度缓慢。反应 120min 时，NaCl 改性沸石对铁去除率达 87.95%，对锰去除率达 35.33%。建议吸附时间选择为 120min。由回归方程可知，铁和锰去除率回归曲线均为二阶回归拟合方程，其相关系数分别为 0.921、0.955，当置信度为 99%时相关系数为 0.834，铁和锰的相关系数均大于 0.834。

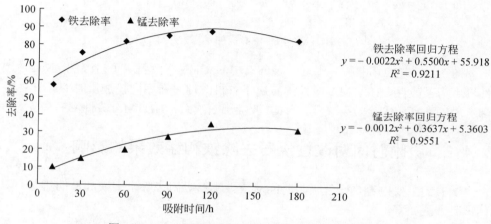

铁去除率回归方程
$y = -0.0022x^2 + 0.5500x + 55.918$
$R^2 = 0.9211$

锰去除率回归方程
$y = -0.0012x^2 + 0.3637x + 5.3603$
$R^2 = 0.9551$

图 7.4　NaCl 改性沸石吸附时间与铁锰去除率的关系

2.吸附时间对 NaOH 改性沸石去除效果的影响

由图 7.5 可看出，NaOH 改性沸石对铁和锰去除率均随吸附时间的增加而提高，但曲线变化规律有所不同。在吸附时间为 10min 时，NaOH 改性沸石对铁的去除率迅速增加到 57.25%，而对锰的去除率只有 9.31%，说明在相同试验条件下，二价铁离子氧化速率远远高于锰的氧化速率。当吸附时间为 60min 时铁的去除率为 85.46%；当吸附时间为 120min 时，铁的去除率最高（89.89%）；当吸附时间为 180min 时，铁的去除率为 88.78%，吸附时间增加了 120min 但是铁的去除率只增加了 3.32%，在吸附时间进行到 60min 时，NaOH 改性沸石对铁的去除率已经趋于稳定。当吸附时间为 120min 时，NaOH 改性沸石对锰的去除率趋于稳定，此时锰的去除率为 52.71%。由回归方程可知，铁和锰去除率回归曲线均为二阶回归拟合方程，其相关系数分别为 0.9133、0.9987，当置信度为 99%时相关系数为 0.834，铁和锰的相关系数均大于 0.834。

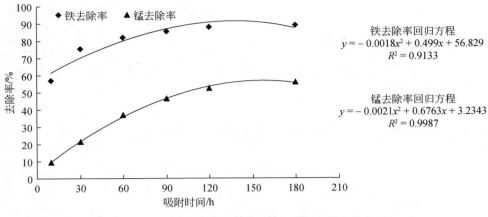

图 7.5　NaOH 改性沸石吸附时间与铁锰去除率的关系

3.吸附时间对 HDTMA 改性沸石去除效果的影响

由图 7.6 可看出，HDTMA 改性沸石对铁、锰、氨氮和有机物去除率随着吸附时间的延长而增加。在相同吸附时间内 HDTMA 改性沸石对铁的去除效果最好，其次是氨氮，对锰的吸附去除效果最差。当吸附时间为 120min 时，HDTMA 改性沸石对铁、锰、氨氮和有机物去除率分别为 84.72%、39.59%、54.01%和48.00%；当吸附时间为 180min 时 HDTMA 改性沸石对铁、锰、氨氮和有机物去除效果趋于稳定。因此吸附时间选择 180min，从而来研究改性沸石的吸附性能。由回归方程可知，铁、锰、氨氮和有机物去除率回归曲线均为二阶回归拟合方程，其相关系数分别为 0.9982、0.9809、0.9788、0.9755，当置信度为 99%时相关系数为 0.834，铁、锰、氨氮和有机物的相关系数均大于 0.834。

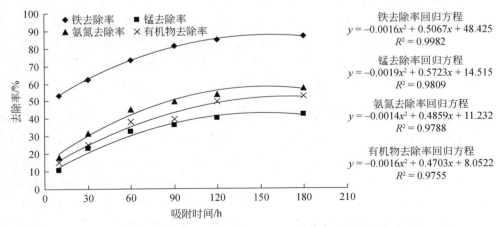

图 7.6　HDTMA 改性沸石吸附时间与去除率的关系

由图 7.4、图 7.5 和图 7.6 可知，在相同的吸附时间内，三种改性沸石对铁的去除效果明显好于对锰的去除效果，三种改性沸石中 NaOH 改性沸石对铁和锰的去除效果最佳，其次是 HDTMA 改性沸石，NaCl 改性沸石最差。沸石对极性、不饱和、易极化分子具有优先选择吸附作用，极性越强或越易被极化的分子，越易被沸石吸附。

7.4.3 原水 pH 对改性沸石去除效果的影响

在地下水除铁除锰过程中，pH 是影响铁和锰去除的关键因素，pH 越高，Fe^{2+} 和 Mn^{2+} 的氧化速率越快，铁和锰越容易被去除，所以，在地下水除铁除锰的早期研究中都将提高地下水的 pH 作为去除铁和锰的首要条件，为此采用回归分析的方法对试验数据进行处理。试验的主要内容是研究原水的 pH 对改性沸石去除铁、锰、氨氮和有机物的影响。具体的试验方法如下。

（1）NaCl 改性沸石：取 NaCl 改性沸石 3.0g 分别加入 100mL 水样中，用浓度 1.0mol/L 的 HCl 和 1.0mol/L NaOH 调节 pH，取 6 个 100mL 原水水样，保留一个原始值（pH 6.90），其余水样 pH 分别调至 2.01、3.92、5.70、8.20、10.16。放入振荡培养箱中振荡 120min，取样后再经台式离心机离心，取上清液测定溶液中铁、锰、氨氮和有机物的含量。

（2）NaOH 改性沸石：取 NaOH 改性沸石 5.0g 分别加入 100mL 水样中，用浓度 1.0mol/L 的 HCl 和 1.0mol/L NaOH 调节 pH，取 10 个 100mL 原水水样，保留一个原始值（pH 7.10），其余水样 pH 分别调至 2.10、3.11、4.14、5.13、6.05、8.26、9.13、10.27 和 11.01。放入振荡培养箱中振荡 120min，取样后再经台式离心机离心，取上清液测定溶液中铁、锰、氨氮和有机物的含量。

（3）HDTMA 改性沸石：取 HDTMA 改性沸石 5g 分别加入 100mL 水样中，用浓度 1.0mol/L 的 HCl 和 1.0mol/L NaOH 调节 pH，取 10 个 100mL 原水水样，保留一个原始值（pH 7.15），其余水样 pH 分别调至 2.03、3.28、4.10、5.23、6.23、8.26、9.30、10.12 和 11.25。放入振荡培养箱中振荡 180min，取样后再经台式离心机离心，取上清液测定溶液中铁、锰、氨氮和有机物的含量。

1.原水 pH 对 NaCl 改性沸石去除效果的影响

由图 7.7 可知，原水的 pH 对 NaCl 改性沸石去除铁、锰、氨氮和有机物有显著的影响，随着 pH 的升高，铁和锰去除率明显增加，氨氮和有机物去除率呈先增加后下降的规律。pH 为 6.90 时，铁、锰、氨氮和有机物的去除率分别 83.80%、33.16%、57.21%、45.95%，当原水中的 pH 为 6.90～10.16 时，氨氮和有机物的去除率下降，pH 为 10.16 时氨氮和有机物去除率为 36.23%、16.22%。铁、锰、氨氮和有机物去除率回归曲线均为二阶回归拟合方程，其相关系数分别为 0.9876、

0.9945、0.7195、0.8495，当置信度为 99% 和 95% 时相关系数分别为 0.834 和 0.707，铁、锰和有机物的相关系数大于 0.834，氨氮的小于 0.834，但是大于 0.707。

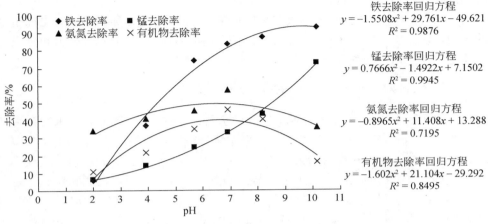

铁去除率回归方程
$y = -1.5508x^2 + 29.761x - 49.621$
$R^2 = 0.9876$

锰去除率回归方程
$y = 0.7666x^2 - 1.4922x + 7.1502$
$R^2 = 0.9945$

氨氮去除率回归方程
$y = -0.8965x^2 + 11.408x + 13.288$
$R^2 = 0.7195$

有机物去除率回归方程
$y = -1.602x^2 + 21.104x - 29.292$
$R^2 = 0.8495$

图 7.7　pH 与 NaCl 改性沸石去除率的关系

氨氮在水中以氨（NH_3）和铵（NH_4^+）两种形态存在，并且在复杂的水环境条件下不断按式（7.1）相互转化为动态平衡。当氨溶于水时，其中一部分氨与水反应生成铵离子，一部分形成水合氨，也称非离子氨。

$$NH_3\,(g) + nH_2O\,(L) \rightleftharpoons NH_3 \cdot nH_2O \rightleftharpoons NH_4^+ + OH^- + (n-1)\,H_2O \quad (7.1)$$

在酸性环境中，氨氮主要以 NH_4^+ 的形式存在，H^+ 与 NH_4^+ 发生竞争，由于 H^+ 的含量较大，消弱了 NH_4^+ 的离子交换能力，使沸石对氨氮的去除效果降低。在碱性环境中氨以水合氨的形式存在，水合氨本身不带电荷，很难被 NaCl 改性沸石吸附，也很难与 NaCl 改性沸石中的 Na^+ 发生离子交换。因此在酸性环境和碱性环境中氨氮的去除效果都不理想，只有在中性环境中，氨氮才能达到较好的去除效果。

在不同的 pH 下，NaCl 改性沸石对有机物去除率的规律和氨氮相似，但是氨氮的去除效果要优于有机物。研究表明，有机物的去除主要是依靠其余吸附剂之间的静电力与亲和力，从图 7.7 可以看出只有在中性条件下，有机物和吸附剂才能表现出较强的静电力与亲和力，在 pH 为 6.9 时，有机物的去除率为 45.95%。

pH 对 NaCl 改性沸石除铁和锰也有明显的影响，当 pH 小于 5 时，二价铁离子很难发生氧化作用，离子交换作用也受影响，去除率偏低；当 pH 为 6.0～8.0 时二价铁与三价铁并存，有氢氧化铁胶体生成，一部分氢氧化铁胶体被改性沸石表面吸附，依靠改性沸石的表面截留能力去除，属于物理性吸附，同时还有离子交换的化学吸附对铁的去除率增大；当 pH 大于 8 时，二价铁迅速被氧化为三价铁，三价铁离子可与 OH^- 结合生成大量氢氧化铁胶体，发生胶体凝聚现象，去除率上升，属于空气-碱化氧化除铁，铁的去除率明显增大。所以只有在 pH 小于 8 时才属于改性沸石的吸附和离子交换除铁，锰与铁去除机理一致。因此在偏酸性或者偏碱性水环境中二价铁和二价锰化学平衡都会受到影响。

综上可知，原水的 pH 对 NaCl 改性沸石除铁、锰、氨氮和有机物有比较明显的影响，只有在中性环境中，NaCl 改性沸石才能表现出较好的吸附能力和离子交换能力，地下水中的铁和锰等污染物质才能很好地去除。

2.原水 pH 对 NaOH 改性沸石去除效果的影响

由图 7.8 可知，原水 pH 对 NaOH 改性沸石去除铁、锰、氨氮和有机物有明显的影响，随着 pH 的升高，铁和锰的去除率始终呈现出增加的趋势，在 pH 为 2.10～7.10 酸性环境中氨氮和有机物去除率呈增加趋势，在 pH 值 7.10～11.01 的碱性环境中氨氮和有机物的去除率呈下降趋势，只有在中性环境中，氨氮和有机物的去除效果最佳。在 pH 为 7.10 时，铁、锰、氨氮和有机物的去除率分别为 80.45%、49.70%、58.32%和 57.89%，NaOH 改性沸石中性环境对铁、氨氮和有机物的去除效果优于对锰的去除效果。铁、锰、氨氮和有机物的去除率回归曲线均为二阶回归拟合方程，其相关系数分别为 0.9803、0.9873、0.8527、0.9008，当置信度为 99% 时相关系数为 0.834，铁、锰、氨氮和有机物的相关系数均大于 0.834。

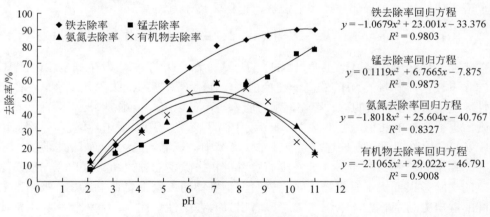

铁去除率回归方程
$y = -1.0679x^2 + 23.001x - 33.376$
$R^2 = 0.9803$

锰去除率回归方程
$y = 0.1119x^2 + 6.7665x - 7.875$
$R^2 = 0.9873$

氨氮去除率回归方程
$y = -1.8018x^2 + 25.604x - 40.767$
$R^2 = 0.8327$

有机物去除率回归方程
$y = -2.1065x^2 + 29.022x - 46.791$
$R^2 = 0.9008$

图 7.8　pH 与 NaOH 改性沸石去除率的关系

3.原水 pH 对 HDTMA 改性沸石去除效果的影响

由图 7.9 可知，原水的 pH 对 HDTMA 改性沸石去除铁、锰、氨氮和有机物有比较明显的影响，随着 pH 的升高，铁和锰的去除率始终呈现增加的趋势，在酸性环境中氨氮和有机物去除率呈增加趋势，在碱性环境中氨氮和有机物的去除率呈下降趋势，只有在中性环境中，氨氮和有机物的去除效果最佳，在 pH 为 7.15

时，氨氮和有机物的去除率分别为 58.32%和 40.80%。在 pH 为 7.10 时，铁和锰的去除率分别为 80.45%和 49.70%。HDTMA 改性沸石在中性环境中对铁、锰和氨氮的去除效果优于对有机物的去除效果。铁、锰、氨氮和有机物去除率回归曲线均为二阶回归拟合方程，其相关系数分别为 0.9845、0.9876、0.8606、0.8936，当置信度为 99%时相关系数为 0.834，铁、锰、氨氮和有机物的相关系数均大于 0.834。

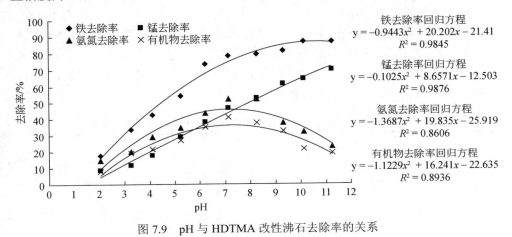

铁去除率回归方程
$y = -0.9443x^2 + 20.202x - 21.41$
$R^2 = 0.9845$

锰去除率回归方程
$y = -0.1025x^2 + 8.6571x - 12.503$
$R^2 = 0.9876$

氨氮去除率回归方程
$y = -1.3687x^2 + 19.835x - 25.919$
$R^2 = 0.8606$

有机物去除率回归方程
$y = -1.1229x^2 + 16.241x - 22.635$
$R^2 = 0.8936$

图 7.9　pH 与 HDTMA 改性沸石去除率的关系

7.4.4　沸石吸附等温性分析

1.改性沸石对水中铁锰和氨氮的吸附效果分析

通过对改性沸石与天然沸石除铁、锰和氨氮的吸附试验研究，考察在不同铁、锰和氨氮浓度条件下，改性沸石与天然沸石对铁、锰、氨氮的去除效果。分别采用 NaOH、NaCl 和 HDTMA 对天然沸石进行改性，通过静态吸附试验，对比三种改性沸石和天然沸石对铁、锰和氨氮的去除率和吸附容量。

试验方法如下：称取三份经表面预处理的沸石各 45g，分别加入 500mL 浓度为 2mol/L 的 NaCl 溶液和 500mL 浓度为 2mol/L 的 NaOH 溶液及 500mL 浓度为 2%的 HDTMA 溶液中进行浸泡，每隔 1h 放在多频头磁力搅拌器搅拌 5min，浸泡 24h 后，用去离子水清洗至中性，然后将沸石在 105℃下烘干制得 NaCl、NaOH、HDTMA 改性沸石。取 1.0g 改性沸石投入 100mL 水样中，水样 pH 为 6.5～7.1，用 250mL 锥形瓶在温度为 25℃转速为 140r/min 的振荡培养箱中振荡 120min，再经转速为 4000r/min 台式离心机离心 10min，取上清液测定溶液中铁、锰和氨氮的含量，比较不同改性沸石及天然沸石对不同浓度铁、锰和氨氮的去除效果。

由表 7-22～表 7-24 和图 7.10～图 7.12 可看出，在不同铁、锰和氨氮的初始质量浓度条件下，NaCl 改性沸石、NaOH 改性沸石和 HDTMA 改性沸石对铁，锰和氨氮的去除效果都优于天然沸石，其中 NaCl 改性沸石对氨氮有较好的去除效果，原水氨氮质量浓度为 2.157mg/L 时，NaCl 改性沸石对氨氮的去除率为 70.00%，随着原水氨氮质量浓度的增加，氨氮去除率在下降、吸附量在平缓增加，但是在原水氨氮质量浓度为 50.878mg/L 时，NaCl 改性沸石对氨氮的去除率仍为 40.68%，吸附容量达到了 2.070mg/g；原水氨氮质量浓度为 30.685mg/L 时，HDTMA 改性沸石对氨氮的去除效果比天然沸石差。在原水氨氮质量浓度小于 30.685mg/L 时，三种改性沸石中 NaCl 改性沸石去除氨氮的效果最好，NaOH 改性沸石次之，再次是 HDTMA 改性沸石，天然沸石最差。

表 7-22　三种改性沸石及天然沸石对铁的吸附效果及吸附量

$\rho/$ （mg/L）					$q_e/$ （mg/g）			
$\rho_{原水}$	$\rho_{天然}$	$\rho_{NaCl\,改性}$	$\rho_{NaOH\,改性}$	$\rho_{HDTM\,改性}$	$q_{e\,天然}$	$q_{eNaCl\,改性}$	$q_{eNaOH\,改性}$	$q_{eHDTMA\,改性}$
2.23	1.13	0.63	0.38	0.78	0.11	0.16	0.19	0.15
10.36	6.10	4.09	2.89	4.74	0.43	0.63	0.75	0.56
20.32	13.80	9.18	8.18	11.49	0.65	1.11	1.21	0.88
30.35	23.03	18.51	15.10	20.52	0.73	1.32	1.52	0.98
39.51	30.73	25.46	21.20	27.47	0.88	1.50	1.83	1.20
51.29	42.27	33.74	29.22	36.25	0.90	1.76	2.21	1.50

表 7-23　三种改性沸石及天然沸石对锰的吸附效果及吸附量

$\rho/$ （mg/L）					$q_e/$ （mg/g）			
$\rho_{原水}$	$\rho_{天然}$	$\rho_{NaCl\,改性}$	$\rho_{NaOH\,改性}$	$\rho_{HDTMA\,改性}$	$q_{e\,天然}$	$q_{eNaCl\,改性}$	$q_{eNaOH\,改性}$	$q_{eHDTMA\,改性}$
2.16	1.16	1.21	1.09	1.44	0.05	0.10	0.11	0.07
10.67	8.29	6.80	5.97	7.45	0.24	0.39	0.47	0.32
20.62	16.57	14.67	12.66	14.91	0.40	0.60	0.80	0.57
30.38	25.14	22.28	19.31	23.35	0.52	0.81	1.11	0.70
40.24	33.40	29.83	25.96	31.64	0.68	1.04	1.43	0.86
51.06	41.73	37.56	32.80	39.64	0.83	1.25	1.73	1.04

表 7-24　三种改性沸石及天然沸石对氨氮的吸附效果及吸附量

ρ/（mg/L）					q_e/（mg/g）			
$\rho_{原水}$	$\rho_{天然}$	$\rho_{NaCl改性}$	$\rho_{NaOH改性}$	$\rho_{HDTMA改性}$	$q_{e天然}$	$q_{eNaCl改性}$	$q_{eNaOH改性}$	$q_{eHDTMA改性}$
3.57	1.86	1.07	1.41	1.64	0.17	0.25	0.22	0.19
10.94	6.40	4.13	5.04	5.83	0.45	0.68	0.59	0.51
20.76	13.39	9.56	11.12	12.54	0.74	1.12	0.96	0.82
30.69	20.90	16.65	17.64	21.33	0.98	1.40	1.30	0.94
41.24	29.05	23.38	24.23	29.33	1.22	1.79	1.70	1.19
50.88	36.13	30.18	31.31	38.12	1.47	2.07	1.96	1.28

注：ρ 为污染物质含量；q_e 为吸附量

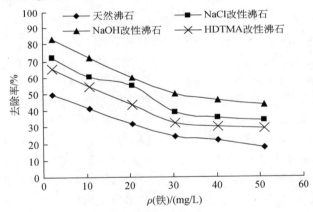

图 7.10　原水铁浓度与去除率的关系

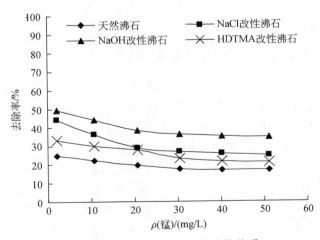

图 7.11　原水锰浓度与去除率的关系

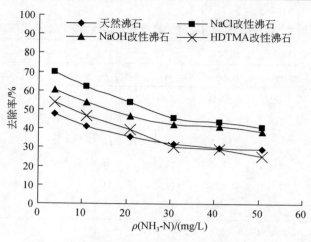

图 7.12　原水氨氮浓度与去除率的关系

当原水铁的浓度大于 30mg/L 时,改性沸石和天然沸石对铁的去除率趋于平缓,当原水锰的质量浓度大于 20mg/L 时,改性沸石和天然沸石对铁的去除率趋于平缓,但是都有下降的趋势。随着原水中铁和锰质量浓度的增加,在相同原水质量浓度条件下,三种改性沸石对铁和锰的去除率仍大于天然沸石对铁和锰的去除率。原水铁质量浓度为 2.233mg/L,锰的质量浓度为 2.157mg/L 时,NaOH 改性沸石对铁的去除率为 83.09%,对锰的去除率为 49.65%,经吸附处理后的水中铁含量仅为 0.378mg/L,接近于《生活饮用水卫生标准》(GB 5749-2006)规定铁的最高允许浓度(0.3mg/L),使铁的含量趋向达标。随着水中铁和锰质量浓度的增加,改性沸石和天然沸石对铁和锰的吸附容量也在增加。在相同原水质量浓度条件下,改性沸石对铁和锰的吸附容量均大于天然沸石对铁和锰的吸附容量。在三种改性沸石中 NaOH 改性沸石去除铁和锰的效果最好,NaCl 改性沸石次之,HDTMA 改性沸石稍差,天然沸石最差。

2.NaOH 改性沸石吸附等温线及其吸附类型

吸附即为在相界面上,物质的浓度自动发生累积或浓集的现象。根据固体表面吸附力的不同,吸附可分为物理吸附和化学吸附两种类型,物理吸附是吸附剂与吸附质之间通过分子间力即范德华力产生的吸附,在吸附中没有电子转移、原子重新排列、化学键生成等现象,也没有化学作用,物理吸附可形成单分子吸附层或多分子吸附层,其吸附是可逆的;化学吸附是由化学键引起的吸附剂和吸附质之间发生的化学作用,因此吸附只能形成单分子吸附层,当化学键力大时,化学吸附是不可逆的。

吸附剂在溶液中的吸附是使溶液中的吸附质浓集到吸附剂表面上的动态过程。当留在溶液中吸附质的浓度与吸附剂表面上吸附质的浓度都不再改变时,吸附过程达到平衡。达到平衡时，吸附质吸附在吸附剂表面上的浓度和其存留在溶液中的浓度按一定的规律分布，两者的分布规律是测定吸附过程中平衡位置的关键，用 q_e 和 C_e 之间的函数关系来描述此分布规律，其中 q_e 代表单位重量的吸附剂所吸附的吸附质重量，C_e 代表吸附质的平衡浓度（$C_e=C_0-C$）。关系式如下

$$q_e=\frac{C_0-C}{m}V \tag{7.2}$$

式中，q_e 为吸附容量（mg/g）；C_0 为原水中吸附质的浓度（mg/L）；C 为吸附平衡时溶液中剩余的吸附质浓度（mg/L）；V 为水样的体积（L）；m 为吸附剂的质量（g）。

在温度一定的条件下，吸附量会随吸附质平衡浓度的提高而增加。为了将二者函数关系形象表达出来，用吸附容量 q_e 随吸附质平衡浓度 C_e 变化的曲线，即吸附等温曲线来表达。吸附等温曲线是描述吸附过程最常用的基础数据。不同的吸附过程可能表现出不同的吸附行为，吸附等温线模型有多种，常见的吸附等温线有两种，即 Langmuir、Freundlich 吸附等温线。下面以 NaOH 改性沸石为研究对象。

Langmuir 平衡式：

$$q_e=abC_e/（1+bC_e） \tag{7.3}$$

上式两边取倒数并乘以 C_e：

$$C_e/q_e=1/ab + C_e/a \tag{7.4}$$

Freundlich 平衡式：

$$q_e=KC_e^{1/n} \tag{7.5}$$

上式两边取对数：

$$\lg q_e=\lg K+（1/n）\lg C_e \tag{7.6}$$

利用上式，根据表 7-22～表 7-24 给出的数据，绘制 NaOH 改性沸石对铁和锰的吸附等温线，C_e 为吸附质平衡浓度，结果见图 7.13、图 7.14 及表 7-25。

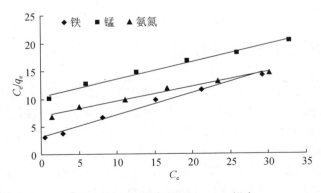

图 7.13　试验数据的 Langmuir 拟合

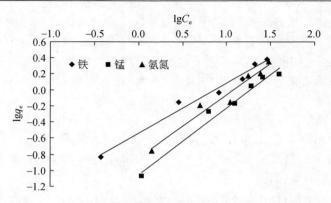

图 7.14　试验数据的 Freundlich 拟合

表 7-25　NaOH 改性沸石吸附等温线拟合参数表

去除物质	Langmuir 方程			Freundlich 方程		
	a	b	R_{L}^2	K	$1/n$	R_{F}^2
铁	2.5316	0.1253	0.9872	0.2885	0.6228	0.9810
锰	3.2457	0.0294	0.9852	0.0897	0.8269	0.9763
氨氮	3.8139	0.0377	0.9847	0.1423	0.7854	0.9603

　　由表 7-25 和图 7.13、图 7.14 可知,比较 NaOH 改性沸石两种吸附等温线,其相关系数均大于 0.9,但 Langmuir 吸附等温式的相关系数略大于 Freundlich 吸附等温式,且相差小于 0.01。这说明 NaOH 改性沸石对铁、锰和氨氮的吸附能更好地满足 Langmuir 等温曲线规律,在对铁、锰和氨氮的吸附过程中主要表现出改性沸石的化学吸附特性,属于单分子层吸附,但同时也存在物理性吸附。

7.4.5　NaOH 改性沸石吸附动力学

　　在 NaOH 改性沸石投加量为 10g/L,pH 为 7.1,铁初始浓度分别为 1.0 mg/L、2.0mg/L、4.0mg/L,锰的初始浓度为 0.5mg/L、1.0mg/L、2.0mg/L,吸附时间分别为 10min、30min、60min、90min、120min、180min 的条件下进行吸附试验,结果如图 7.15 和图 7.16 所示。

　　由图 7.15 和图 7.16 可知,吸附反应初期,随着反应时间的进行,NaOH 改性沸石对铁和锰的去除率快速增加,120min 时对锰初始浓度为 0.5mg/L、1.0mg/L、2.0mg/L 的去除率分别为 57.96%、50.90%、43.88%,对铁初始浓度为 1.0mg/L、

2.0mg/L、4.0mg/L 的去除率分别为 88.54%、84.45%、74.48%，这可能是由于吸附初期对铁和锰的吸附反应主要发生在沸石的表面和孔道的内表面，改性沸石结构上可用的吸附交换位置多，对铁和锰的吸附交换速度快；吸附后期，吸附受扩散控制，吸附反应可能主要发生在改性沸石孔道的内表面，吸附时间在 120min 左右可达到吸附平衡。

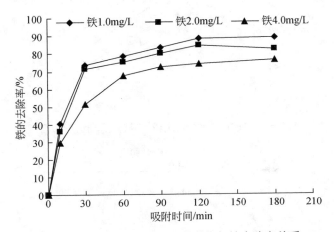

图 7.15　NaOH 改性沸石吸附时间与铁去除率关系

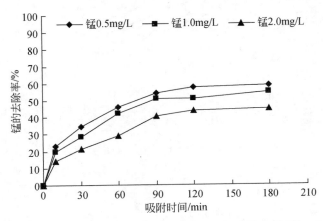

图 7.16　NaOH 改性沸石吸附时间与锰去除率关系

通常采用 Langergren 一级反应速率模型和 Langergren 二级反应速率模型来描述吸附动力学，结果如图 7.17～图 7.20 所示。

吸附的吸附速率常数 k_1 通过 lg（q_e-q_t）时间 t 的线性关系求得，吸附速率常数 k_2 则由 t/q_t 与时间 t 的线性关系求得。分析数据见表 7-26。

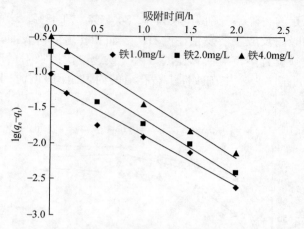

图 7.17　NaOH 改性沸石吸附除铁一级动力学拟合

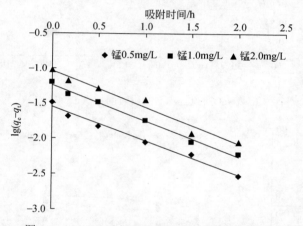

图 7.18　NaOH 改性沸石吸附锰一级动力学拟合

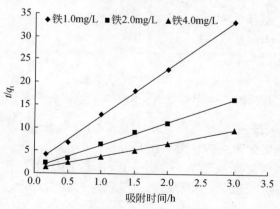

图 7.19　NaOH 改性沸石吸附铁二级动力学拟合

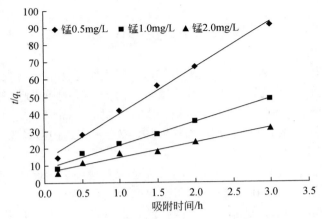

图 7.20　NaOH 改性沸石吸附锰二级动力学拟合

表 7-26　NaOH 改性沸石吸附铁锰的各种动力学方程拟合情况

去除物质	浓度 C_0/（mg/L）	一级动力学方程		二级动力学方程	
		k_1	R^2	k_2	R^2
铁	1	0.809	0.982	53.918	0.999
	2	0.793	0.972	22.524	0.997
	4	0.698	0.949	12.358	0.999
锰	0.5	0.518	0.967	69.353	0.992
	1	0.506	0.971	31.562	0.989
	2	0.481	0.985	18.229	0.976

　　根据吸附理论，影响吸附速率的因素包括：吸附质在溶液中的扩散和转移作用、吸附剂表面对离子的吸附作用、吸附剂孔结构和表面性能的变化，以及内部沉淀物的合成与沉淀物分子间的作用等。在吸附过程中主要有两个速度控制步骤，一个是吸附质由液相向固相传质，即表面扩散；另一个是吸附质在吸附剂颗粒内部的扩散过程，即内扩散。

　　由图 7.17～图 7.20 和表 7-26 可知，在试验条件下，NaOH 改性沸石吸附铁和锰的动力学曲线采用一级动力学方程和二级动力学方程模型拟合，对比拟合相关系数 R^2，二级动力学模型拟合效果更好，拟合度均达到了显著水平，铁的吸附相关系数 R^2 在 0.997～0.999，锰的吸附相关系数 R^2 在 0.976～0.992。铁和锰在 NaOH 改性沸石内的扩散并不是沸石吸附过程唯一控制步骤，同时还受到 NaOH 改性沸石外表面扩散过程的影响。

7.5　本　章　小　结

（1）通过天然沸石粒径选择试验可知，粒径大小是影响沸石吸附去除水中污染物质的一个因素，沸石粒径越小其去除水中污染物质的效果越好。但是在实际工业生产中粒径太大或太小都不好，粒径太大吸附的表面积会减少，吸附容量降低，粒径太小，水流阻力增大，滤料损耗增加，综合考虑选用粒径为 0.80～1.25mm 沸石作为改性沸石的研究对象。

（2）通过沸石投加量试验可知，随着天然沸石投加量的增加，铁和锰的去除效果越好，在投加量为 80g/L 时，铁和锰的去除效果较好。

（3）通过改性剂选择试验可知，改性沸石对铁和锰的去除效果要优于天然沸石，试验以 NaCl、NaOH、HDTMA 三种物质作为改性剂作来研究改性沸石的性能，天然沸石不适合进行涂层法改性。

（4）通过改性沸石最佳制备条件的单因素试验和多因素正交试验可知，三种因素中改性剂浓度对 NaCl 改性沸石、NaOH 改性沸石、HDTMA 改性沸石去除水样中铁，锰，氨氮和有机物等物质影响最大，其次是改性时间，固液比影响最小。

（5）NaCl 改性沸石最佳的制备条件分别为 NaCl 浓度 2.0mol/L，改性时间 24h，固液比 15∶100；NaOH 改性沸石最佳的制备条件分别为 NaOH 浓度 2.0mol/L，改性时间 24h，固液比 15∶100；HDTMA 改性沸石最佳的制备条件分别为 HDTMA 浓度 2.0%，改性时间 24h，固液比 15∶100。

（6）NaCl 改性沸石、NaOH 改性沸石、HDTMA 改性沸石对铁和锰的去除率随投加量的增加而提高。改性沸石的投加量分别为 30g/L、50g/L、50g/L 时，对铁和锰的去除效果最佳，铁的去除率分别达到 83.21%、85.06% 和 88.37%，锰的去除率分别达到 27.31%、52.71% 和 44.44%。

（7）NaCl 改性沸石、NaOH 改性沸石、HDTMA 改性沸石对铁和锰的去除率均随吸附时间的延长而增加，当 NaCl 改性沸石、NaOH 改性沸石吸附时间为 120min，HDTMA 改性沸石吸附时间为 180min 时，铁和锰去除率趋于稳定，其后延长吸附时间铁和锰的去除率提高不明显，特别是 NaCl 改性沸石，当吸附时间延长到 120min 后对铁和锰的吸附效果略有下降，因为吸附在 NaCl 改性沸石表面上的铁和锰脱落，铁和锰的去除率下降。三种改性沸石在吸附时间为 120min 时铁的去除率分别为 87.95%，89.89% 和 84.72%，锰的去除率分别为 35.33%、52.71% 和 39.59%。

（8）原水 pH 是影响改性沸石除铁除锰的关键因素，pH 偏低和 pH 偏高都能比较明显地影响铁和锰的去除率，pH 小于 5 时二价铁氧化速率很低，离子交换能力也受影响，铁的去除率也比较低，二价锰在 pH 小于 7 时去除率比较低。当 pH 大于 8 时二价铁极容易被氧化为三价铁，生成大量氢氧化铁的絮体，为碱化 - 空气氧化除铁，生成沉淀并在离心过程中去除。原水 pH 为中性时，NaCl 改性沸石、NaOH 改性沸石、HDTMA 改性沸石对铁，锰，氨氮和有机物去除效果最佳。

（9）通过回归分析可知，二阶回归曲线能很好地描述改性沸石投加量、吸附时间、原水 pH 与铁，锰，氨氮和有机物去除率的关系。

（10）NaOH 改性沸石对铁锰和氨氮的吸附能更好地满足 Langmuir 吸附等温线，在对铁、锰和氨氮的吸附过程中主要表现出改性沸石的化学吸附特性，属于单分子层吸附。二级动力学方程能很好地描述 NaOH 改性沸石对铁和锰的吸附反应速率。铁和锰在 NaOH 改性沸石内的扩散并不是沸石吸附过程唯一控制步骤，同时还受到 NaOH 改性沸石外表面扩散过程的影响。在吸附初期，铁和锰的吸附反应主要同时发生在沸石表面和孔道的内表面，改性沸石结构上可用来吸附交换位置多，对铁和锰的吸附交换速度快；吸附后期，吸附受扩散控制，吸附反应主要发生在改性沸石孔道的内表面，对铁和锰的吸附交换速度趋于平缓，吸附时间在 120min 左右改性沸石可达到吸附平衡。

（11）三种改性沸石中以 NaCl 改性沸石去除氨氮的效果最好，NaOH 改性沸石次之，其次是 HDTMA 改性沸石，天然沸石最差；三种改性沸石中以 NaOH 改性沸石去除铁和锰的效果最好，NaCl 改性沸石次之，其次是 HDTMA 改性沸石，天然沸石最差。

第8章 微污染含氟地下水生物处理技术

8.1 地下水中氟的区域分布特征

我国水资源总量约为 2.8 万亿 m³，地下水占水资源总量的 28.6%（卢耀如，2013；王占生和刘文君，1999）。地下水资源由于其分布广、水质好、不易被污染、调蓄能力强等特点，在我国水资源中占有举足轻重的地位，并被越来越广泛地开发和利用。但同时，由于自然、人为等多方面的原因，在地下水的开发利用过程中还存在着诸多的问题和矛盾，这其中包括地下水某些元素超标造成的水资源利用难度加大等问题。在我国，含铁锰的地下水分布甚广，且东北、华北、西北地区，地下水水源铁、锰含量严重超标，同时，地下水中氟超标的情况也相当常见，不符合人民的正常生活甚至工农业生产的要求，需经处理才能满足要求。

现行的《生活饮用水卫生标准》（GB 5749—2006）中规定：生活饮用水中氟浓度限值为：氟<1.0mg/L。以此为基准划出我国大陆地区地下水氟超标区域。从分布特征来看，地下水氟浓度超标的重点区域包括内蒙古和宁夏大部分地区、青海、甘肃、陕西的中北部、河北南部和山东西北部，以及吉林和黑龙江的西部地区。通过对分布区域的分析，可以看出在陕西、甘肃的北部、内蒙古的中北部及山东西北部地区，地下水中存在高氟问题。

8.2 水中氟的危害及用水标准

氟化物具有防龋齿作用，每人每日摄入的氟总量为 3.0～4.5mg，其中 60%～70%的氟来自饮水，机体对饮水中的氟吸收率高达 90%。当膳食中缺钙或属于低营养状态时，更可增进氟的吸收。然而在防龋同时，长期过量的摄入氟对人体健康的危害却被忽略了，它可引起氟牙症，甚至产生氟骨症。有报道指出，当饮用水中氟浓度为 1.5～2.0mg/L 时，会出现极轻度或轻度氟斑牙。也有报道表明，饮水中氟浓度为 0.9～1.2mg/L 时，轻度氟斑牙发病率为 12%～33%。当从饮水以外的途径（如食物和空气）摄入的氟增加时，饮水中氟浓度低于 1.5mg/L 时也可能发生氟斑牙。饮水中氟浓度为 3.0～6.0mg/L 时可引起氟骨病，10mg/L 以上可引起残疾性氟骨症（沈辉，2005；刘小圆，1989）。氟还可以引起其他生化影响和急性中毒。氟在生化方面的影响至少有以下四个方面（Gosselin et al.，1984）：①抑制控制糖元分解和其他关键酶解途径蛋白酶的生成；②氟与钙结合沉积而引起钙血过少；③引起血压过低或循环系统波动造成心血管功能衰竭；④对特定器官如脑、肾的损害。

急性中毒发生在经口摄入过量氟化物之后，通常是自杀、他杀或误食引起的。3～5g 的氟化钠曾引起多起中毒事件。急性中毒的典型症状是严重胃痛、肠痉挛、呕吐含血物质、血性腹泻、明显失水（体液损失）和有低血钙引起的癫痫发作。摄入氟化钠数小时后就可发生抽搐（瓦尔德博特，1984）。

中国是世界上地方性氟中毒危害严重的国家，不仅有饮水型，还有燃煤型和饮茶型，威胁人口多，防治任务繁重（赵丽军等，2011；郝阳等，2002）。根据我国调查，建议 7～12 岁儿童适宜和安全的总摄氟量分别为每人每日 1.9mg 和2.1mg；成人最大安全总摄氟量为每人每日 3.4mg（张莉平和习晋，2006）。我国《生活饮用水卫生规范》规定，氟化物的限值为 1.0mg/L。这是综合考虑了氟对人体的影响、氟的防龋作用及我国广大的高氟区饮水进行除氟和更换水源所付出的经济代价后，得到合适且安全的标准。

8.3　地下水中氟的存在形式及其性质

氟是自然界中非常活泼的一种元素，在构成地壳的各种元素中居第十三位，占地壳总量的 0.077%（蔡宏道和鲁生业，1990）。自然界中不存在氟单质，氟以不同形式与其他元素化合。氟在酸性介质中易形成可溶性有机物，在碱性介质中以氟离子形式存在。氟能与水立即反应，显示出与氟化氢同样的毒性。氟化氢对人体组织有刺激性危害，呼吸系统对其特别敏感。

氟化物存在于空气、土壤、水和一切有生命的物质中（瓦尔德博特，1984）。氟的天然化合物有萤石（CaF_2）、氟磷灰石 [$3Ca(PO_3)_2 \cdot CaF_2$]、冰晶石、云母和电石等。地下水中含有的氟离子浓度差别很大，主要受地质构造的影响。植物和动物组织内也有氟化物，Mccture（Kifer et al.，1969）的一份早期报告指出，大多数普通食物含氟化物只有 0.1～0.3mg/kg，但在某些食物中氟化物含量较高。在茶叶中天然含氟化物 8～400 mg/kg，而动物的骨骼和牙齿中有几千 mg/kg。火山爆发也可释放出大量的氟到大气中（蔡宏道和鲁生业，1990）。

20 世纪以来，氟化物已广泛用于工业生产，如电解铝、磷肥、砖瓦、陶瓷、硫酸、有色冶金、玻璃、水泥、航空燃料、电子、石油化工、塑料、农药等均可排出氟化物。工业加工过程中使用含氟矿物，能使氟以气态化合物、尘粒等形式进入废水，经排放污染环境。在生产氟塑料、氟橡胶和制造火箭高能燃料的生产过程都有氟化物排出。

8.4　地下水除氟技术的发展与问题

8.4.1　主要的地下水除氟技术

为防止氟中毒，必须使饮用水中氟化物符合国家饮用水标准，工业废水中氟化物含量也必须符合国家排放标准（小于 15mg/L）（张自杰，2000）。目前报道的除氟方法繁多，且在不断地完善发展中，主要有以下几种。

1.物理分离法

1）离子吸附

主要有骨炭、活性氧化铝（镁）、沸石等。

骨炭主要成分是磷酸三钙和炭，可将高氟水的浓度降低到 1.0mg/L 以下。骨炭溶于酸，除氟能力受 pH 影响小，但再生后降氟能力的恢复往往不理想。由于骨炭溶于酸，使用该方法时应控制 pH 大于 7，以减少损失量。其主要缺点是骨炭机械强度较低，操作不当则容易造成流失（王海波，2011；姚宝书和曹希洪，1982）。世界上应用最广泛、最成功的除氟方法是活性氧化铝除氟，其除氟原理是活性氧化铝表面积大，其中主要是它特有的"孔道"内表面及晶格缺陷，从而使它具有强力吸附作用，并在水溶液中有离子交换特性。国内用活性氧化铝作除氟剂，可将含氟 5mg/L 的高氟水降至约 0.5mg/L。

活性氧化镁的吸附容量大，净化后的水中约含有 7mg/L 的镁离子，有益于人体健康（吕亚娟等，2010；王凤鸣和王东，1996）。天然沸石是一种含水的碱金属或碱土金属的铝硅酸盐矿物，具有多孔性、筛分性、离子交换性、耐酸性及对水的吸附性能等。作为沸石主要成分之一的氧化铝，其水解与铝盐相似，铝盐水解和铝胶体带正电的性质，使沸石能够吸附电负性极强的氟离子，使水中的氟离子浓度降到 1.0mg/L 以下，且沸石有越用越好的趋势和稳定可靠的除氟性能。天然沸石在我国储量丰富，因此用活化沸石除氟有经济实用的特点（胡丽娟和周琪，2005；李贵荣等，1994）。在除氟的过程中，曾提出使用磷酸三钙、蛇纹石、胶泥及无机酸处理的金属氧化物除氟，这些吸附剂均具有一定的除氟作用，但效果不是很理想。

2）离子交换

主要有阴离子交换树脂、磺化烟煤、锯屑等。

主要利用离子交换作用达到除氟的目的。当水中共存其他阴离子时，受交换顺序的影响，水中的氟离子去除效率较低。吸附饱和后可再生，反复使用。

2.化学法

1）混凝沉淀法

主要有氢氧化铝、氯化铝和硫酸铝等铝盐。

混凝沉淀法的一个基本控制参数是 pH。各类铝盐除氟是由于铝盐形成的矾花粒子 Al（OH）$_3$ 对水中氟离子的吸附，其吸附能力比活性氧化铝强，但无法再生。

2）钙盐沉淀法

主要有氢氧化钙、氯化钙、石灰等。

石灰和氢氧化钙除氟的机理是与水中的 Ca、Mg 无机盐反应生成大量的 Mg（OH）$_2$ 和 CaCO$_3$ 沉淀（吴王锁等，1993）。Mg（OH）$_2$ 沉淀表面以一级交换吸附共沉淀而使氟离子浓度降低，同时 CaCO$_3$ 沉淀也有少量除氟作用。

3.电化学法

1）电凝聚法

电凝聚除氟是一种电解方法，采用铝板作为电极，通直流电后，水解为铝矾花，吸附氟离子，从而达到除氟的目的，由于矾花轻，铝板电解得到铝离子，必须经固液分离操作加以去除（唐锦涛等，1990）。同济大学成功地采用电凝聚法进行饮用水除氟，水质指标可达到《生活饮用水卫生标准》（孙立成，1984）。

2）电渗析法

电渗析法是制取纯水的一种常用方法，在直流电场的作用下，溶液中可溶性离子迁移，通过离子交换膜得到分离，浓缩室的水排放，稀释室的水就是去除大部分离子的处理水（刘小圆，1989）。利用电渗析除氟效果良好，不用投加药剂，除氟的同时可以降低高氟水的总含盐量，这是其他除氟方法难以做到的。

8.4.2　现有除氟技术存在的问题

由于对除氟剂和除氟技术、方法的系统性研究不足，国内的一些除氟设备仍然存在很多问题。

1.除氟材料的定量化研究不足，除氟剂吸附容量低

除氟材料因为生产厂家的不同，产品的大小、比表面等大小不一导致吸附容量不同。除氟剂的吸附动力学模式不同从而造成在设备制造、生产过程中的不一致现象。现有活性氧化铝普遍采用的颗粒粒径比较大，第一周期吸附容量比较低，数周后吸附容量更低。运行一段时间后，活性氧化铝颗粒之间容易出现板结现象造成布水或者集水的不均匀，严重影响使用寿命和吸附容量。

2.除氟设施连续运行时间短

除氟设施由于吸附材料的问题或者设备反洗的问题一般工作周期普遍偏短，设施不能长时间连续运转。运行 4～6h 后出现"假疲劳"，需要有一段间歇时间，甚至出现运行时间与间歇时间相同的现象（中国市政工程华北设计院，1989）。运行时间短造成出水少，运行控制明显烦琐。

3.除氟设施再生时间长，用药量大

大多数除氟装置采用药剂浸泡的方法，完成再生过程需要两天的时间，再生剂用量比较高，花费较大。有些除氟罐罐体太高、内径太小，反冲洗时难以使颗粒吸附剂滤层充分膨胀，不能够很好地排除悬浮物。再生问题大大限制了除氟装置的运行，应加以改进解决。

4.改性吸附剂制备的问题

在各种改性滤料的制备过程中，由于对温度、改性剂浓度、时间等条件要求比较苛刻，程序相对复杂，制备过程和完成后还有试剂消耗大、易造成二次污染等难于回避的问题。

5.除氟设施设计问题

钢材除氟罐内壁防腐涂层或滤料剥落，大片铁锈污染氧化铝。有些除氟设施未安装流量计或水表，除氟设施出水检测方法烦琐，原水与过滤设备接触时间缺乏自动控制设备，这些方面都会影响除氟设施的正常运行。

8.5　生物滤层处理铁锰氟共存地下水的研究

8.5.1　氟离子对铁锰细菌氧化性能的影响研究

在实际情况下，富含铁锰的地下水中，不可避免地会同时存在其他一些元素，有些甚至超出《生活饮用水卫生标准》，这其中便包括氟离子。据张建锋等（2009）的分析，在陕西、甘肃的北部、内蒙古的中北部及山东西北部地区，地下水中同时存在高氟、高铁锰的问题。针对此种水质，在考虑用生物法除铁锰的前提下，氟离子对于铁锰细菌氧化性能的影响、生物滤层对于氟离子的去除效果将是一个不能回避的问题。本试验采用此种水质为研究对象，给采用生物法除铁锰的实际工程提供技术参考。

1.初期氟离子对铁锰细菌氧化性能的影响

一般地下水中 F⁻浓度很低，约为几 mg/L（个别也有高达几十 mg/L）（闫英桃和刘建，2007），不同的 F⁻浓度对铁锰细菌活性的影响也会有差异。在锥形瓶中投加 2mL 成熟混层滤料，再加入 250mL F⁻浓度分别为 0mg/L、4.96mg/L、19.81mg/L，总 Fe 浓度同为 1.77mg/L，Mn^{2+}浓度皆为 1.58mg/L 的原水，每隔 12h 测定铁锰浓度，比较首次加入 F⁻后除铁锰效果的变化，试验共进行 72h。

由图 8.1 可知，在试验的前 12h，［F⁻］=0mg/L、4.96mg/L、19.81mg/L 的原水中铁的去除率分别为 16.3%、14.0%和 4.5%，铁的去除受到了 F⁻抑制。当试验进行到 24h 时，［F⁻］=19.81mg/L 的原水中铁的去除率已经高于无氟原水，从 12h 到 24h，前者的去除率增加了 47.2 个百分点，后者仅增加 29.5 个百分点，F⁻对于铁去除的影响由短时间的抑制变为强烈的刺激。对［F⁻］=4.96mg/L 的原水，当试验进行到 36h 时，其铁的去除率也高过了无氟原水，两者的铁去除率分别为 54.7%和 57.6%，而且 F⁻对于铁去除的激励作用相对温和且持久一些，其铁氧化效果也最佳。

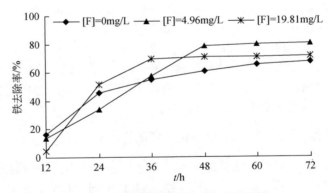

图 8.1 初期氟离子对铁去除率的影响

由图 8.2 可知，不同于成熟滤料在除铁中的表现，F⁻对于锰的去除一开始就表现出了很强的激励作用，在试验的前 12h，［F⁻］=0mg/L、4.96mg/L、19.81mg/L 的原水中锰的去除率分别为 8.5%、23.0%和 32.7%。但进行到 36h 时，［F⁻］=0mg/L、4.96mg/L 的原水中锰的去除率分别为 67.5%和 83.2%，又先后超过了［F⁻］=19.81mg/L 的原水锰去除率，到 72h 时，低氟原水中锰的含量已不能检出，高氟原水中锰的去除率略高于［F⁻］=0mg/L 的原水。从整个试验过程来看，前 48h，铁锰的去除速率较快，之后铁锰的氧化变得缓慢，并趋于稳定。

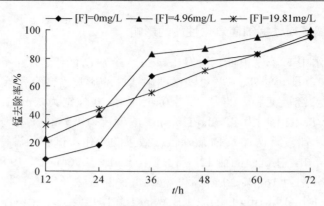

图 8.2　初期氟离子对锰去除率的影响

比较图 8.1 和图 8.2 发现，在无氟原水中前 24h 锰去除率的增长慢于铁，可以推断铁的去除是生物氧化和空气氧化共同作用的结果，而由于锰的氧化只能是生物作用，所以出现了上述状况，这也与张杰等的研究存在一致性（李冬等，2007）。当细菌进入新环境时其氧化能力还很有限，空气氧化除铁便占到了主导地位。在试验之初，经测定三种原水的 pH 和氧化还原电位并无明显差异，用 NaCl 配水所做的对比试验又表明相同浓度范围内 Na^+ 对铁锰的去除也没有多大影响，可以肯定共存 F^- 是造成铁锰去除率存在差别的原因。至于在前 12h 铁锰的去除表现出了截然相反的效果，这在后来的滤柱试验中得到了验证，但原因还不明确，应该与 F^- 对铁锰细菌酶系统的复杂作用有关。从最终结果来看，初期 F^- 对铁锰去除均起到了激励作用，只是随着 F^- 浓度增加作用不再明显。

2.不同时期氟离子对铁锰细菌氧化性能的影响

作用时间也是影响生物活性的关键因素之一。为了考察不同时期 F^- 对铁锰细菌氧化性能的影响，同时为了探究铁锰细菌对 F^- 的耐受极限，试验以 3d 为一周期，用成熟滤料连续处理 F^- 浓度分别为 0 mg/L、5mg/L、40mg/L 左右的原水，Fe 浓度控制在 1.69～1.98mg/L，Mn^{2+} 浓度控制在 1.55～1.97mg/L 的原水，每个周期的第 3d 测定铁锰浓度，之后及时更换新的原水，进入下一个周期。试验共进行了 21d，结果如图 8.3 所示。

由图 8.3 可知，在首次加入 F^- 后铁去除率均有不同程度的增加，但当试验进入第 2 周期时，三者的铁去除率差异显著，在 ［F］=0mg/L、5mg/L、40mg/L 的原水中铁的去除率分别为 76.1%、78.1%和 55.5%，高氟浓度对铁的去除表现出很强的抑制作用。第三周期与第二周期情况类似，但由于铁锰细菌已经开始适应这种高氟环境，其与无氟条件下铁的去除差距开始变小，与此同时在 ［F］=5mg/L 的环境下，F^- 对于细菌除铁的激励作用达到了最强。之后，三种原水中铁去除率差距开始变小，在最后一个周期三者的去除率分别为 86.9%、89.9%和 86.9%，低氟浓度下对铁去除的激励作用仍然存在，高氟浓度下对铁去除的抑制作用已经消失。不同时期 F⁻ 对细菌除锰性能的影响效果相似，都表现为：[F]=5mg/L 时有始终的激励作用，最高时比无氟状态下高 5.96%；[F]=40mg/L 时分别为初期短暂的激励作用，中期即适应期的抑制作用，在第二周期，其锰的去除率比无氟状态下低 14.3%，后期即稳定期抑制作用减弱或消失。由于一般地下水中除地热水外 F⁻ 极少超过 40mg/L，所以从长期看共存 F⁻ 的存在不会对生物法除铁除锰造成不良影响。

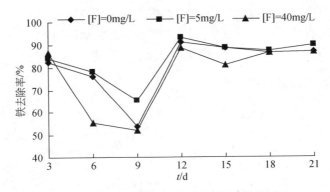

图 8.3　不同时期氟离子对铁去除率的影响

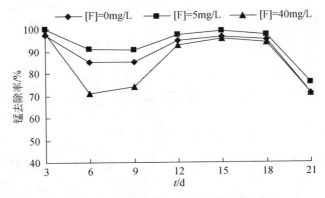

图 8.4　不同时期氟离子对锰去除率的影响

3.稳定期氟离子浓度对铁锰细菌氧化性能的影响

为了确定稳定期 F⁻ 对除铁锰能够起到激励作用的浓度范围，同时考察一下成熟滤料的除氟性能，试验还同时用成熟滤料连续处理 F⁻ 浓度分别为 2.5mg/L、7.5mg/L、10mg/L、15mg/L 左右的原水，与上述 F⁻ 浓度分别为 0mg/L、5mg/L、40mg/L 的原水配合，测定铁锰浓度。试验中发现，细菌在连续处理 [F]=40mg/L、[F]=15mg/L 的原水时活性先后受到抑制，而在处理 [F]=10mg/L 的原水时抑制作用并未出现。当铁锰细菌进入稳定期后，统计连续 3 次铁锰去除率，取其平均值，结果如表 8-1 所示。

表 8-1　稳定期 F⁻对铁锰细菌氧化性能的浓度效应

氟浓度/（mg/L）	0	2.5	5	7.5	10	15	40
铁去除率/%	76.2	80.4	83.3	81.3	76.2	74.6	75.3
锰去除率/%	95.8	97.2	98.9	96.2	95.9	96.0	95.4

由表 8-1 可知，当成熟滤料处理铁锰进入稳定期后，在共存 F⁻浓度低于 10.0mg/L 时，F⁻的存在对于铁锰的去除都有一定的激励作用，当 F⁻浓度在 5.0mg/L 左右时达到最强，但即使 F⁻浓度高至 40.0 mg/L 时也未出现抑制。

4.混层滤料除氟能力的研究

试验还连续观测了成熟滤料的除氟能力，发现滤料具有一定的除氟能力。以混层滤料处理氟离子在 5.0mg/L 左右时的原水为例，在一个多月的试验过程中其除氟能力的变化情况如图 8.5 所示。

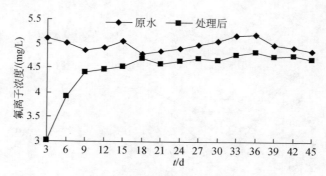

图 8.5　不同时期混层滤料除氟能力

如图 8.5 所示，在本次试验的 15 个周期里，处理后水的氟浓度出现了逐渐增大的趋势，且前几个周期变化剧烈，之后上升变得缓慢，直至最后氟离子去除在 0.1～0.2mg/L。其中，第一周期处理后氟离子浓度为 3.02mg/L、第二次便迅速上升至 3.91mg/L，最后一个周期为 4.68mg/L。由于混层滤料中锰砂的存在，混层滤料自然会具备一定的除氟能力，经测定其吸附容量约为 0.11mg/g。但成熟的混层滤料连续处理某浓度含氟水达几十天后仍然具备除氟能力，是值得深入研究的。当前地下水除氟研究的一个热点是利用铁锰氧化物改性滤料（高乃云和徐迪民，2000；张建锋等，2008；闫英桃等，2007），提高其吸附氟离子的能力。对于混层滤料而言，铁锰细菌在处理铁锰的过程中会不断地将氧化产物披覆于滤料上，而这些氧化产物的披覆又使滤料具备了新的吸附 F⁻的能力，实现了除氟能力的更新。

这里不能排除生物滤膜中钙镁元素也加强了成熟滤料吸氟能力。但成熟生物除铁锰滤层的除氟能力是否会也像静态试验这样持久，其去除能力有多大是需要动态试验进一步验证的。

8.5.2 氟离子对成熟滤层除铁除锰的影响研究

前期的静态试验已经表明，铁锰细菌在接触氟离子时其氧化铁锰的能力将会受到一定程度的影响。现利用成熟的生物滤柱，在动态试验中考察氟离子共存条件下其除铁锰效果的变化。

1.不同时期氟离子对成熟滤层除铁除锰的影响

向生物除铁锰滤池的原水中加入 F^- 后让滤池在 8m/h 的滤速下运行，考察其在接触氟离子时滤层深度 50cm 处铁锰的去除率。试验条件：原水中铁含量为 1.79～2.03mg/L，锰含量为 1.74～2.01mg/L，氟含量为 1.88～2.31mg/L。结果见图 8.6。

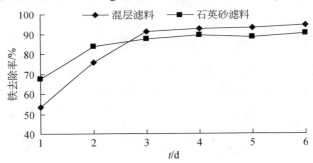

图 8.6 初期 F^- 对滤层 50cm 处铁去除率的影响

如图 8.6 所示，在初始运行阶段，氟离子的存在对生物滤层产生了明显的负面影响。在前期考察无氟状态下不同高度处铁的去除率时，在原水铁含量为 2.03mg/L、滤速为 8m/h 的情况下，混层滤料和石英砂滤料 50cm 处铁的平均去除率为 90.94%和 86.01%。而在投加氟离子以后，第一天混层滤料和石英砂滤料 50cm 处铁的去除率分别为 53.40%和 67.29%，出水铁的去除率也只有 68.75%和 74.31%，且均不达标。之后，生物滤层的除铁能力又开始慢慢恢复，在第 3 天分别达到 91.37%和 87.22%，与无氟状态下滤层 50cm 处铁的去除率接近且略有提高，到第 6 天时，混层滤料和石英砂滤料 50cm 处铁的去除率进一步达到 94.26%和 90.31%，已经比无氟状态下的去除率有较明显的提高，再之后生物滤层的除铁能力变得稳定。总的来看，初始运行阶段，共存氟离子对滤层除铁效果的影响经历了一个由短期的抑制变为之后的促进，而这其中又以混层滤料经历的波动比较大，这应该与混层滤料中的菌群特性有关。

由图 8.7 可知，不同于在除铁中的表现，氟离子的存在并未使锰的去除经历一个较大的波动，图中去除率的波动是原水中锰含量的变化引起的。F 对于锰的去除一开始就表现出一定的激励作用，混层滤料和石英砂滤料 50cm 处锰的去除率都保持在 85% 和 80% 以上，均高于无氟状态下所能达到的 81.50% 和 77.11%，出水锰也能保证稳定达标。以上研究与前期的静态试验规律存在一致性。

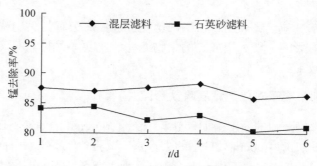

图 8.7　初期 F 对滤层 50cm 处锰去除率的影响

2.稳定期氟离子对成熟滤层铁锰去除率的影响

微生物在进入一个全新的环境中时，势必需要一定的时间来对这种环境加以适应，铁锰细菌也是如此。前边的研究表明，铁锰细菌大约需要 20d 的时间即可以适应铁锰氟共存的水质，而在氟离子浓度较低情况下其所用适应期要短。让生物除锰滤池连续处理铁锰氟含量分别为 1.79~2.03mg/L、1.74~2.01mg/L、1.88~2.34mg/L 的原水，此时由于滤层已经适应含氟环境，且无负面影响，遂将滤速稳定在 8m/h 左右，测定出水的铁锰氟浓度，待去除率稳定后，连续测定三次滤层 50cm 处和出水的铁锰浓度，取平均值，并与无氟状态下滤层 50cm 处的铁锰去除率加以比较。以 a、b、c、d 分别表示石英砂滤层处理无氟原水、石英砂滤层处理含氟原水、混层滤料处理无氟原水、混层滤料处理含氟原水，结果见图 8.8 和图 8.9。

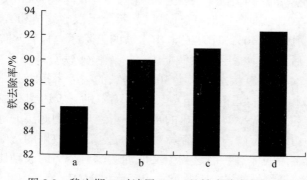

图 8.8　稳定期 F 对滤层 50cm 处铁去除率的影响

由图 8.8 可知，当滤层稳定运行时，试验条件下，石英砂滤料和混层滤料在 50cm 处对铁的去除率分别达到 89.95% 和 92.40%，均有一定的提高，石英砂滤料和混层滤料在 50cm 处对铁的去除率分别提高了 3.94% 和 1.46%，且出水始终为痕量。由此可知，在铁锰细菌适应铁锰氟共存的水质后，其除铁能力有所提高，这与前期静态试验的研究结果一致。

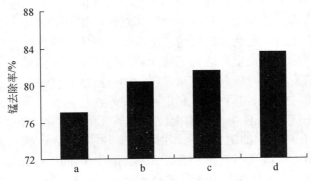

图 8.9　稳定期 F$^-$对滤层 50cm 处锰去除率的影响

由图 8.9 可知，当滤层稳定运行时，试验条件下，石英砂滤料和混层滤料在 50cm 处对锰的去除率分别达到 80.43% 和 83.59%，相对于无氟状态下石英砂滤料和混层滤料铁在 50cm 处对锰的去除率分别提高了 3.33% 和 2.09%，且出水始终低于 0.05mg/L。氟离子的存在对于滤层除铁锰具有一定的促进作用。

8.5.3　生物滤层的除氟性能研究

前期静态试验还进一步表明，对于铁锰氟共存水质，成熟滤料在去除铁锰的同时，对共存氟离子还有一定的去除效果。大量的研究表明，铁锰氧化物对于水中的氟、砷、有机物、锑、磷等均有一定的去除效果，其原理包括了物理吸附、化学吸附、离子交换等。

1.不同时期生物滤层的除氟效果分析

投加 F$^-$不同时期生物滤层的除氟效果如图 8.10 所示。试验条件：原水中铁含量为 1.79～2.03mg/L，锰含量为 1.74～2.01mg/L，氟含量为 1.88～2.34mg/L，仍然控制流速为 8m/h 左右。

如图 8.10 所示，初期生物滤层对共存氟离子有一定的去除效果，在第一天混层滤料和石英砂滤料处理后的水氟离子分别为 0.37mg/L 和 0.56mg/L，均低于生活饮用水卫生标准。之后两滤柱的除氟能力开始逐渐下降，出水氟浓度分别在第三天和第二天超过了 1.00mg/L，再之后生物滤层的除氟能力继续下降。在开始阶段，由于滤料长期积累了大量铁锰氧化物及其他一些物质，致使其表面活性点位比较多，所以其除氟效果会比较好。但当生物滤层的除氟能力趋于稳定时，其效果是较差的，氟的去除量为 0.1～0.2mg/L，去除率为 5%～10%。出现这种情况，一方面，虽然生物滤层在不断地氧化铁锰并富集在滤料上，但滤层本身同时附着了大量的铁锰细菌，且由于其带负电，这便与氟离子形成了静电排斥，从而降低了滤层的除氟效果；另一方面，铁锰氧化物的吸附容量也有一定的范围，在即有的进水铁锰浓度范围内，单位时间内产生的铁锰氧化产物只能同步去除此范围的氟离子。从这一层面上讲，生物除铁锰滤层除氟既有其明显的优势，也有其显著的缺陷，优势是其氧化铁锰稳定性造就了其除氟的持续性，缺陷是稳定状态下其吸附能力不高。之前有人曾考虑利用特殊滤料启动的接触氧化法来达到铁锰氟同除的目的（张建锋等，2009），其思路是利用不断积累在滤料上的铁锰氧化物来继续除氟。但张杰院士认为，pH 中性范围内，Mn^{2+} 的氧化不是锰的氧化物自催化作用，而是以 Mn^{2+} 氧化菌为主的生物氧化作用，或者说实现 Mn^{2+} 的氧化所谓"锰质活性滤膜"其实是以铁锰氧化细菌为核心的生物滤膜（Ghorai and pant 2005），如此推断利用接触氧化法来实现铁锰氟同除达到饮用水标准是不现实的。

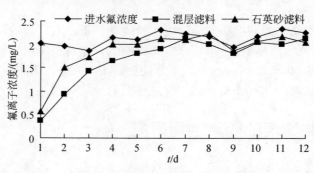

图 8.10　不同时期生物滤层除氟效果

2.铁锰浓度对滤层除氟效果的影响

本节同时注意了进水铁锰浓度对于滤层除氟效果的影响和潜力。因为当进水铁锰浓度分别高于 7mg/L 和 6mg/L 时出水铁锰稳定性不好，所以试验采用了低于以上数据的进水铁锰浓度，结果如图 8.11 和图 8.12 所示。

由图 8.11 和图 8.12 可知，进水铁锰浓度对于滤层除氟的影响呈现正相关的特点，氟去除量随着进水铁锰浓度的增加而变大。这是因为当进水铁锰浓度增大时，生物滤层可以更多地氧化铁锰，从而会有更多的铁锰氧化物附着于滤料，进而滤料表面会有更多的活性位点，增大了滤料的吸附容量。当进水铁浓度为 6mg/L 左右时，滤层平均除氟量约为 0.42mg/L，当进水锰浓度为 5mg/L 时，滤层平均除氟量约为 0.31mg/L，这几乎是试验条件下，生物滤层所能达到除氟能力的极限，因为如果铁锰浓度继续增大，首先出水铁锰浓度将有超标的风险，其次由图 8.11 和图 8.12 可见，随着进水铁锰浓度的继续增大，氟离子的去除量增加的也缓慢了。比较进水铁锰浓度对于滤层除氟的影响，可以发现，进水铁浓度对于滤层除氟的影响程度要大于进水锰浓度的影响，通过参考其他学者所做的铁锰氧化物改性滤料除氟的试验结果，知道这应该是因为氧化铁的吸附容量大于氧化锰的吸附容量。

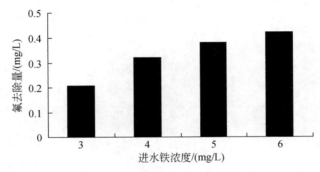

图 8.11　铁浓度对氟去除量的影响

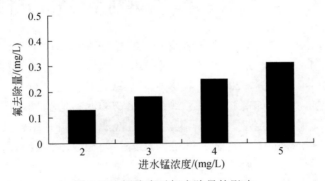

图 8.12　锰浓度对氟去除量的影响

3.过滤参数对滤层除氟效果的影响

滤速是生物滤层的重要参数，滤速选择的合适与否直接关系着过滤的效果。对于一般的过滤吸附，滤速选择过高或过低，吸附效果都不会很好，低流速可以获得比较高的穿透体积，但流速过大或过小都不好，在适宜的流速下，原水既可以获得充分的停留时间，又能够和滤料充分接触。

控制原水中铁含量为 3.04～3.55mg/L，锰含量为 2.17～2.61mg/L，氟含量为 2.14～2.57mg/L，改变流速，试验结果如图 8.13 所示。滤速对于生物滤层的除氟能力影响很大，在低滤速条件下滤层除氟效果较好，滤速 6m/h 时效果最佳，试验条件下氟去除量为 0.31mg/L，而滤速为 14m/h 时，氟去除量仅为 0.05mg/L。经换算 6m/h 和 14m/h 分别为 12min 和 4.3min,12min 的时间能够保证进水与滤层的充分接触。从结果看,滤速在 4～8m/h 时,除氟效果相对较好。

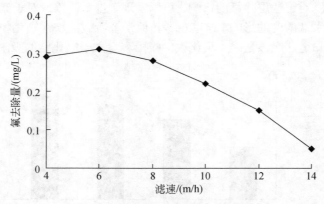

图 8.13　　滤速对生物滤层除氟的影响

8.6　　生物除铁锰滤料再利用除氟的研究

在实际生产中,当成熟的除铁锰滤料不断处理含铁锰地下水达一定时间后其除铁锰能力会出现下降,所以水厂为了维系生物除铁除锰滤池的持续除锰能力,会定期更换滤料(张杰等,2007)。我国地下水铁锰超标地区分布广泛,生物除铁锰技术应用前景广阔,如能将披覆了铁锰氧化物的滤料恰当处理用作吸附剂,其一可维持滤层除锰的稳定性,其二可实现被更换滤料的再利用,其三还可缓解在生产改性滤料时出现的工序复杂、试剂消耗大、处理成本高、易造成二次污染等问题,这尤其适合经济落后的偏远乡村。

生物滤层开始除氟有很好的效果,但是随着时间延长其效果下降至 5%～10%。这是由于生物滤层虽然开始积累了大量的铁锰氧化物,然而当这些铁锰氧化物的吸附能力耗尽时,新生成的铁锰氧化物不足以将共存氟离子降低至饮用水标准以下,除氟效果便出现了下降;且生物滤层又不像一些专门除氟吸附剂可以用一些化学药剂再生,所以只能任其除氟效果变差。那么对于积累了大量铁锰氧化物的废弃滤料而言,当通过处理使其成为专门的吸附材料时,其拥有多大的吸附能力,是否可以通过药剂再生,是否能维系一个长期的吸附能力是值得研究的内容。

为了考证被更换滤料的吸附性能及实用性,试验选取生物滤柱中成熟的石英砂滤料,将其适当处理,分别从滤料的表面特性、吸附特点和吸附方式来研究石英砂滤料的再利用。

8.6.1　再利用滤料的外观表征

图 8.14 是石英砂成熟前后的照片，从照片可以看出，成熟前的石英砂呈土黄色。但是在经历 3 个月的启动与运行之后，由于成熟石英砂滤层长期处理铁锰，加上对水体中钙、镁的截留，以及大量铁锰生物的生长，所以成熟后的石英砂表面包覆了一层由氧化铁、氧化锰、微生物体、钙、镁等组成的滤膜，呈黑褐色。成熟前后石英砂的粒径略有增大，但改变不多。

 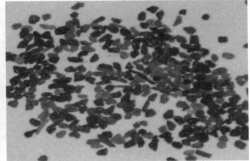

成熟前　　　　　　　　　　　　　　　　成熟后

图 8.14　石英砂成熟前后照片

采用扫描电镜（SEM）对石英砂成熟前后进行微观上的分析，以确定石英砂成熟后其表面披覆物的形态。一般，未成熟的石英砂表面比较清洁，无附着杂质，同时表面具有一定程度的凹凸沟槽，这不仅为铁锰氧化物及其他物质提供了更多的附着面积，而且一定程度上提高了表面披覆物与石英砂的附着强度。虽然成熟前后石英砂的粒径和密度发生的改变不大，但由于石英砂表面披覆了铁锰氧化物等，其表面的化学性质却改变了，因此成熟石英砂滤料在过滤过程中保留了石英砂的过滤截留功能，同时由于披覆的这层氧化物膜，为污染物的去除提供了更多的吸附活性位点，这也是成熟石英砂滤料优于普通石英砂滤料的一个重要原因。由图 8.15 可以看出，石英砂经培养成熟后其表面披覆了大量的有机生物体、铁锰氧化物及其他无机物质，同时铁锰氧化物颗粒相互聚集呈较大的粒团，颗粒与颗粒之间存在着大量的孔隙，表面氧化膜并非由单层铁锰氧化物颗粒组成，而是由多层铁锰氧化物颗粒叠加形成的。由于铁锰氧化物颗粒粒径在 100nm 左右，亚纳米级的氧化铁颗粒，表面原子数增多，表面原子的晶场环境和结合能与内部原子不同，表面原子周围缺少相邻的原子，有许多悬空键，具有不饱和性，会发生瞬间转移，这些表面原子一遇到其他原子，会很快结合使其稳定，因此这一粒径的氧化铁锰颗粒具有很高的活性，极易吸附其他原子或分子。

放大10000倍　　　　　　　　　　　　　　　　　　放大3000倍

图 8.15　再利用滤料的 SEM 表征

　　对于改性滤料而言，改性剂的披覆量决定着其改性的效果，成熟石英砂滤料的表面铁锰披覆量也是如此。将经干燥、洗净的滤料用 1∶1 的 HCl 进行消解（张建锋等，2008），分别用邻菲啰啉分光光度法、甲醛肟分光光度法测定消解液中铁、锰浓度，再计算出负载于滤料上的铁、锰量。消解条件：砂量 5g，消解温度为 100℃，时间 15min。经测定，初成熟石英砂滤料覆铁量为 2.9mg 铁/g 滤料，覆锰量为 4.1mg 锰/g 滤料。此后的静态试验均采用这种成熟状况的滤料。

8.6.2　再利用滤料的铁锰附着强度

　　成熟的生物滤料若要实现再利用，须具备一定的机械强度和抗酸碱腐蚀性能。取经干燥处理的滤料 2g 分别置于 F⁻ 浓度为 10mg/L、初始 pH 为 7.0 的 NaF 溶液中，搅拌 6h；另取 2g 经 110℃烘干的成熟石英砂滤料样品，分别加入 100mL pH=3 的盐酸、pH=13 的氢氧化钠溶液中，浸泡 24h。上述进程完成后，取少量溶液分析其中溶出的铁、锰量，计算再利用滤料在搅拌、酸性碱性腐蚀条件下的脱落率，结果见表 8-2。

表 8-2　铁锰氧化物的附着能力

处理方法	铁脱附率/%	锰脱附率/%
搅拌	0.436	0.387
酸性条件	0.035	0.057
碱性条件	0.024	0.033

　　通过与其他学者所做的铁、锰氧化物改性滤料的铁锰附着能力进行比较，可以发现本试验的再利用滤料具有很好的机械强度和抗酸碱腐蚀的能力，又以抗碱腐蚀能力为强，因此其具备成为优秀吸附材料的条件。

8.6.3　再利用滤料除氟静态试验研究

为了考证被更换滤料的吸附特点和吸附方式,试验采用如下的静态试验方法:向烧杯中加入 100mLNaF 溶液及经处理的成熟滤料 2g 在室温(25℃)下搅拌,转速为 90r/min,待吸附平衡后静置,移取上清液,采用氟试剂分光光度法检测残余含氟量。

1.反应时间对滤料再利用除氟的影响

反应时间是反映再利用吸附性能的重要指标。向 F⁻浓度分别为 5mg/L、10mg/L、20mg/L,初始 pH 为 7.0 的 NaF 溶液投加经处理滤料,控制不同的反应时间,吸附容量 Q_e 与反应时间 T 的关系见图 8.16。

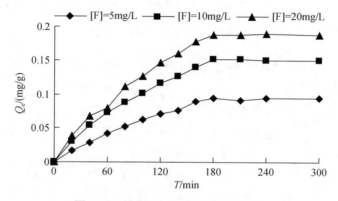

图 8.16　反应时间对吸附容量的影响

如图 8.16 所示,对 3 种浓度的 F⁻溶液,反应开始吸附容量均增加较快,随着时间的推移,吸附容量增速变慢,最后趋于平衡。且原溶液初始 F⁻浓度越大,达到吸附平衡的时间越长。这是因为:①随着吸附的进行,溶液主体与吸附剂表面之间的 F⁻浓度梯度越来越小,吸附推动力随之减小,致使吸附速率逐渐变缓;②再利用滤料表面可供利用的活性吸附位随着吸附的进行越来越少,且吸附上去的 F⁻会对溶液中的 F⁻产生静电排斥作用而不利于吸附的发生。

2.滤料再利用除氟吸附动力学

参照如下两种常用的吸附速率模型,将图 8.16 所示数据拟合,研究其吸附动力学。

(1)Langergren 准一级反应速率模型: $\ln(Q_e - Q_t) = \ln Q_e - k_1 T$ (图 8.17);

(2)Langergren 准二级反应速率模型: $T/Q_t = 1/(k_2 Q_{e2}) + T/Q_e$ (图 8.18)。

式中，Q_e 为平衡吸附容量 mg/g；Q_t 为 T 时刻吸附容量 mg/g；k_1、k_2 为吸附速率常数 min^{-1}、$\text{g/mg} \cdot \text{min}$。将试验结果拟合，求得吸附速率常数 k_1、k_2，分析结果见表 8-3。

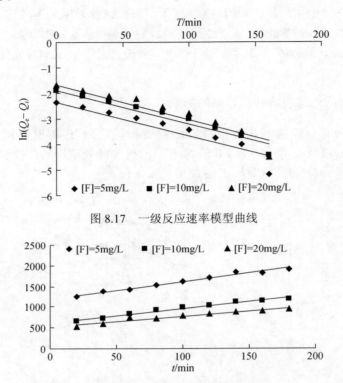

图 8.17　一级反应速率模型曲线

图 8.18　二级反应速率模型曲线

表 8-3　滤料再利用除氟动力学拟合结果

初始浓度/（mg/L）	Q_e/（mg/g）	k_1/min	k_2/〔g/（mg·min）〕	R_1^2	R_2^2
5	0.094	0.0131	0.094	0.882	0.975
10	0.151	0.0131	0.070	0.939	0.983
20	0.189	0.0138	0.054	0.897	0.930

通过比较相关系数 R^2 可知，滤料再利用除氟更符合准二级反应速率模型。

根据吸附理论可知，影响吸附速率的因素包括：吸附质在溶液中的扩散和转移作用、吸附剂表面对氟离子的吸附作用、吸附剂孔结构和表面性能的变化及内部沉淀物的合成与沉淀物分子间的作用等。在吸附过程中主要有两个速度控制步骤，一个是吸附质由液相向固相传质，即表面扩散；另一个是吸附质在吸附剂颗粒内部的扩散过程，即内扩散。颗粒内扩散速率公式如下

$$Q_t = k_p T^{0.5}$$

式中，k_p 为颗粒内扩散速率常数 mg/（g·h$^{0.5}$）；T 为时间（min）。

图 8.19 列出了不同氟初始浓度下，各种滤料的 Q_t 同 $T^{0.5}$ 的关系。

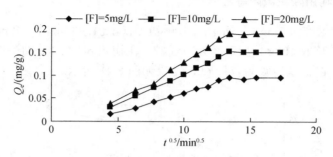

图 8.19　氟离子在滤料内扩散速率变化

根据 Mckay 等的研究，当上式中 Q_t 与 $T^{0.5}$ 呈现良好的直线线性关系且通过原点时，则说明物质在颗粒内扩散过程为吸附速率控制步骤。由图 8.19 可以看出各种滤料的 Q_t 与 $T^{0.5}$ 线性关系不强，并且都不通过原点，说明氟离子在滤料内扩散并不是该吸附过程的唯一控制步骤，吸附同时受颗粒外表面扩散过程的影响（Ghorai and pant.，2005）。

3.pH 对滤料再利用除氟的影响

溶液的 pH 影响溶质的存在状态（分子、离子或络合物），也影响吸附剂表面的电荷特性和化学特性，进而影响吸附效果。利用滤料处理 F$^-$浓度为 10mg/L、pH 不等的 NaF 溶液，结果如图 8.20 所示，图中所示 pH 为吸附平衡时的测定值。

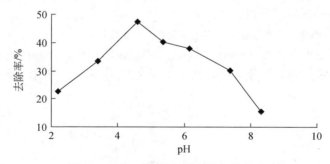

图 8.20　pH 对滤料再利用除氟的影响

如图 8.20 所示，溶液 pH 在 3～7 时滤料再利用除氟效果显著，又以 pH=4.58 时效果最佳，去除率能达到 47.37%，而酸度过大或过小，都会降低吸附效率，在 pH=2.21 和 8.32 时，氟离子的去除率仅分别为 22.58%和 15.57%。这是因为在 pH 较低时，氢氟酸将是氟元素的主要存在形式，这便降低了 F$^-$的浓度，减小了 F$^-$向吸附质转移的动力，进而减弱了吸附效果；pH 较高时，OH$^-$将与 F$^-$在金属氧化物表面形成竞争，从而减小了滤料的吸附容量。

4.滤料再利用除氟吸附等温线

依次配制浓度为 2mg/L、5mg/L、10mg/L、20mg/L、30mg/L、40mg/L、50mg/L 的 NaF 溶液，移取 100mL 加入经处理滤料，在初始 pH 为 7.0 的条件下吸附 4h，测其平衡浓度 C_e，求得吸附容量 Q_e，结果如图 8.21 所示。

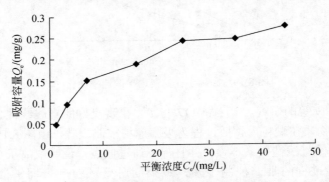

图 8.21　氟离子浓度对吸附容量的影响

由图 8.21 可知，初始 F⁻浓度的高低直接对应着滤料吸附容量的大小。根据质量作用定律，初始浓度若大，吸附机会便多，达到吸附平衡时，吸附的氟离子数量也增加。

为了解再利用滤料的吸附类型，用如下两种常用的吸附等温模式对所测数据进行拟合，分别为

（1）Langmuir 吸附等温式：$C_e/Q_e=C_e/Q_{max}+1/（bQ_{max}）$；

（2）Freundlieh 吸附等温式：$\lg Q_e=\lg C_e/n+\lg K_F$

式中，C_e 为平衡浓度（mg/L）；Q_{max} 为饱和吸附容量（mg/g 滤料）；b、n 为常数；K_F 为 Freundlich 常数。拟合结果如图 8.22 和图 8.23 所示。

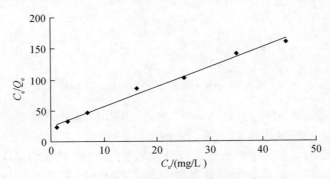

图 8.22　Langmuir 模型拟合吸附等温线

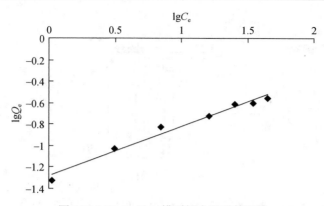

图 8.23　Freundlich 模型拟合吸附等温线

Langmuir 模型拟合方程：C_e/Q_e=3.186 C_e+24.406，相关系数 R^2_3=0.989。另外，Freundlich 模型拟合吸附等温线结果为 Q_e=0.052$C_e^{0.461}$，相关系数 R^2_4=0.974。比较相关性可知滤料除氟吸附等温线同 Langmuir 模型吻合度更高，滤料再利用除氟表现为化学吸附特性。再利用 Langmuir 模型求得试验用滤料的饱和吸附容量为 0.314mg/g，与化学方法制备的涂锰砂的饱和吸附容量相同（张建锋等，2007），而滤料仅为生物滤层的初成熟滤料，附着于石英砂表面的氧化物还很少，随着生物滤层持续除铁锰达一年左右，至滤料真正须更换时，其表面的氧化物还会大量增加，进而滤料将拥有更大的吸附容量。

8.6.4　再利用滤料除氟动态试验研究

静态试验已经从生物除铁锰滤料再利用除氟的方式特点等角度进行了研究，表明其在除氟方面的潜质。但是静态吸附试验只能提供初步的可行性数据，并不能模拟动态的吸附系统。我们试将生物滤柱中的成熟石英砂滤料采用既定方法加以处理，装入玻璃柱内研究其除氟性能。此时所用成熟的石英砂已经处理模拟含铁锰地下水近 6 个月，表面覆铁量达 6.36mg 铁/g 滤料，覆锰量为 9.24mg 锰/g 滤料。经测定，对于氟离子质量浓度为 20mg/L 的溶液，其吸附容量稳定在 0.354mg/g 左右，利用 Langmuir 模型求得试验用滤料的饱和吸附容量为 0.858 mg/g，高于化学方法制备的涂锰砂饱和吸附容量（张建锋等，2007）（约为 0.32mg/g）和已广泛用于除氟的沸石饱和吸附容量（孙兴滨和席承菊，2008）（约为 0.782mg/g）。试验主要考察了不同高度滤层的除氟效果。装置为三根并联的玻璃柱，内径 4cm，柱高 100cm，如图 8.24 所示。

试验条件：将经处理滤料填入三个滤柱中，高度分别为 30cm、40cm、50cm，用其处理氟离子浓度为 4.88mg/L 的原水，流速 3.0m/h，pH 在中性范围内，进行对比试验。试验结果如图 8.25 所示。

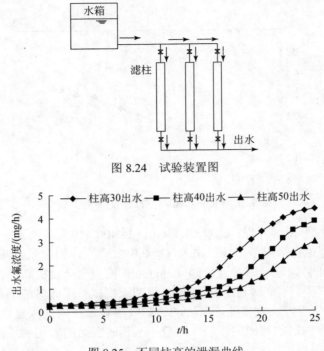

图 8.24　试验装置图

图 8.25　不同柱高的泄漏曲线

以出水氟浓度达 1mg/L 时为泄漏点。由图 8.25 看出，氟离子的去除随着滤层厚度的改变而改变，滤层厚度越小泄漏越早，柱高 30cm、40cm、50cm 的滤层其泄漏时间分别为 13h、17h、19h，合格出水量分别达到了 53.4L、64.8L、72.4L，动态吸附容量分别为 0.221mg/g、0.201mg/g、0.189mg/g。这主要是由不同的滤层厚度对应不同的接触时间，在不同柱高，相同流速的试验条件下，随着滤层高度的增加，停留时间增大，泄漏时间也增加。由以上模拟实际生产的动态试验可以看出，相比于条件相似的动态改性沸石除氟试验，再利用滤料具有更大吸附容量，生物除铁锰滤料再利用除氟具备一定的可行性。

8.6.5　吸附柱的再生试验研究

吸附剂在达到吸附饱和后，必须进行脱附再生，才能重复使用。脱附是吸附的逆过程，即在吸附剂结构不变化或者变化极小的情况下，用某种方法将吸附质从吸附剂孔隙中除去，恢复它的吸附能力。吸附剂如果在多次循环再生后如仍可高效使用，其实用价值与经济效益就非常可观。为了验证滤料的可再生能力，首先将之前已进行静态吸附试验的滤料进行再生。采用浓度不同的 NaOH 溶液作为再生液浸泡吸附饱和的滤料 12h，然后采用既定的静态吸附试验方法用其处理 F⁻

浓度为 20mg/L 的溶液，考察吸附容量的恢复情况，结果如图 8.26 所示。

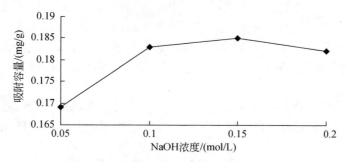

图 8.26　不同 NaOH 对吸附剂再生的影响

如图 8.26 所示，当 NaOH 浓度较低时，吸附剂再生的效果比较差，而当 NaOH 浓度分别为 0.1mol/L、0.15mol/L、0.2mol/L 时吸附剂的吸附容量恢复很好且效果相当。从减少药剂使用量的角度考虑，采用 NaOH 浓度为 0.1mol/L 较为合适。

试验遂采用 0.1mol/L 的 NaOH 为再生液考察层高 40cm 的吸附柱（堆积体积为 0.5L）经多次使用和再生后除氟效果的变化。首先进行吸附试验，当出水含氟量超过饮用水标准时，运行周期结束，排空滤层中残余高氟水进行再生。再生时使 NaOH 溶液自上而下流经滤层，流速 1.8m/h。在首次再生中发现，前 0.5L 流出再生液中氟离子含量高达 35.8mg/L，随着再生工序的进行，流出再生液中氟离子浓度迅速减少，当再生液用量达到滤层体积的 10 倍以上时，流出再生液中氟浓度在 0.05mg/L 左右。于是在前几次再生试验中，再生液的用量取 5L，而当达标水产量出现明显下降时，便适当增加了再生液用量，结果如图 8.27 所示。

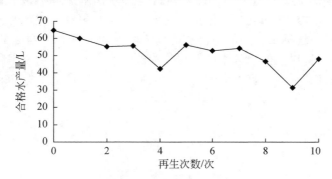

图 8.27　合格水产量随再生次数的变化

再利用滤料在经历了 4 次再生之后，达标水产量从开始的 64.8L 降低到了 42.2L，出现了明显的下滑。之后将再生液用量提高到 6L，第五次再生后达标水产量又恢复到了 56.3L。以 6L 作为再生液用量时，较大的达标水产量维持了第 8 次再生，之后又是下滑，再生 9 次后达标水产量降至 31.3L。为了提高产量，又将再生液用量提高至 8L，并收到了相应的效果，生产达标水能力达到新鲜再利用滤料的 74.2%。从结果看，提高再生液用量可提高滤料再生后的吸附能力，进而延长其使用寿命。但是总的来说，随着再生次数的增多，滤料的吸附能力还是在下降，且趋于耗尽，这可能是因为在滤料表面有某些活性部位会与氟离子非常紧密的结合，难于解离脱附，随着这种结合方式的增多，滤料的吸附能力会不断的下降。

再生过程中，由于流出再生液中氟离子浓度是一个迅速下降的过程，所以在实际生产中可以考虑每个再生程序里部分再生液回用，从而减少试剂消耗。

8.7 本 章 小 结

（1）生物除铁锰滤料经 110℃烘干即可实现再利用，处理方法简单，且其具有较强的机械强度和抗酸碱性。扫面电镜（SEM）显示成熟石英砂滤料表面孔隙发达，为物理吸附创造了条件。

（2）生物除铁锰滤料再利用除氟吸附时间约为 3h，吸附速率符合二级反应速率模型；在 pH 为 3～7 时滤料再利用除氟效果较好，且 pH=4.58 时效果最佳；其除氟方式以化学作用为主，吸附等温线符合 Langmuir 模型。

（3）动态试验表明，氟化物的去除率随着滤层厚度的改变而改变，滤层厚度越小泄漏越早。试验条件下，柱高 30cm、40cm、50cm 的滤层其泄漏时间分别为 13h、17h、19h，合格出水量分别达到了 53.4L、64.8L、72.4L，动态吸附容量分别为 0.221mg/g、0.201mg/g、0.189mg/g。

（4）浓度为 0.1 mol/L 的 NaOH 溶液可作为再利用滤料的再生液。滤速一定的前提下，通过增加再生液用量、增加淋洗时间可延长再利用滤料的使用寿命。在再生 10 次之后其达标水生产能力仍能达到新鲜再利用滤料的 74.2%。

（5）作为一种以天然水体中的铁锰作为改性剂、利用生物作用制备的吸附材料，生物除铁锰滤料具有良好吸附材料的潜质，有深入研究的空间和实际应用的前景。

第 9 章　微污染地下水水源处理工程应用

9.1　微污染高锰低铁地下水处理集成技术中试基地概况

中试基地坐落在沈阳市水务集团有限公司第一水厂，该水厂始建于 1961 年，占地面积 17.41 万 m²，所辖李官、郎家、于洪、丁香、工人村 5 处水源，为地下水取水制水厂。2009 年、2011 年又先后接收了沙岭水厂和李官配水厂，主要担负铁西、于洪两区企业，事业单位及居民生活用水，共有一次取水井 115 眼，储水池 8 座，输水管路 51km，日设计供水能力 40 万 m³，现日综合生产能力为 16 万 m³/d。

中试试验基地设在沈阳市第一水厂，图 9.1 为中试装置试验现场图，图 9.2 为中试基地照片，工艺为跌水曝气-生物强化过滤。第一套跌水曝气-生物强化过滤试验目的是验证小试试验结论，为示范工程提供更科学的工艺参数和运行规范；

图 9.1　中试试验装置照片

图 9.2　中试基地照片

现场中试用水采用沈阳市第一水厂地下水原水，对其历年水质检测数据进行统计得到如表 9-1 所示的分析结果。

表 9-1　水源长期水质分析结果

水分析指标	原水含量范围/（mg/L）	含量平均值/（mg/L）	GB 5749—2006 指标/（mg/L）
COD_{Mn}	0.3～3.5	1.36	3
氨氮	0.02～9.28	1.61	0.5
亚硝态氮	0.001～0.094	0.03	1
硝态氮	0.01～8.92	2.30	20
总铁	0.05～16.82	1.47	0.3
总锰	2.25～6.98	5.77	0.1

现场中试期间原水水质主要指标如表 9-2 所示。从表中可以看出，地下水原水呈现出低铁、高锰、高氨氮、低 COD_{Mn} 的特征，其中铁、锰来自地层径流过程，属原生污染，氨氮和 COD_{Mn} 主要是被地表渗透污染。

表 9-2　试验水质分析结果

水分析指标	原水含量范围	含量平均值	GB 5749—2006 指标
氨氮（mg/L）	1.49～1.98	1.73	0.5
总铁（mg/L）	0.23～1.3	0.65	0.3
总锰（mg/L）	7.38～8.38	8.17	0.1
COD_{Mn}（mg/L）	2.73～3.54	3.14	3
硝氮（mg/L）	3.13～3.61	3.44	20
亚硝氮（mg/L）	0.01～0.04	0.02	1
溶解氧（mg/L）	0.13～0.35	0.27	—
跌水前水温 T/℃	10.1～10.5	10.3	—
接触罐水温 T/℃	10.5～11.8	10.9	—
pH	6.67～6.93	6.75	6.5～8.5

中试装置采用第一水厂地下水源作为原水。

9.2　跌水曝气–生物强化过滤工艺中试试验研究

9.2.1　工艺流程及参数

如图 9.3 所示，第一套中试装置为跌水曝气–生物强化滤池工艺，原水从井中抽出后，经跌水曝气水箱一级曝气，通过布水管再次跌水曝气（二级曝气）后，流入生物接触过滤罐，滤后水从底部流出。跌水水箱为不锈钢材质，尺寸为（400×500×1500）mm，跌水高度为 1.0m，堰口宽为 0.5m，接触过滤罐为不锈钢材质，高 3.2m，内径 800mm，滤层高度 1.5m，滤料采用改性火山岩陶粒，粒径 3.2～5.0mm，承托层采用鹅卵石，粒径 10～20mm，高度为 0.2m。图 9.4 为跌水曝气生物强化滤池装置图，图 9.5 为生物滤柱进水管。

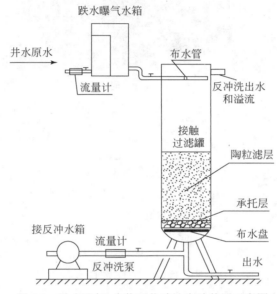

图 9.3　跌水曝气-生物强化滤池实验装置示意图

图 9.4　跌水曝气-生物强化滤池装置图

图 9.5　生物滤柱进水管

　　跌水曝气-生物强化滤池工艺从 2011 年 11 月 13 号开始运行，到 2012 年 12 月中旬结束，共 360 天左右。运行初期滤罐采用自然挂膜法通水运行半年，滤料表面几乎无生物膜，锰去除率很低，氨氮、COD_{Mn} 进出水变化不大。图 9.6 为滤罐接种挂膜前净水效果，从图中可以看出，滤罐前 5 个多月的去除效果并无太大变化，出水铁始终处于 0.1mg/L 以下，出水锰浓度在 2011 年 12 月份只比进水浓度低 0.3mg/L 左右，到了 2012 年 5 月份也仅下降不到 1mg/L，氨氮与 COD_{Mn} 的去除率也波动不大，除铁外，其他三项指标都超出饮用水标准。由于自然挂膜不成功，因此采用接种挂膜方式，于 5 月 17 日开始对滤罐进行接种，菌源选用经过实验室驯化、复配得到优势菌种组合。各菌比例按复配后净水效果最优组合选取，以求它们能最短时间相互适应，并迅速繁殖，快速提高净水效果，缩短挂膜过程。

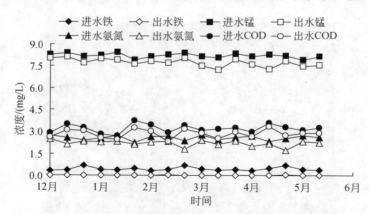

图 9.6　接种挂膜前净水效果

固定化工艺参数：

（1）优势菌种配比：根据小试试验，种子原液主要由柠檬酸杆菌（*Citrobacter*

sp.）T2、弗氏柠檬酸杆菌（*Citrobacter freundii*）T3、施氏假单胞菌（*Pseudomonas stutzeri*）X2、*Bacillus niabensis* T4 及芽孢杆菌（*Bacillus* sp.）T5 和液体培养基组成。选取各个菌种斜面培养基中的 3～4 个优势菌落分别接种到锥形瓶的液体培养基中，在 30℃摇床振荡培养 36～48h，将柠檬酸杆菌 T2、弗氏柠檬酸杆菌 T3、施氏假单胞菌 X2、*Bacillus niabensis* T4 及芽孢杆菌 T5 的发酵液按照体积比为 1：1：1：1：1 的比例均匀混合，即制成微生物复合菌剂，作为种子原液，其中柠檬酸杆菌 T2、弗氏柠檬酸杆菌 T3、施氏假单胞菌 X2、*Bacillus niabensis* T4、芽孢杆菌 T5 细菌总数比例为 6～9：4～7：2～4：3～6：3～7，种子原液细菌总数为（6～9）×10^{10} 个/mL。

（2）菌种扩大培养：采用扩培技术，将经过活化培养和按照一定比例复配而成的种子进行发酵培养，用于提高菌种对微污染水质中铁锰、氨氮和有机物的去除效果而使用的一种技术手段（图 9.7）。

图 9.7　菌种扩大培养发酵装置

扩大培养前对发酵装置做预处理，在发酵罐中加入所需的液体培养基，通过高压蒸汽灭菌系统对罐中液体进行全面消毒灭菌。预处理完成后打开循环水系统和空压机对罐内进行温控调节、搅拌速度调节、压力调节，溶氧调节，pH调节，然后注入种子原液，打开全自动运行系统，稳定系统参数在温度 30℃，搅拌速度 300rpm，溶解氧 6～8mg/L，pH=7 左右连续运行 24～38h。最后，扩大培养完成后，取出扩培菌液，对发酵罐进行冲洗以备下次使用，即完成对菌液的扩大培养。

（3）固定化工艺：接种前，对滤罐进行了长时间、高强度的反冲洗，冲刷掉原有少量滤膜，然后将预先富集好的除铁锰细菌、除氨氮细菌优势菌种组合液150L，分三批每批 50L 注入接触滤罐中，每批间隔 6 天，每次投加后停水浸泡 1～2d 后再通水运行，以使细菌能充分吸附到滤料表面。启动阶段采用较低的滤速和较弱的反冲洗强度，初始滤速 2m/h，反冲洗周期 7d，反冲洗强度 8L/（m²·s）。通过对接触柱内水面与上方布水管高差的调节，可以控制溶解氧，最高可达

7.5mg/L 及以上。

9.2.2　启动期净水效果分析

启动期间，$\rho(Mn^{2+})_{进水}$=7.46～8.38mg/L，$\rho(Fe^{2+})_{进水}$=0.23～0.59mg/L，$\rho(NH_3-N)_{进水}$=1.53～1.98mg/L，COD_{Mn}=2.73～3.54mg/L，pH 变化范围 6.63～7.19，温度变化范围 9.6～12.2℃，滤速 2m/h。铁、锰、氨氮和 COD_{Mn} 的去除率变化分别见图 9.8～图 9.11。

由图 9.8 可知，整个启动期原水铁的进水浓度都处于一个很低的水平，在 0.23～0.59mg/L，略高于饮用水标准，加之二价铁氧化还原电位低，暴露在空气中就能被迅速氧化，所以通水后第二天出水铁就已达标，并很快下降到 0.1mg/L 以下，随后一直处于稳定状态，在 0.03mg/L 左右。

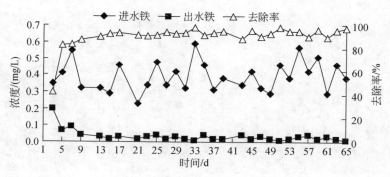

图 9.8　铁去除效果

由图 9.9 可知，在试验启动初期，滤罐对锰的去除率虽然有起伏，但能明显看出其上升趋势。此去除率快速上升阶段一直持续到第 30 天左右，第 29 天的出水锰浓度达到了 1.13mg/L，去除率达到 85.8%。这是由于挂膜所用细菌组合，经过长期的驯化、复配，已经相互适应，活性较高，投加到滤罐内，吸附在滤料表面后，能很快度过适应期，进入快速增长期，从而迅速提高去除率。并且在启动初期，锰和氨氮的去除率较低，因此耗氧量也较低，此时期溶解氧较充足，能够维持微生物较高的活性，使其能迅速繁殖，满足其高效率的除锰需求，除锰菌的除锰能力得到充分释放。

随后滤罐进入了一个较长的去除率缓慢提高的阶段，到第 65 天时，去除率稳定在 92% 左右，但出水锰浓度仍在 0.5mg/L 左右。由于氨氮是此类水中的耗氧大户，1mg/L 氨氮完全硝化需要 4.6mg/LDO，所以随着对污染物去除效果越来越好，滤罐内耗氧量大量增加，导致底部溶解氧的不足。

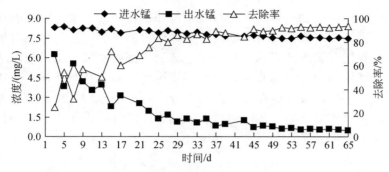

图 9.9　锰去除效果

有文献测得氨氮浓度较高时，出水溶解氧会降低至零，但考虑到反应速率，出水溶解氧不会达到 0mg/L，加之测量方法的误差，实测出水溶解氧为 0.7mg/L 左右。底部生物滤层对氧的激烈竞争，从而制约了除锰效果的继续提高。虽然出水锰始终没有达标，即没有低于 0.1mg/L，但锰浓度从 7.5～8mg/L 下降到 0.5mg/L 也足以看出滤罐有较好的除锰能力。

由图 9.10 可知，氨氮去除率在初期振荡提高，25 天后出水开始部分达标，33 天后稳定在 0.5mg/L 以下。除氨氮细菌在启动阶段初期经过短暂的适应期后，开始迅速繁殖，氨氮去除率很快提升，但到了 30 天左右时，去除率的上升趋于缓和。在启动阶段后期氨氮出水仍有起伏现象。值得注意的是，滤罐的锰去除率与氨氮去除率都经历了一个快速上升阶段，随后几乎同时趋于平缓，二者在时间上的变化很相似，这应该是启动后期耗氧量逐渐增大，共同受到低溶解氧制约引起的。除锰过程与除氨氮过程相似，溶解氧、温度相同的条件下，铁锰细菌与硝化细菌的生长周期基本一致，曝气生物滤池是能够同时去除铁、锰、氨氮的。

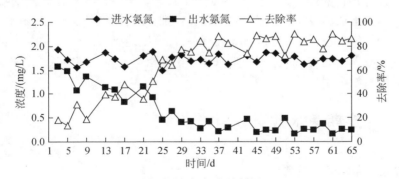

图 9.10　氨氮去除效果

对于 COD_{Mn}，去除效果如图 9.11 所示，生物滤罐对 COD_{Mn} 具有稳定的去除效果，试验 7 天后，出水持续浮动在 1.5mg/L，满足生活饮用水卫生标准。原水中的 COD_{Mn} 刚刚超过 3mg/L，有机物浓度较低，而其中只有一部分能被微生物利用，因此异养微生物较少，不会与铁锰菌和硝化细菌形成空间上的竞争。张建林通过对不同有机物浓度下生物滤层除锰效果的研究，认为外来有机污染物对滤层生物除锰并无本质影响，只是导致滤层下部溶解氧不足而使滤层除锰能力下降，除锰效果变差。因此少量外来有机污染物的存在对其他污染物处理效果影响不大。但是地下水中存在的天然大分子有机物，如各类腐殖酸等，会与铁、锰产生大分子络合物，从而阻碍二者的去除，其阻碍作用的大小与腐殖酸的浓度、分子量等有关。

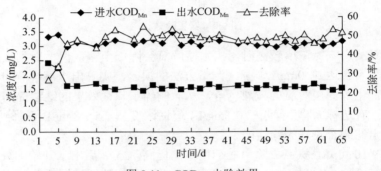

图 9.11　COD_{Mn} 去除效果

综上所述，铁与 COD_{Mn} 由于原水中浓度较低，所以在启动初期便稳定达标；而生物滤池中对锰和氨氮的去除主要依赖于微生物的作用，这些微生物主要存在于滤料表面和滤料缝隙中，滤料表面的主要是处于固定状态的生物膜，滤料缝隙的是处于游离状态的各类微生物。在生物滤层培养初期，滤罐的除锰、氨氮能力主要来自于游离态的微生物，由于初始的微生物量有限，所以除锰、氨氮能力相对较差，经过短暂的适应期后，除铁锰细菌、除氨氮细菌迅速在滤罐繁殖，并逐渐在滤料表面形成活性生物滤膜，在试验进行到 40 天左右的时候，使出水锰浓度、氨氮浓度处于较低值，锰达到 0.5mg/L 左右，氨氮达到 0.4mg/L 左右。这表明滤料已经基本成熟，这与普通挂膜时间 60～70 天相比，大大缩短了滤料成熟时间，验证了优势复配菌组合的净水能力。

9.2.3　稳定期净水效果分析

1.滤速对净水效果的影响

由于滤罐出水锰始终未达标，因此在第 66 天把滤速调低到 1m/h 运行 8 天，从第 69 天开始，出水锰达标。随后又重新提高滤速，分别在 1.5m/h、2m/h、3m/h 下运行 6 天，在此阶段 $\rho(Mn^{2+})_{进水}$=7.46～7.68mg/L，$\rho(Fe^{2+})_{进水}$=0.23～

0.59mg/L，ρ（NH$_3$-N）$_{进水}$=1.49～1.93mg/L，COD$_{Mn}$=2.93～3.47mg/L，净水效果见图 9.12。

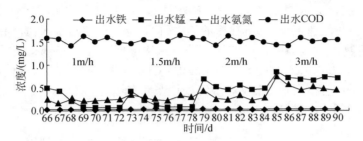

图 9.12　不同滤速下净水效果

由图 9.12 可见，滤速提高对铁、COD$_{Mn}$ 的去除几乎没有影响，一直能持续稳定达标，而对锰和氨氮影响较明显。铁的去除没有变化的原因是，铁易于氧化，同时原水浓度也低，所以滤层对铁的抗冲击负荷较强；而对于有机物，地下水中只有一部分可以为微生物所利用，而且在滤层的中上部，即溶解氧较充足的滤层，浓度就已经下降到 1.5mg/L，所以滤速对其几乎没有影响。

滤速调至 1m/h 后第 4 天，即试验第 69 天开始锰出水低于 0.06mg/L；第 73 天提高滤速至 1.5m/h，出水锰能够在第 76 天逐渐降低至 0.1mg/L，达标；第 79 天滤速提高到 2m/h 及以上时，锰开始迅速超标，稳定在 0.5mg/L 左右；第 85 天在 3m/h 时出水锰达到 0.74mg/L。通常情况下，滤速这种幅度的提高，仅会在初始几天内，使出水水质微小波动，但不久就会达到锰浓度与除锰菌代谢的平衡，重新实现出水水质的稳定达标。但在本试验中，由于原水锰和氨氮浓度高，使溶解氧消耗很快，尤其是氨氮的亚硝化、硝化反应需要大量氧气，滤速的提高使氧气供应不足，3m/h 时出水溶解氧仅 0.54mg/L，导致出水锰浓度严重超标。

滤速变化对氨氮的影响没有对锰那么敏感，滤速由 1m/h 增到 1.5m/h 再增到 2m/h 时，氨氮出水浓度并没有特别明显的起伏，只是在短暂上升后，又重新回到低位，在 0.2～0.35mg/L，当增加滤速至 3m/h 时，出水氨氮浓度达到 0.45mg/L，仍可达标。可见滤层对氨氮的抗冲击负荷能力要比锰稍强，这验证了前人认为锰的去除是污染物同步去除关键的结论。

由图 9.13 可知，从 90 天后滤速由 3m/L 下降到 1.5m/L 后，滤速下降对铁、COD$_{Mn}$ 的去除几乎没有影响，能够一直保持原有状态稳定达标，而对锰和氨氮的影响显著。铁的去除一直依赖于跌水曝气的空气接触氧化和滤柱中的生物氧化，同时原水中总铁含量较低，因此一定范围内滤速的调整对铁的去除效果并不明显，能够完成对铁的有效去除；有机物的去除与铁类似，均依赖部分的空气接触氧化和生物氧化，不同的是有机物去除效果额外来源于部分的过滤吸附，同时原水中有机物含量不高，能够在较低滤速下完成对有机物的有效去除；随着滤速的下降，原本超标的锰和氨氮的去除效果有所改善，能够恢复到之前的良好运行状态，完成对锰和氨氮的有效去除，使出水水质达到生活饮用水卫生标准。总之，在滤速调至 1.5m/L 后的 60 天内，能够稳定出水水质，完成对铁锰、氨氮和有机物的有效去除，能够控制铁出水浓度低于 0.08mg/L，出水锰浓度低于 0.09mg/L，出水氨氮浓度低于 0.4mg/L，COD_{Mn} 控制在 1.3～1.8，确保了工艺的连续运行稳定性，同时完成对微污染地下水的有效净化，使出水稳定安全，达到生活饮用水卫生标准。

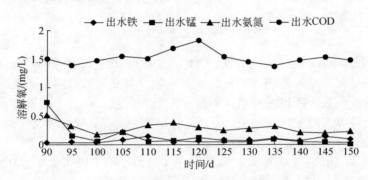

图 9.13　滤速 1.5m/L 下净水效果

2.沿滤层厚度净水效果分析

在滤速为 1m/h、2m/h、3m/h 时，分别在滤层厚度 0m（进水）、0.38m、0.75m、1.12m，1.5m（出水）处取样，测定总铁、总锰、COD_{Mn}、氨氮、硝酸盐、亚硝酸盐、DO 浓度，其结果如图 9.14～9.16 所示。

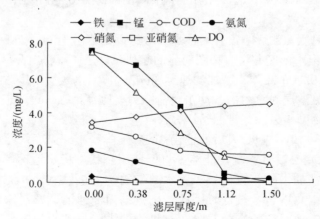

图 9.14　1m/h 滤速下沿程净水效果

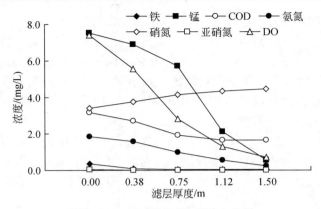

图 9.15　2m/h 滤速下沿程净水效果

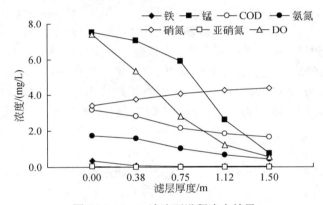

图 9.16　3m/h 滤速下沿程净水效果

图 9.14 为在 1m/h 滤速下滤罐的沿程净水效果,如图所示,铁由于易于氧化,且浓度也较低,在刚进滤层就有很好的去除效果,主要去除空间应该在 10cm 左右。COD_{Mn} 在整个滤层都有去除,且表现为中部去除更快些,当浓度下降到 1.5mg/L 时便趋于稳定。锰和氨氮在滤层中上部去除率较高,在滤层厚度 112cm 处,锰浓度下降到 0.24mg/L,氨氮浓度下降到 0.18mg/L,在滤层底部则浓度下降开始趋于缓慢。DO 在水中污染物去除较快的中上部消耗很快,到滤层深度 112cm 时,已下降到 1.56mg/L,随后也趋于平缓。

对比图 9.14～图 9.16 可以看出,锰、氨氮、COD_{Mn} 的去除区间随着滤速的增加,整体向下推移。在 1m/h 滤速下,氨氮的去除空间在 0～110cm,锰由于有铁的存在整体略靠下一段,去除区间在 10～110cm,COD_{Mn} 去除区间在 0～75cm;滤速提高到 3m/h 时,锰与氨氮在滤层 40～150cm 内较快去除,COD_{Mn} 去除区间下降到 40～110cm,出水锰超标严重,氨氮勉强达标,COD_{Mn} 稳定达标。

观察不同滤速下的净水效果可以发现,溶解氧沿滤层下降很快,尤其在污染物去除较快的滤层中上段。滤速 1m/h 时出水 DO 值为 1.03mg/L，滤速 3m/h 时，112cm 处 DO 已经下降到 1mg/L 左右，而此时锰的去除仍然处于较高的效率，滤层 112cm 到 150cm 处，DO 已下降至 0.5mg/L，而锰浓度仍在此阶段下降了约 1mg/L，表明除锰微生物属于微耗氧菌，在溶解氧不高的情况下也能对锰有一定的去除效果。虽然除锰细菌与硝化细菌在滤层中下段对溶解氧存在竞争，但是二者并未表现出谁有明显的优势。净化铁、锰及氨氮共存地下水时，曾得出结论：氨氮浓度在 6.65mg /L 以下时，对铁的氧化没有太大影响，但对锰的去除有一定影响。氨氮对生物除锰没有直接抑制，其对后者的影响主要表现在对溶解氧的争夺。锰、氨氮沿空间上的去除规律相似，二者可以在空间上同步去除，其关键在于有充足的溶解氧，尤其是中下部的溶解氧。

对比不同滤速下的三氮浓度变化规律可以发现，氨氮并没有全部参与亚硝化、硝化反应，氨氮降低值比硝氮、亚硝氮增加值多 0.3~0.7mg/L，即发生了"氮亏损"现象。对于这一现象有两种解释，一种认为是氮被微生物自身合成所消耗，即同化作用导致的。另一种解释认为，微生物的同化作用，消耗不了这么多的氮，"氮亏损"现象可能是由于氨氧化细菌的作用。氨氧化细菌在 DO 受到限制时将部分 NH_3-N 氧化为 NO_2^--N，NO_3^--N 后，通过扩散作用进入生物膜内层；在生物膜内部缺氧部位，同一细菌再以 NH_3-N 作为电子供体把 NO_2^--N 还原为 N_2。

3.反冲洗对净水效果影响

生物强化滤池去除水中污染物，不仅靠普通滤池的吸附和截留功能，其起主要作用的是滤料表面上处于固定状态的生物膜及滤料缝隙间处于游离状态的各类微生物。在启动期为了不影响微生物的正常生长，初期反冲洗需采用较弱的反冲强度，反冲周期也应适当延长。但在稳定运行期，反冲强度如果较低，滤罐会长期处于冲洗不完全的状态，铁泥及脱落的生物膜容易积累，造成滤料板结，阻碍水流的顺利通过，并影响正常过滤。

启动期为不影响微生物挂膜，加之原水进水铁浓度低，铁泥积累较慢，所以采取弱反冲洗，反冲洗强度 8L/（m^2·s），反冲洗时间 3min，反冲洗周期 7d；进入稳定期后调整为，反冲洗强度 12L/（m^2·s），反冲洗时间 5min，反冲洗周期 4d（图 9.17）。

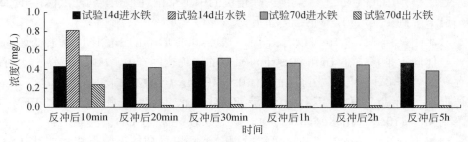

图 9.17　反冲洗后除铁效果

生物滤罐的反冲洗，旨在使滤层能够正常有效地运行，但反冲洗肯定会冲刷掉部分生物滤膜，减少滤层中的生物量，从而在反冲后短期内影响出水水质。其影响程度有多大，出水水质需要多长时间才能恢复，是考察反冲洗强度、时间和周期是否得当的标准。于是分别在试验第 14 天（启动期）、试验 70 天（稳定期）对反冲洗后不同时间的进出水进行了取样检测，检测结果见图 9.18～图 9.20。

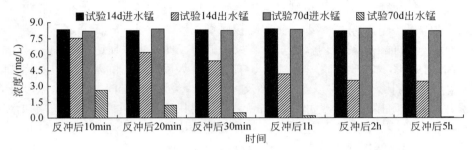

图 9.18　反冲洗后除锰效果

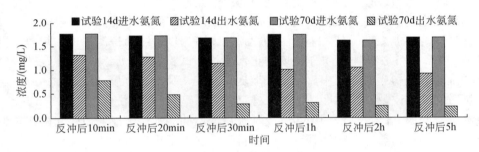

图 9.19　反冲洗后除氨氮效果

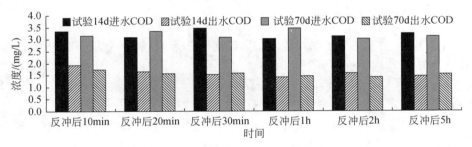

图 9.20　反冲洗后除 COD_{Mn} 效果

图 9.18 为试验 14 天与试验 70 天反冲洗后除锰效果对比，如图所示，试验 14 天反冲洗后，出水浓度逐渐下降，10min 时出水锰浓度为 7.52mg/L，随后逐渐在反冲后 5h 回落至 3.4mg/L，恢复到原水平；而在试验第 70 天，出水锰并没有前者波动如此明显，反冲后 10min 出水锰浓度为 2.65mg/L，随后开始迅速回落，反冲后 1h 时，出水已达到生活饮用水卫生标准。

上述结果是与滤料成熟程度紧密相关的，随着生物滤池的连续运行，滤层中以优势除铁锰菌为主的多种微生物群系，形成了成熟稳定的生物除锰机制，稳定运行期，在滤速较低、溶解氧充足的情况下，滤层对锰具有一定的抗冲击负荷能力。在启动初期，反冲洗后初滤水锰浓度陡然增大，这是由于滤料还未培养成熟，抗冲击能力弱，反冲洗冲刷掉了截留的铁泥和积累在滤料表面细菌代谢产物，陶粒之间的缝隙增加，微生物量减少。而在稳定期，反洗后滤料表面生物膜得到了更新，使活性更高的除铁锰细菌更容易接触锰离子，同时在较低滤速下，溶解氧保持充足，从而在短时间内恢复了原有处理能力，使出水水质达标。

图 9.19、图 9.20 分别为试验 14 天与试验 70 天反冲洗后除氨氮效果对比和除 COD_{Mn} 效果对比，图中可以看出，在反冲洗后，氨氮与 COD_{Mn} 的出水浓度没有铁、锰那样的明显波动，反冲后 20min 去除效果只比未反冲时稍差，随后基本恢复到原有去除能力，说明滤层对氨氮和有机物的抗冲击负荷能力较强，这与前面研究不同滤速下滤层净水效果的结论一致。

反冲洗参数选择的原则主要有两方面：一是冲刷掉滤料间隙中铁泥、滤料表面老化的生物膜及各类微生物的代谢产物，恢复滤层的过水能力和去除效果；二是保证冲洗不能太过剧烈，不使生物膜损失太多，以持续维持滤罐内生物净水机制的平衡，不至影响下一工作周期的正常运行。试验表明，启动期和稳定期设计反冲洗参数是得当的，其中启动期采取弱反冲洗，反冲洗强度 $8L/（m^2 \cdot s）$，反冲洗时间 3min，反冲洗周期 7d；进入稳定期后调整为，反冲洗强度 $12L/（m^2 \cdot s）$，反冲洗时间 5min，反冲洗周期 4d。反冲洗后滤层的净水能力能够短时间内恢复到反洗前水平，随着滤罐的持续运行，滤料表面附着了相当数量的各类除铁锰、除氨氮等细菌，它们形成了较稳定的微生物群系，具有较强的抗冲击负荷能力。

4.进水溶解氧的影响

从 5 月 13 日至 7 月 1 日，试验过程保持水质稳定达标和控制滤速变化在一定范围内不变，考察沿程溶解氧随时间变化曲线。试验过程中平均进水水温 11℃，滤速 2m/h，出水水质中铁锰、氨氮和有机物均达到生活饮用水卫生标准。测定沿程溶解氧浓度，可以得到跌水工艺对进水溶解氧变化的影响。

如图 9.21 所示，溶解氧在铁锰、氨氮和有机物的去除过程中发挥着重要作用。原地下水源水中溶解氧浓度最低，达到 0.08mg/L，生物滤柱进水管出水处最高，溶解氧平均值达到 6.31mg/L，跌水后出水达到 3.64mg/L 左右，经过生物滤柱进水布水装置后，溶解氧浓度能够达到 6.31mg/L。分析结果表明，在跌水曝气氧化过程中，能够通过短暂地提升溶解氧和增加与空气的接触面积，氧化部分的微污染物质；滤柱中大量消耗的溶解氧表明，微生物能够在此种水质中大量存活并保持较高活性，溶解氧参与铁锰、氨氮和有机物的氧化反应，在生物氧化中发挥了重要作用，使出水水质稳定并达到生活饮用水卫生标准。

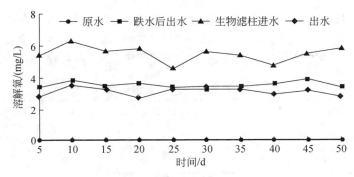

图 9.21 沿程溶解氧随时间变化曲线

5.滤料表面生物特性分析

1）细菌总数分析

（1）除锰细菌计数。分别在启动期及稳定期，从滤罐中部取一定量滤料，称得重量后，加入无菌水中，充分振荡。将振荡后得到的悬浊液梯度稀释，用普通 LB 培养基进行平板培养，在 30℃下培养 7 天。培养完成后查菌落个数，换算得到每克滤料表面的细菌总数。

TMPD（N, N, N', N'-四甲基对苯二胺），可以与高价锰反应生成 Wurster Blue 而变蓝。从培养基上刮取少量菌落，滴加 TMPD，同时设空白对照，若变蓝，则说明该菌具有氧化 Mn^{2+} 的能力，从而计算出每克滤料表面除锰菌的大概数量。

表 9-3 为试验启动 20 天后、启动 40 天后滤料表面细菌数对比。从表中可以看出，在启动 20 天时滤层中部滤料表面就已经有大量细菌存在，每克滤料约附着了 $3.5×10^5$ 个细菌，其中除锰细菌的数量大约占总菌数的 40%；到启动 40 天时，滤料表面附着的细菌量上升到了 $2.1×10^6$ 个/g 滤料，除锰细菌数也达到了 $1.2×10^6$ 个/g 滤料，约占总菌数的 60%。

表 9-3 滤料表面细菌数

滤料取样时间	平均总菌数/（个/g 滤料）	平均除锰菌数/（个/g 滤料）
试验启动 20d	$3.5×10^5$	$1.5×10^5$
试验启动 40d	$2.1×10^6$	$1.2×10^6$

可以看出，随着试验时间的延长，滤料表面附着的细菌数量大大增加，其逐渐取代了滤料缝隙之间游离细菌的作用，40 天后滤料表面的总菌数已经达到 10^6 这一数量级，标志着滤料的生物除锰机制已经基本成熟，而且除锰细菌占总菌量的比重也有所提高，这比通常挂膜时间（60～70 天）要节省很多时间。

（2）除氨氮细菌计数。除氨氮细菌数量的测定，在琼脂培养基上很难进行，但是在液体培养基中富集培养后，采用 MPN 法，可容易计算其数量。

除氨氮细菌包括亚硝化细菌和硝化细菌两类，所以其计数也包括两个步骤，即对亚硝化细菌和硝化细菌分别计数，二者之和为硝化细菌的数量。取滤层中部滤料充分振荡，取适量上清液，梯度稀释培养的结果见表 9-4～表 9-8。

表 9-4　试验启动 20 天亚硝化菌阳性情况

振荡后上清液稀释度	10^{-3}	10^{-4}	10^{-5}	10^{-6}	10^{-7}	10^{-8}
阳性管数	3^+	3^+	3^+	0	0	0
数量指标	3	3	3	0	0	0

试验得到数量指标为 3、3、3，查表后，换算得每克滤料中所含的最大可能菌数（MPN）为 1.4×10^5 个。

表 9-5　试验启动 20 天硝化菌阳性情况

振荡后上清液稀释度	10^{-3}	10^{-4}	10^{-5}	10^{-6}	10^{-7}	10^{-8}
阳性管数	2^+	2^+	1^+	0	0	0
数量指标	2	2	1	0	0	0

试验得到数量指标为 2、2、1，查表后，换算得每克滤料中所含的最大可能菌数（MPN）为 4.3×10^4 个。

表 9-6　试验启动 40 天亚硝化菌阳性情况

振荡后上清液稀释度	10^{-3}	10^{-4}	10^{-5}	10^{-6}	10^{-7}	10^{-8}
阳性管数	3^+	3^+	3^+	2^+	0	0
数量指标	3	3	3	2	0	0

试验得到数量指标为 3、3、3，查表后，换算得每克滤料中所含的最大可能菌数（MPN）为 1.1×10^6 个。

表 9-7　试验启动 40 天硝化菌阳性情况

振荡后上清液稀释度	10^{-3}	10^{-4}	10^{-5}	10^{-6}	10^{-7}	10^{-8}
阳性管数	3^+	3^+	1^+	1^+	0	0
数量指标	3	3	1	1	0	0

试验得到数量指标为 3、1、1，查表后，换算得每克滤料中所含的最大可能菌数（MPN）为 2.7×10^5 个。

表 9-8　滤料表面细菌数对比

滤料取样时间	平均总菌数/（个/g 滤料）	平均除锰菌数/（个/g 滤料）	除氨氮细菌 MPN 数/（个/g 滤料）
试验启动 20 天	3.5×10^5	1.5×10^5	1.83×10^5
试验启动 40 天	2.1×10^6	1.2×10^6	1.37×10^6

表 9-8 为滤料表面细菌数对比表，除氨氮细菌的 MPN 数要比除锰细菌数大，尤其是试验启动 40 天时，二者相加竟然比总菌数大。这其中有两个原因，首先总菌数是在普通 LB 培养生长的微生物数，滤料实际菌数应该比此数高，另外接种的部分除铁锰细菌具有除氨氮能力，所以通过 MPN 法测得的除氨氮菌数与除锰菌数有一定重合。

对比表 9-4～表 9-8 可以得出，亚硝化细菌数、硝化细菌数分别从启动 20 天的 1.4×10^5 个/g 滤料、4.3×10^4 个/g 滤料，增长到启动 40 天的 1.1×10^6 个/g 滤料、2.7×10^5 个/g 滤料，总除氨氮菌也由 1.83×10^5 个/g 滤料增长到 1.37×10^6 个/g 滤料。可以从滤料表面除氨氮菌数量的变化来解释为什么滤罐具有较好除氨氮能力，值得注意的是，硝化细菌比亚硝化细菌在数量上要少得多，但亚硝酸盐却没大量积累，说明硝化细菌对亚硝酸盐的氧化效率很高。

2）滤料表面变化

为了研究滤料表面试验前后的变化，对试验初始时、试验 80 天时滤料进行了扫描电镜观察，如图 9.22 和图 9.23 所示。

图中可以看出，初始时，陶粒表面上明显没有微生物的附着，布满了大大小小凹陷的孔洞，内部还分布着微孔与中孔，这些孔洞容易附着吸附微生物，且比表面积大，易于微生物的繁殖，从而形成密集的生物膜。试验 80 天后，滤料表面被铁泥及大量的杆菌、球菌所附着，微生物覆盖的相当密集，相互交织，纵横交错，原有孔洞被填塞。两图对比，直观地说明了生物膜有大量杆状、球状细菌的存在，这与复配后的除铁锰细菌、除氨氮细菌特点相符。

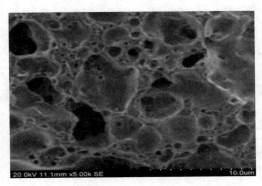

图 9.22　试验初始滤料表面扫描电镜对比图

图 9.23　试验 80 天滤料表面扫描电镜对比图

9.3　跌水曝气–生物强化过滤工艺中试技术经济分析

与所有处理工程一样，在确定一种工艺是否可行时，应该进行经济技术比较，在若干可行方案中选出技术上可行、经济上合理的优选方案。大规模水处理工程，如水处理厂处理水回用工程一般均列入国家正式基建项目，设计单位按照规定的设计程序进行方案比选，根据技术经济比较的结果优选出合理的方案。技术方案的可比性应该包括以下几个方面。

1.技术指标上的可比性

不同方案的比较，必须使比较方案在处理水量、处理水质等主要要求上是同一标准，若有不同，在技术经济比较中做相应的校正。

2.消耗费用方面的可比性

每个方案的实现都必须消耗一定的社会劳动或费用。由于每个方案的技术经济特性不尽相同，它们在各方面所消耗的劳动或费用也不相同。为了使各个回用方案都能正确地进行经济效果的比较，各个回用方案的消耗费用必须从整个社会和国民经济的观点出发，从建筑系统的科研、设计、建材、设备、施工、使用和管理出发考虑水处理工艺方案的社会全部消耗费用。而不是只从个别环节、个别部门的消耗费用出发考虑。对此，我们必须采用统一的计算原则和方法，否则方案之间就不可比。

3.价格指标方面的可比性

每个方案都要消耗一定费用，然而，对消耗的费用和创造的财富都需要利用价格指标进行计算。如果对于不同的方案采用的价格指标不一致，那么每个节能方案经济效果的计算和它们之间相互比较的结果就不正确。所以在技术经济分析中必须重视价格指标上的可比性。

4.时间上的可比性

方案的经济效果除了有数量的概念外，还具有时间概念。例如，两个方案的年处理水量、投资、成本等都完全相同，但工期上或者使用年限上有差别，这两个方案的经济效果是不相同的，不能进行比较，必须考虑时间因素以后，才能进行互相比较。

因此，在对不同方案进行经济比较的时候，要严格按照上面列举的可比性原则进行比较，否则比较出来的结论不具有科学性，不能说明该方案是否是最佳方案，造成盲目投资的损失。

9.3.1 主要经济技术指标

由于对一种方案的技术经济论证，需要进行统一的量化，形成可比较的数据，因此，对于不同的数据要进行量化处理，这样才使不同的方案在经济上可以比较，但是单一的公式或者指标是很难衡量整体的经济可行性，这就要找出一系列的指标来反映。根据经验和具体工程操作，选择的指标如下。

1.投资费用

投资是社会为实现方案而支出的并在方案使用中长期占用的费用。在计算投资时，不仅要计算实现方案本身的投资，也要计算方案提供各种服务设施、环境保护、改善劳动条件的投资，在一定的经济条件下可进行适当的简化。

2.运行成本

成本是指方案完成以后，设施运行所需要的日常费用。它是运行过程中所消耗的以货币形式表现的职工工资、资源材料消耗、维护管理费用和固定资产折旧费用的总额。在具体评价中，它包括设施的折旧大修费；动力费用，可按设施的实际电耗或按设计、运行参数计算；材料费，包括中水设施运行所需的各种药剂等，辅助材料为设备运行所需的各种消耗品，对于水泵站等辅助材料费按动力费的3%计算；人工费及其他费用。

3.物资及资源消耗量

物资及资源消耗量是指在建设和使用过程中为实现方案所需消耗的某种物资和需要占用的土地资源，一般以实物形态表示。在具体应用中，该指标可分为：建设过程中的物资和资源占用、使用过程中的物资消耗及回用单位中水所需要消耗的物资和需要占用的土地资源。

4.时间

时间是一种特殊的资源，它也是有价值的。在项目中它主要反映在工程的建设工期上。水处理工艺的一系列费用分析项目见表 9-9。

表 9-9　方案费用具体项目

项目	说明
设计费用	专业设计人员及单位设计方案的费用
方案的实施费用	包括有关材料、设备与建筑施工费用
征地费用	由于场地限制，复杂的节水工程可能需要征地
对生产和生活上带来的损失费用	这主要指对已有的建筑实施措施，造成生产停产和居民生活不便等费用
项目的运行、维修费用	包括能源消耗，材料、职工工资及管理费用等
设备的折旧费用	设备耗损、升级、更新的费用
外部费用	与外部效益相对应的那部分费用

9.3.2　投资估算

以处理水量 1 万 t/d 的城镇小型自来水厂为例，将水厂的日处理水量设计为 10000m^3/d，同时对工艺进行建筑工程、设备购置和安装工程三方面的投资估算，具体价格如表 9-10 所示。

表 9-10　跌水曝气-生物强化滤池工艺投资估算

工程费用名称	估算价格（万元）		
	建筑工程	设备购置	安装工程
调节池与提升泵站	25.2	14.9	2.0
跌水曝气装置	8.3	5.2	1.0
生物滤池（含滤料）	41.4	20.7	3.0
反冲洗系统	15.0	9.4	1.5
清水池	21.8	3.8	1.0
电器设备		15.3	2.0
仪表与自控设备		11.7	3.0
土方与基础工程	53.1	10.9	2.0
合计	164.8	91.9	15.5
总计		272.2	

跌水曝气-生物强化滤池工艺，首先是在工艺上流程相对简单，没有较为复杂的构筑物，不需要强曝气装置，因此在整个前期投资有很大优势。工艺的投资估价为 0.2722 元/（m^3/d）。

9.3.3　运行成本估算

以下分别对工艺运行成本进行估算，其计算过程中所用到的基础数据见表 9-11。

表 9-11　基础数据表

项目	取值	项目	取值
基本电价/（元/kW·h）	0.8	房屋平均折旧率/%	2
设备平均折旧率/%	10	大修费率/%	2.2
设计员工人数/人	6～8	员工工资/（元/月）	2000

1.跌水曝气-生物强化过滤工艺运行成本估算

1）能耗费

本工艺采用跌水曝气，无额外用电设备，提升泵运行 24h/d，反洗泵运行 5min/d。

能耗费=24h×55kW×0.8 元/度+5/60h×110kW×0.8 元/度=1063 元/d。

2）房屋折旧费

设房屋平均折旧年限为 50 年，则房屋折旧费=164.8 万元×2%/365d=90 元/d。

3）设备折旧费

设设备平均折旧年限为 10 年,则设备折旧费=91.9 万元×10%/365d=252 元/d。

4）维护及大修费

大修费率按固定投资 2.2%计算，维护及大修费=（164.8+91.9）×2.2%/365d=155 元/d。

5）工资及福利费

本工艺流程较简单，工人定员 6 人，每月工资按 2000 元计算：人工费=6×2000/30d=400 元/d。

则运行成本分析见表 9-12。

表 9-12　跌水曝气-生物强化滤池工艺运行成本分析

项目	运行成本/（元/m^3）	所占比例/%
能耗费	0.1063	54.2
房屋折旧费	0.009	4.6

续表

项目	运行成本/（元/m³）	所占比例/%
设备折旧费	0.0252	12.9
维护及大修费	0.0155	7.9
工资及福利费	0.04	20.4
总计	0.196	100.0

从表 9-12 可以看出跌水曝气-生物强化滤池工艺运行成本为 0.1960 元/m³，其中能耗费所占比例最大，占总运行成本的 54.2%，其次是员工的工资及福利费，占运行成本的 20.4%。在此表中本工艺初期投资省，运行成本较低的特点可以很容易看到，下面继续对其他两套工艺进行估算。

2.传统曝气生物滤池工艺运行成本估算

1）能耗费

本工艺采用跌水曝气，无额外用电设备，提升泵运行 24h/d，反洗泵运行 5min/d。

能耗费=24h×55kW×0.8 元/度+5/60h×110kW×0.8 元/度=1063 元/d。

2）房屋折旧费

设房屋平均折旧年限为 50 年，则房屋折旧费=149.4 万元×2%/365d=82 元/d。

3）设备折旧费

设设备平均折旧年限为 10 年，则设备折旧费=80.4 万元×10%/365d=220 元/d。

4）维护及大修费

大修费率按固定投资 2.2%计算，维护及大修费=（149.4+80.4）×2.2%/365d=139 元/d。

5）工资及福利费

本工艺流程较简单，工人定员 6 人，每月工资按 2000 元计算：人工费=6×2000/30d=400 元/d。

运行成本分析见表 9-13，从表中可以看出，传统弱曝气生物滤池工艺运行成本为 0.1904 元/m³，其中能耗费所占比例最大，占总运行成本的 55.8%，其次是员工的工资及福利费，占运行成本的 21.0%。与跌水曝气-生物强化滤池工艺一样，本工艺同样具有初期投资省，运行成本较低的特点，生物强化滤池的运行成本要比本工艺高 10.3%。

表 9-13　传统弱曝气生物滤池工艺运行成本分析

项目	运行成本/（元/m³）	所占比例/%
能耗费	0.1063	55.8

续表

项目	运行成本/（元/m³）	所占比例/%
房屋折旧费	0.0082	4.3
设备折旧费	0.0220	11.6
维护及大修费	0.0139	7.3
工资及福利费	0.0400	21.0
总计	0.1904	100.0

9.4　示　范　工　程

沈阳水务集团有限公司下辖 9 个水厂，现状供水人口 420 万人，现状总供水能力 155.7 万 m³/d。城市供水水源有浑河地下水、辽河地下水和大伙房水库地表水。随着沈阳市经济社会发展和人民生活水平的提高，近三年来每年实际供水量以 6 万 m³/d 左右的速度递增，目前所有水厂水源全部达到了满负荷生产，90% 以上水厂超设计能力运行，部分水源水质超标，其中翟家水源（沈阳水务集团九水厂）水质超标问题尤为突出。

9.4.1　示范工程现状及存在的问题

翟家水源位于沈阳市铁西新区大青乡西胜村的城乡结合部，占地面积 81.374m²，系国家划拨土地。该水厂其前身是中外合资的沈阳汇津水务有限公司，是由总部设在香港的"汇津中国有限公司"投资、与沈阳自来水总公司合作的项目。该水厂项目于 1996 年 11 月 25 日开工兴建，1997 年 12 月 31 日正式投产运行，是沈阳市为了缓解供水紧张状况，改善居民生活用水及工业用水条件、"九五"期间城市基础设施的重点建设项目——"翟家水源工程项目"。水厂设计能力为 15 万 m³/d，计划分两期完成。目前为翟家水源一期工程，现供水 10 万 m³/d，主要供水范围为沈阳市铁西区。

翟家水源为浑河沈阳段地下水，水源井分布在城市下游的浑河南岸，共有水源井 34 眼，浑河北岸预留井位 21 眼，配水厂 1 座。水源井静水位 5～10m，动水位 10m 左右，不超过 13m。配水厂设计规模 15 万 m³/d。预留井位至配水厂间的输水管道和供电线路已经建成，水源井和预留井位至配水厂间的管道输水能力为 15 万 m³/d，送水泵房供水能力 15 万 m³/d，水源井供水能力 10 万 m³/d。翟家水源现状供水能力 10 万 m³/d，预留井位成井后供水能力可增至 15 万 m³/d。该取水区位第四系全新统孔隙潜水，厚度为 15～25.5m，单井出水量可达 5000m³/d，天然补给以地下径流，大气降水入渗为主，开采状况以地表水渗透入漏和侧向补给为主。在第四系全新统孔隙水层之下，有第四系上更新统孔隙浅层承压水，含水层厚度 26～76m，水量丰富。在第四系下更新系统之下，有上第三系承压水，埋深 77～113.5m，贮存一定水量。

翟家水源现有主要工艺建（构）筑物为清水池、送水泵房及消毒间，均按供水量 10 万 m³/d 规模设计。

翟家水源现状水质属于典型的微污染条件下含较高浓度铁锰的地下水水质，建设初期由于资金等问题，没有净水处理设施。随着水厂逐年运行及供水对象的调整，特别是近年来，由于地表水污染的渗透和积累，地下水受到微污染，水质部分指标超标问题显现，影响了居民的正常使用和工业生产。按照新的《生活饮用水卫生标准》（GB 5749—2006）的要求严重超标。为了解决翟家水源水质问题，沈阳水务集团与多家科研单位开展了一系列的试验研究。2009 年又作为国家水专项"典型城市饮用水安全保障共性技术研究"（2009ZX07424-002）的主要研究内容进行了深入系统的研究，并将研究成果应用于翟家水源水质改造工程。

9.4.2　主要工艺及其参数

翟家水源现供水能力为 10 万 m³/d，本次翟家水源水质改造工程建设分期实施，一期工程建设处理设施规模为 5 万 m³/d，二期工程建设处理设施规模为 5 万 m³/d。

示范工程为翟家水源水质改造工程一期工程，即在翟家水源预留场地建设处理设施规模为 5 万 m³/d，主要包括新建净水车间一座、反冲洗水池一座、排泥水处理系统（包括排水池、污泥浓缩池、脱水车间及回收水池各一座）、厂区总图及配电与自动控制工程。本工程为二期工程净水车间预留有建设用地。一期工程净水车间分为 Ⅰ、Ⅱ 两个系列，每个系列处理规模为 2.5 万 m³/d。

1.工艺流程

示范工程处理工艺根据水务集团提供的水专项研究成果，拟采用"微污染条件下除铁除锰新技术"。排泥水处理系统拟采用新建池体及离心脱水机进行脱水，干污泥运至环保部门指定的填埋场进行卫生填埋的处理工艺，具体工艺流程见图 9.24。

1）净水车间

翟家水源水质改造工程一期工程建设一座净水车间，二期工程建设一座净水车间。本工程一期净水车间设计规模为 5 万 m³/d，车间为 2 层框架结构，平面尺寸 $B \times L$=56.4m×31.6m，建筑面积为 3564.48m²。车间内部按净水工艺流程依次为曝气池、生物滤池和反冲洗泵房。

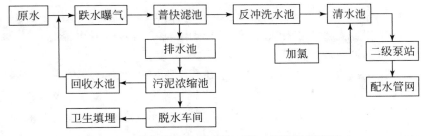

图 9.24　翟家水源水质改造工程工艺流程示意图

（1）曝气池。为了顺利地去除水中的锰离子，为生物生长提供适宜的条件，须对原水进行曝气处理，主要目的是向水中溶解足够数量的氧气。本项目采用跌水曝气池，该滤池构造简单，适用性强，便于灵活应用。又易与除铁、锰滤池相结合。采用跌水曝气，可以节省机械设备的购置、安装和运行费用，还易于管理，减少水厂人员配制。

曝气采用两级曝气，即原水由进水管跌落至曝气盘，再由曝气盘跌落至曝气池中。曝气池采用矩形钢筋混凝土水池，平面尺寸为 26.4m×9.2m，分为 2 格，池深 1.0m，有效水深 0.4m；每格池子中央设置 2 个矩形跌水堰，平面尺寸为 6.0m×4.0m，每 m 堰长单宽流量为 27m³/h。每格内安装 DN500 进水管 2 根（管口为喇叭形），DN700 溢流管 1 根和 DN700 出水管 1 根。

因为跌水曝气会产生很大水气和噪声，所以曝气池设在单独的房间内，与滤池用砖墙隔离开，并在曝气车间内设置 BT 35-11-3.55 型轴流风机 4 台，以减少车间内的潮气。

（2）滤池。根据本工程特点，生物滤池过滤方式，主要目标是去除原水中的铁、锰及微量有机物；为避免铁锰细菌繁殖堵塞，滤池采用大阻力配水系统，为同时达到除铁锰和有机物的目的，利于形成水质物质除去机制，滤料采用天然锰砂和陶粒双层滤料。

车间内设计 10 格滤池，成双排布置，每排 5 格，单池面积为 44.55m²，其平面尺寸为 $B×L$=8.1m×5.5m；滤池高度为 4.2m，其中承托层高 0.6m，滤料层高 1.5m，砂面上水深 1.6m，超高 0.3m；陶粒滤料粒径为 1.5～2.0mm，锰砂滤料粒径为 0.6～1.5mm，承托层粒径为 2～32mm。

单池进水管为 DN300，出水管为 DN300，反冲洗进水管为 DN700。滤池反冲洗采用管式大阻力配水系统，单池反冲洗配水孔眼总面积为 0.11m²，反冲洗强度取 18L/（s·m²），膨胀率为 25%，冲洗时间为 8min，冲洗周期为 24h。单格滤池内设两条 U 形排水槽，宽度为 0.64m，深 0.8m。滤池反冲洗以滤池不板结为目的，冲洗不宜过于频繁。

滤池各进、出水管上的阀门均采用电动阀门，设手动阀门保护，其中原水进水管和清水出水管路上的阀门为可调电动阀门。每个滤池均设压差变送器，用以测量滤池的阻塞情况，并将信号传送至中央控制室；在滤池的出水总管上安装浊度仪一台，用以监测滤池的出水浊度，并输出 4～20mA 信号至控制室。

（3）反冲洗泵房及反冲洗水池。反冲洗泵房设置在净水车间内，滤池出水侧，为半地下式结构。内设 KDW 350/315-110/4 型卧式单级离心反冲洗水泵三台，二用一备，通过 DN 1200 吸水干管从净水车间西侧的反冲洗水池内吸水，单台水泵工况为 Q=401L/s，H=16m，N=110kW。滤池反冲洗时，两台反冲洗水泵开启应有一定间隔，即先开一台水泵，再开反冲洗进水阀，然后再开另一台水泵，防止反冲洗初期反冲洗强度过大，造成滤料流失。

反冲洗泵房内还安装 MD 12-12D 型电动葫芦一套，用于设备的安装与维修，跨度为 12m；50QW 25-10-1.5 型潜水排污泵二台，一用一备，采用液位自动控制，排除泵房内的污水。

反冲洗水池容积按能满足 1.5 倍反冲洗水量考虑，为 721.7m³，平面尺寸 $B×L$=12.2m×23.6m，池深 3.5m，有效水深 3.2m。为保证反冲洗水量，水池出水端加设溢流堰，堰长 7.2m，堰高 3.1m，堰上水头高度为 0.10m。水池内设 NT 870 型（0～5m）投入式液位变送器一台，可连续测量池中高、低水位，并将信号传递给净水车间内的控制室。滤池须保证不能有两格滤池连续或同时进行反冲洗。

2）排泥水处理工艺

（1）排水池。排水池首先接收来自滤池的反冲洗废水，设计运行周期按 24h/d 计。水池有效容积按同时接纳 2 格滤池的反冲洗水量考虑，为 1000m³，有效水深为 2.0m。外形尺寸为 $B×L×H$=15.0m×35.0m×4.5m，水池为全地下式钢筋混凝土结构。进水时间按 8min 考虑，排水时间按 2h 考虑，整个过程是连续的。排水采用两台 200 JYWQ 250-15-18.5 型潜水排污泵，一用一备，反冲洗水均匀注入污泥浓缩池，有利于污泥的有效沉淀。

（2）污泥浓缩池。污泥浓缩池有效容积为 2100m³，外形尺寸为 $B×L×H$=35.5m×20.5m×3.2m，有效水深为 3.0m。进入污泥沉淀池的反冲洗水含水率按 99.93% 考虑，沉淀时间按 4h 考虑。经沉淀后的上清液由穿孔管收集重力流入回收水池，污泥汇集到池底集泥坑内，通过脱水车间内的螺杆泵加压送入脱水车间二层的离心脱水机进行脱水。

（3）污泥脱水车间。污泥脱水车间为两层建筑，建筑面积为 432m²，平面尺寸为 $B×L$=18.0m×12.0m；内设螺杆泵房、控制室、加药间、脱水机房和车库，其中加药间和脱水机房设在车间二层。

汇集在污泥浓缩池集泥坑中的污泥，由脱水车间内的螺杆泵输送至车间二层的离心脱水机进行泥水分离，进入污泥脱水车间的污泥含水率为 98%，最终出泥含水率为 75%，每日污泥干重为 1.38t。分离后的污泥直接落入停放在一层车库内的货车中，定期外运填埋；分离液由于含有药剂，须经厂区内雨水管线排放。

脱水机选用 2 台离心脱水机，一用一备，因为离心脱水机能够连续工作，停机时仅需少量清水进行冲洗，而且它占地较小，单位出泥量的能耗也较小。脱水机型号为 LW 520W 型，功率 N=90kW。螺杆泵为 EH 1900 型 2 台，一用一备，流量 Q=35.0m³/h，扬程 H=20.0m，功率 N=7.5kW。加药间内设加药设备一套，为 JYW-1200 型，容积 V=1.3m，材质为环氧玻璃钢，溶液浓度为 10%~20%。加药采用 ZJ 型计量泵二台，一用一备，单台流量 Q=5~125L/h，工作压力 P=（16~6）×105Pa，功率 N=3.0kW。药剂直接加在脱水机前的进泥管路上，整套加药设备安装在车间二层。

（4）回收水池。回收水池接收污泥浓缩池分离出的上清液，回收水池有效容积为 180m³，平面尺寸为 $B×L×H$=9.0m×9.0m×3.0m，钢筋混凝土矩形水池，有效水深为 2.5m。水池内设 200 JYWQ 250-15-18.5 型潜水排污泵 2 台，一用一备，将上清液均匀送至净水车间内的跌水曝气池进行再处理。

9.4.3　出水水质分析

示范工程从 2012 年 4 月 20 日运行调试，至 2012 年 12 月底出水水质基本稳定，历时 9 个月。滤池滤速由调试初期的 0.5m/h 逐步提高至后期的 3.5m/h，反冲洗强度也由最初的 10L/（s·m²）、5min，增至后期的 15L/（s·m²）、8min，反冲洗效果有所增强。

在运行调试过程中以铁、锰、浊度三个水质指标作为调试期间的主要水质参数，以滤速、反冲洗强度、反冲洗时间作为滤池的主要运行参数，使滤池经历了从初期高效去除铁锰等有机物的菌剂培养、驯化，到后期的生长、稳定的过程。

图 9.25～图 9.27 是示范工程出水中铁、锰、浊度的变化曲线。

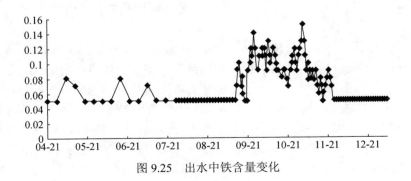

图 9.25　出水中铁含量变化

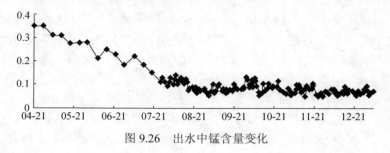

图 9.26　出水中锰含量变化

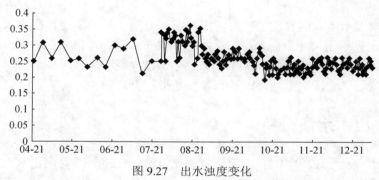

图 9.27　出水浊度变化

在系统启动初期,由于滤池中的微生物处于适应期,活性低,对滤料的吸附能力弱,不易固定,处于细菌生长过程中的延滞期。因此,此时需保持在低滤速及低反冲洗强度下运行,以免造成接种的具有高效降解铁锰能力的菌剂流失。此时设定主要参数为:滤速为 0.5m/h,反冲洗强度 10L/(s·m²),反冲洗时间为 5min。因为微生物处于适应期,对水中铁、锰及浊度的去除以物理吸附为主,由于原水中浊度及铁含量不高,所以出水中铁及浊度的含量也较低,偶有波动,但幅度较小;但对于锰离子来讲,单纯的物理吸附对其去除不明显,可能是由于启动初期地下水温度较低,除锰菌数量较少,除锰效率不高,使系统运行初期锰的去除率较低,此时出水中锰含量偏高。对于出水水质检测频率要求不高,每周检测一次。

待系统初步稳定后,将滤速提高至 1.0m/h,反冲洗强度及时间保持不变,此时出水水质变化不明显。随着运行时间的延长,滤池中滤料吸附的铁、锰逐渐增多的同时,附着于滤料的具有高效降解能力的微生物细菌也由最初的适应期进入生长期,出水中锰含量逐渐降低。当系统运行至 7 月 27 日时,锰含量开始接近国家标准(0.1mg/L)时,增大滤速至 2m/h,此时加大检测频率,对三项指标进行日检。当滤速增大至 2.5m/h 后,由于滤速加快,出水浊度略有升高。此时增大反冲洗强度,以加强反冲洗效果。经过连续 14d 的运行,出水浊度下降至 0.3NTU以下,此后出水浊度趋于稳定。

系统运行至 8 月中旬时,特别是 9 月底以后,由于除锰菌的生长繁殖,已处于稳定期,此时对锰的去除率较高,出水中锰含量降至 0.1mg/L 以下,虽有波动,但基本满足《生活饮用水卫生标准》的要求。

系统对铁的去除在 9 月至 11 月之间有较大的波动,由最初的小于 0.05mg/L,升高至 0.1mg/L,甚至达到 0.14mg/L。这可能是因为在系统运行初期,以物理吸附为主,使对铁的去除率较高,当滤池中铁含量吸附达到一定程度后,接近饱和,导致出水铁含量升高,但此时除铁细菌也处于快速的生长期,经过两个月的生长,已可将水中过量的铁去除,并使出水水质稳定,满足《生活饮用水卫生标准》的要求。经过半年多的调试试运行,示范工程已稳定运行,出水水质指标满足水质要求。

9.5　本 章 小 结

1. 中试试验基地设在沈阳市第一水厂,工艺为跌水曝气-生物强化过滤。中试装置采用第一水厂地下水源水作为原水。

2. 跌水曝气-生物强化滤池工艺从 2011 年 11 月 13 号开始运行,到 2012 年 12 月中旬结束,共 360 天左右,并固定化工艺参数。

(1) 跌水曝气-生物接触过滤工艺在低滤速下,同时处理低铁高锰高氨氮低 COD_{Mn} 地下水是可行的。铁浓度和 COD_{Mn} 能在 3m/h 滤速下快速稳定达标,其中出水铁低于 0.1mg/L,出水 COD_{Mn} 为 1.5mg/L 左右。锰在 1～1.5m/h 滤速下能出水达标,滤速提高至 3m/h 时,出水浓度升至 0.74mg/L,已严重超标。氨氮在 1～3m/h 滤速下都能达标,但 3m/h 时,出水浓度最高已达到 0.45mg/L,接近限值。同步处理铁、锰、氨氮和 COD_{Mn} 时,锰的去除是能否同步去除的关键。

(2) 氨氮与锰可以在空间上同步去除,前者对生物除锰并没有直接抑制,其影响主要表现在对溶解氧的争夺。锰和氨氮在滤罐的高效去除空间很大部分重合,1m/h 的滤速下,锰去除空间为 10～110cm,氨氮为 0～110cm,3m/h 滤速下,二者去除空间下移至 40～150cm。

(3) 同步处理铁、锰、氨氮和 COD_{Mn} 时,溶解氧的作用至关重要,尤其是滤层中下部的溶解氧不足,滤速为 3m/h 时,出水溶解氧仅 0.54mg/L,严重制约锰的去除效果。若要改善净水效果或提高滤速,必须增加曝气量或者采取其他效率更高的曝气方式变相增加曝气量,如增加滤层厚度并分阶段曝气、两级曝气接触过滤、滤层底部也设曝气头等。

(4) 接种复配优势菌种组合的滤罐,滤料成熟期明显缩短,从正常 60～70 天,缩短到 40～50 天。各类细菌在刚刚接种到滤料表面几天内就表现出较高的活性,去除效果迅速提高,附着在滤料表面上的微生物繁殖迅速,到启动 40 天时,平均总菌数、平均除锰菌总数及除氨氮细菌 MNP 数,分别达到 $2.1×10^6$ 个/g 滤料、$1.2×10^6$ 个/g 滤料及 $1.37×10^6$ 个/g 滤料,标志着滤料的生物除铁、锰、氨氮机制已经形成。

3. 通过对跌水曝气-生物强化滤池工艺中试技术经济分析得到工艺的投资估价为 0.2722 元/（m^3/d）。

4. 示范工程为翟家水源水质改造工程一期工程，即在翟家水源预留场地建设处理设施规模为 5 万 m^3/d。一期工程净水车间分为 I、II 两个系列，每个系列处理规模为 2.5 万 m^3/d。示范工程从 2012 年 4 月 20 日运行调试，至 2012 年 12 月底出水水质基本稳定，历时 9 个月。经过半年多的调试试运行，示范工程已稳定运行，出水水质指标满足水质要求。

参 考 文 献

阿力亚·马那提. 2011. 水中氯化物测定的分析方法研究. 新疆农业科技，（3）：24-25.

安娜，傅金祥，张丹丹. 2006. 除铁除锰菌的分离及其氧化性能的实验. 沈阳建筑大学学报（自然科学版），22（6）：989-994.

蔡宏道，鲁生业编. 1990. 环境医学. 北京：中国环境科学出版社.

蔡龙炎，李颖，郑子航，等. 2010. 我国湖泊系统氮磷时空变化及对富营养化影响研究. 地球与环境，38（2）：235-241.

蔡言安，李冬，曾辉平，等. 2014. 生物滤池净化含铁锰高氨氮地下水试验研究. 中国环境科学，34（8）：1993-1997.

曹国栋，黄国贤，黄明珠，等. 2007. 膜过滤技术在集中式供水中的应用. 城镇供水，（06）：19-22.

曹国栋，黄国贤，黄明珠，等. 2008. 膜技术在集中式供水中的应用研究. 全国污水深度处理研究会二○○七年年会.

常海庆，梁恒，高伟，等. 2012. 东营南郊净水厂超滤膜示范工程的设计和运行经验简介. 给水排水，38（6）：9-13.

陈华进. 2005. 高浓度含氰废水处理. 南京：南京工业大学硕士学位论文.

陈建耀，王亚，张洪波，等. 2006. 地下水硝酸盐污染研究综述. 地理科学进展，（01）：34-44.

陈杰，袁宵，施林伟，等. 2015. 超滤膜技术在给水厂中的应用进展//中国土木工程学会水工业分会给水深度处理研究会 2015 年年会.

陈林，许龙，樊华青. 2008. 新版《生活饮用水卫生标准》与《城市供水水质标准》的比较. 江西化工，（3）：175-179.

陈宇辉，余健，谢水波. 2003. 地下水除铁除锰研究的问题与发展. 工业用水与废水，34（3）：1-4.

陈越，高会艳. 2008. 臭氧和高锰酸钾预氧化处理低温低浊微污染水源水的性能比较. 辽宁化工，37（8）：541-542.

楚文海，高乃云，赵世嘏，等. 2009. Fe/Cu 催化还原去除饮用水中消毒副产物三氯乙酸. 同济大学学报（自然科学版），37（10）：1355-1359.

崔玉川，刘振江，刘婷. 2006. 对我国饮用水水质标准及其建设的几点建议. 给水排水，32（11）：112-114.

但德忠，陈维果. 2008. 我国饮用水卫生标准的变革及特点. 中国给水排水. 8（16）：99-104.

董秉直，曹达文，熊毅，等. 2003. UF 膜与混凝剂联用处理淮河水的中试研究. 给水排水，29（7）：32-34.

董新姣，邱叶蔚. 2007. 固定化细菌降解氰化物培养条件的研究. 水处理技术，33（2）：50-53.

段晓东，宋立新，杨宏，等. 2010. Rhodococcus sp-1 的 Mn^{2+} 生物去除能力及诱导特性. 北京工业大学学报，36（2）：245-249.

鄂学礼，凌波. 2004. 饮用水深度净化与水质处理器. 北京：化学工业出版社.

范懋功. 1988. 地下水除铁除锰和脱氮作用的关系. 中国给水排水，（2）：62.

方磊，张士乔，张燕，等. 2011. 组合工艺对高氨氮污染河网原水去除效能研究. 哈尔滨商业大学学报（自然科学版），27（1）：29-32.

傅金祥，卢善文，曲明，等. 2015. 正交试验设计方法在微絮凝-超滤膜系统设计中的应用. 沈阳建筑大学学报，31（02）：351-357.

高斌，刘玉春，王旭宁，等. 2002. 投加高锰酸钾、氯气去除水中锰. 中国给水排水，18（12）：87-88.

高洪振，孙大朋，张瑞青. 2009. 超滤膜组合工艺深度处理饮用水. 科技信息，（20）：609-611.

高洁，张杰. 2003. 地下水除铁除锰技术研究. 哈尔滨商业大学学报（自然科学版），19（5）：546-549.

高乃云，徐迪民. 2000. 氧化铁涂层砂改性滤料除氟性能研究. 中国给水排水，16（1）：1-4.

郜玉楠，傅金祥，高国伟，等. 2013. 生物增强技术净化含铁、锰、氨氮微污染地下水. 中国给水排水，29（21）：11-14.

郜玉楠，周东旭，于鹏飞，等. 2014. 大伙房汛期高浊污染二次絮凝超滤工艺研究. 水处理技术，40（10）：116-119.

GB 5749—2006 生活饮用水卫生标准.

顾庆龙. 2007. 次氯酸钠氧化法脱除二级生化出水中氨氮的中试研究. 环境科学与管理. 32（12）：91-99-1147.

顾宇人，曹林春，陈春圣，等. 2010. 超滤膜法短流程工艺在南通市芦泾水厂提标改造工程中的应用. 给水排水，36（11）：9-15.

关晓辉，周玉玲，王子闯，等. 2011. 成熟锰砂表面细菌的分离及其氧化铁锰能力. 环境科学，32（1）：125-129.

桂学明，李伟英，赵勇，等. 2011. 氧化预处理延缓超滤膜污染试验研究. 水处理技术，37（2）：102-105.

郭照冰，郑正，郑有飞. 2007. 饮用水中三种痕量卤代甲烷的超声辐照处理. 大气科学学报，30（5）：710-714.

华佳，张林生. 2009. 我国生活饮用水水质标准的现状及探讨. 给水排水，24（2）：10-11.

郝阳，孙殿军，魏红联，等. 2002. 中国大陆地方性氟中毒防治动态与现状分析. 中华地方病学杂志，（01）：66-71.

何文杰，胡建坤，卜建伟. 2010. 超滤膜技术在市政供水行业的工程应用. 给水排水，36（6）：9-13.

胡海修，孔繁钰，吴爱兵，等. 2003. 中空纤维超滤膜净化长江水的试验研究//全国环境模拟与污染控制学术研讨会.

胡丽娟，周琪. 2005. 活化沸石的饮用水除氟工艺研究. 净水技术，24（3）：15-18.

黄廷林. 2002. 水工艺设备基础. 北京: 中国建筑工业出版社.

姜安玺, 高洁, 王化云, 等. 2007. 水中腐植酸的光催化氧化研究. 腐殖酸, (02): 46.

金银龙. 2007. GB 5749—2006 生活饮用水卫生标准释义. 中国标准出版社.

康华, 何文杰, 王胜江, 等. 2008. PVDF 膜污染及清洗试验研究. 给水排水, 34 (4): 12-16.

李冬, 张杰, 王洪涛, 等. 2007. 除铁除锰生物滤层内铁的氧化去除机制探讨. 哈尔滨工业大学学报, 39 (8): 1323-1326.

李圭白, 杜星, 余华荣, 等. 2016. 关于创新与地下水除铁除锰技术发展的若干思考. 给水排水, (8): 9-16.

李圭白, 杨艳玲. 2007. 超滤——第三代城市饮用水净化工艺的核心技术. 供水技术, 1 (1): 1-3.

李圭白. 1983. 地下水除铁技术的若干新发展、建筑技术通讯 (给水排水), (03): 19-21.

李贵荣, 肖举强, 于连群. 1994. 新型降氟材料——活化沸石. 水处理技术, (03): 173-176.

李海鹏, 王志芳, 武其学. 2009. 不同酸改性沸石吸附水中氨氮的试验研究. 山东建筑大学学报, 24 (03): 195-197+202.

李继震, 于文举, 王志军, 等. 2000. 曝气—石灰碱化法除铁除锰、降低水的硬度和溶解性总固体含量的研究. 给水排水, (04): 12-13+2.

李攀岳. 2009. 超滤膜在农村饮水安全工程中的应用. 中国水利, (05): 60+59.

李学强, 武道吉, 孙伟, 等. 2009. 臭氧/过滤/活性炭工艺深度处理污水厂二级出水. 中国给水排水, 25 (15): 73-75.

李学森. 2015. 凌河流域水资源现状及保护措施. 水土保持应用技术, (3): 36-37.

李卓文, 龙银慧. 2008. 低温低浊水处理. 轻工科技, (4) 77-79.

梁晓芳, 王银叶, 张晓艳, 等. 2009. 氯化钠改性沸石对饮用水中低浓度氨氮的吸附性能分析. 天津城市建设学院学报, 15 (04): 285-288+300.

刘德明, 徐爱军. 1994. 地下水除锰机理研究. 给水与废水国际会议论文集. 北京: 中国建筑工业出版社.

刘德明, 徐爱军. 1994. 地下水除锰机理研究//结水与废冰处理国际会议.

刘通, 闫刚, 姚立荣, 等. 2011. 沸石的改性及其对水源水中氨氮去除的研究. 水文地质工程地质, 38 (2): 97-101.

刘晓园. 1989. 饮用水除氟技术的发展及应用. (06): 31-35.

刘晓晨, 孙占祥. 2008. 地下水硝态氮污染现状及研究进展. 辽宁农业科学, (05): 41-45.

刘玉兵, 李明玉, 张煜, 等. 2011. 高铁酸钾去除微污染水源水中氰化物的试验研究. 化学通报, 74 (2): 178-183.

陆彩霞. 2009. 氢自养反应器去除饮用水中高浓度硝酸盐的研究. 天津大学.

卢耀如. 2013. 建设生态文明保护地下水资源促进可持续开发利用 (代序)//全国地下水污染学术研讨会, 129-130.

陆彩霞. 2010. 氢自养反应器去除饮用水中高浓度硝酸盐的研究. 天津大学.

吕亚娟, 白林, 严子春. 2010. 活性氧化镁除氟条件的研究. 甘肃高师学报, 15 (5): 22-24.

马维超, 马军, 刘芳. 2009. 高铁酸钾预氧化强化混凝工艺对污水深度处理效果的影响. 水处理技术, 35 (10): 66-69.

毛大庆. 1998. 生物法除铁除锰的试验研究. 哈尔滨: 哈尔滨建筑大学硕士学位论文.

孟广祯, 王黎明, 李华友, 等. 2011. 超滤膜处理黄河水工程实例. 膜科学与技术, 31 (03): 247-250.

彭敏. 2011. 粉末活性炭吸附水中四氯化碳试验研究. 供水技术, 5 (2): 18-20.

任雅瑾. 2008. 膜分离技术在中药生产中的应用. 中华实用医药杂志.

沈辉. 2005. 盐池地区地下水中氟的来源和富集规律研究. 中国地质科学院.

王德明. 1990. 水文地球化学基础. 地质出版社.

舒坦. 2012. 聚硅酸铝铁混凝处理微污染含藻水试验研究. 哈尔滨: 哈尔滨工业大学硕士学位论文.

苏尧成. 2000. 氰化物与欧洲环境灾难. 中学化学教学参考, (22):124-125.

孙立成. 1984. 电凝聚法饮用水除氟的研究. 水处理技术, 10 (02): 17-22.

孙兴滨, 席承菊. 2008. 改性沸石的除氟性能研究. 哈尔滨商业大学学报(自然科学版), 24 (5): 534-542.

唐锦涛, 曾凡勇, 罗彬. 1990. 萤石矿高氟废水处理. 环境化学, (03): 20-24.

唐文伟, 肖耀明, 郝西平, 等. 2009. 生物法去除地下水中铁锰的研究进展. 工业用水与废水, 40 (6): 14-17.

唐玉兰, 和娟娟, 武卫斌. 2011. 曝气生物滤池同步去除铁锰和氨氮. 化工学报, 62 (3): 792-796.

仝重臣. 2012. 饮用水氯消毒副产物三卤甲烷生成影响因素研究. 天津: 天津城市建设学院硕士学位论文.

瓦尔德博特 G L. 1984. 环境污染物对人体健康的影响. 北京: 人民卫生出版社.

汪浩, 许长流. 2009. 澳门气浮和超滤水厂的运行经验. 第八届深港珠澳供水界学术交流讨论会资料集.

王凤鸣, 王东. 1996. 含氟饮矿泉水中氟的净化工艺研究. 水处理技术, (04): 43-46.

王桂荣, 张建军. 2010. 低温低浊水处理工艺研究. 山西建筑, 36 (23): 198-199.

王海波. 2011. 骨炭去除原水中氟的研究. 昆明: 昆明理工大学硕士学位论文.

王健, 陆少鸣. 2009. 突发性水污染事件中氰化物的去除研究. 水处理技术, 35 (3): 27-30.

王捷, 张宏伟, 贾辉, 等. 2005. 预处理技术在膜饮用水处理中的研究进展. 天津工业大学学报, (05): 104-110.

王娟珍, 薛长安, 王志勇, 等. 2013. 高锰酸钾应用于地下水除铁锰试验研究与探讨. 城镇供水, (3): 78-80.

王云波, 廖天鸣. 2012. 沸石处理农村高铁锰地下水的改性研究. 水科学与工程技术, (4): 1-3.

王云波, 谭万春. 2008. 沸石用于农村高氟废水处理研究. 中国农村水利水电, (6): 29-31.

王占金, 贾瑞宝, 于衍真, 等. 2010. 气浮/超滤组合工艺处理微污染高藻原水. 中国给水排水, 26 (11): 133-135+138.

王占生, 刘文君. 1999. 微污染水源饮用水处理. 北京: 中国建筑工业出版社.

吴王锁, 岳延盛, 许君政. 1993. 含氟饮用水降氟的简便方法及机理. 水处理技术, (02): 42-45.

吴正淮. 1994. 地下水除铁除锰机理的革新与应用. 给水排水, 20 (1): 5-8+14-3.

邢占军, 吕喜胜. 2009. 水源地水库水质富营养化的综合防治措施. 山东农业科学, (10): 115-117.

徐叶琴, 谭奇峰, 李东平, 等. 2012. 肇庆高新区水厂超滤膜法升级提标改造示范工程. 供水技术, 6 (5): 44-47.

许保玖. 2000. 给水处理理论. 北京: 中国建筑工业出版社.

许景寒, 瞿东惠, 杨文平. 2013. 微波加热酸、碱、盐改性沸石对亚铁离子的吸附研究. 化学与生物工程, 30 (9): 65-67.

许振良. 2001. 膜法水处理技术. 北京: 化学工业出版社.

闫英桃, 刘建. 2007. 含铁分子筛从含氟水中深度分离除氟研究. 陕西理工学院院报, (03): 80-82+90.

严群, 唐美香, 余洋. 2011. 低温低浊水处理技术研究进展. 有色金属科学与工程, 2 (4): 45-48.

杨宏, 李冬, 张杰. 2003. 生物固锰除锰机理与生物除铁除锰技术. 中国给水排水, 19 (6): 1-5.

杨惠银, 唐朝春. 2007. 沸石改性及其吸附去除水中铁锰的实验研究. 江西化工, (4): 85-87.

杨维, 王泳, 郭毓, 等. 2008. 地下水中铁锰对氮转化影响的实验研究. 沈阳建筑大学学报, 24 (2): 286-290.

杨勇. 2012. UF 短流程工艺处理寒冷地区水库水的试验研究. 沈阳: 沈阳建筑大学硕士学位论文.

姚宝书, 曹希洪. 1982. 饮水除氟. 环境科学丛刊, (06): 47-52.

叶辉, 许建华. 2000. 饮用水中的氨氮问题. 给水排水, (11): 31-34.

俞潇婷, 王琳, 张仁熙. 2010. 活性炭吸附法去除饮用水中溴酸根离子的研究.//上海市化学化工学会. 2010 年度学术年会.

袁德玉, 杨开, 张荣勇, 等. 2005. 高锰酸钾预处理微污染地表水研究. 中国给水排水, (02): 59-60.

袁力, 汪彩文. 2008. 高锰酸盐预氧化强化去除湖区地下水中铁锰试验研究. 西南给排水, (3): 15-17.

曾辉平, 李冬, 高源涛, 等. 2010. 高铁高锰高氨氮地下水的两级净化研究. 中国给水排水, 26 (11): 142-144

瞿旭, 陈忠林, 刘小为. 2010. 臭氧氧化去除饮用水消毒副产物二氯乙酸. 中国给水排水, 26 (11): 139-141.

瞿旭. 2010. 纳米 ZnO 催化臭氧氧化去除饮用水中二氯乙酸的效能与机理. 哈尔滨: 哈尔滨工业大学博士学位论文.

张吉库, 傅金祥, 周华斌, 等. 2003. 地下水除铁除锰技术与发展趋势. 沈阳建筑工程学院学报 (自然科学版), (03): 212-214.

张建锋, 罗宁, 王晓昌. 2009. 地下水除铁除锰与同步降氟技术分析. 中国农村水利水电, (05):

10-11+14.

张建锋, 魏宁, 王晓昌. 2007. 改性滤料氟吸附性能对比研究. 西安建筑科技大学学报, (06): 850-855.

张建锋, 张苑茹, 王晓昌. 2008. 氧化锰涂层活性氧化铝除氟性能研究. 水处理技术, 34 (02): 38-40+53.

张杰, 戴镇生. 1996. 地下水除铁除锰现代观. 给水排水, 22 (10): 13-16+3-4.

张杰, 戴镇生. 1997a. 地下水除铁工艺与适用条件. 给水排水, 23 (02): 5-9.

张杰, 戴镇生. 1997b. 强氧化剂除锰原理与应用. 给水排水, 22 (03): 16-18.

张杰, 戴镇生. 2003. 地下水除铁除锰现代观. 给水排水, 22 (10): 13-16.

张杰, 李冬, 陈立学. 2005. 地下水除铁除锰机理与技术的变革. 自然科学进展, 15 (04): 51-56.

张杰, 李冬, 杨宏. 2005. 生物固锰除锰机理与工程技术. 北京: 中国建筑出版社.

张杰, 杨宏, 李冬, 等. 2001. 生物滤层中 Fe^{2+} 的作用及对除锰的影响. 中国给水排水, 17 (09): 14-16.

张杰, 曾辉平, 李冬, 等. 2007. 维系生物除铁除锰滤池持续除锰能力的研究. 中国给水排水, 23 (03): 1-4.

张杰. 2005. 生物固锰除锰机理与工程技术. 北京: 中国建筑工业出版社.

张晶. 2011. 饮用水中氯化氰检测: 以异烟酸-巴比妥酸分光光度法为例. 山西科技, 26 (03): 106-107.

张俊刚, 郭翠. 2000. 微生物法地下水除锰经验点滴. 黑龙江环境通报, 24 (02): 86-87.

张莉平, 习晋. 2006. 特殊水质处理技术. 北京: 化学工业出版社.

张宁吓. 2010. 我国饮用水水质标准发展与国际标准的对比. 山西建筑, 36 (34): 175-176.

张晓云. 2000. 罗马尼亚奥鲁尔 (Aurul) 金矿尾矿坝的泄漏. 现代矿业, (13): 22.

张自杰, 林荣忱, 金儒霖. 2006. 排水工程 (下册). 4 版. 北京: 中国建筑工业出版社.

张自杰. 2000. 排水工程. 北京: 中国建筑工业出版社.

赵吉昌, 高克权. 2004. 氰化钠泄漏污染调查及治理方案技术分析. 化工环保, 24 (05): 355-357.

赵丽军, 孙玉富, 于光前, 等. 2011. 评价地方性氟中毒防控效果的唯一标准——地方性氟中毒病区控制标准 (GB 17017—2010) 解读. 中国卫生标准管理, 2 (02): 37-40.

赵亮, 李星, 杨艳玲. 2009. 臭氧预氧化技术在在给水处理中的研究进展. 供水工程, 3 (04): 6-10.

赵新华, 张亚雷, 褚华强, 等. 2017. 中空纤维纳滤膜在水处理中的应用研究综述. 净水技术, 36 (01): 14-21.

赵雪莲, 翟东会, 王凯. 2011. 超滤膜技术在自来水处理中的研究与应用进展. 北京水务, (06): 41-45.

赵焱, 李冬. 2009. 高效生物除铁除锰工程菌 MSB-4 的特性研究. 中国给水排水, 25 (01): 40-44.

赵玉华, 常启雷, 李妍, 等. 2009. NaOH 改性沸石吸附地下水中铁锰效能研究. 辽宁化工, 38 (12): 857-860.

赵玉华, 李妍, 刘芳蕊, 等. 2011. 有机物与氨氮污染对含铁锰地下水接触氧化过滤的影响. 沈阳建筑大学学报（自然科学版），27（04）：746-750.

赵玉华，闫谞，程洁，等.2014. 三级过滤对复合型微污染地下水净化效能研究. 沈阳建筑大学学报（自然科学版），30（03）：536-541.

郑俊，吴浩汀.2005. 曝气生物滤池工艺的理论与工程应用. 北京：化学工业出版社.

郑全兴.2010. 饮用水处理过程中对藻类的控制研究. 中国给水排水，26（17）：98-100.

郑思鑫.2010. 臭氧/生物沸石处理湘江微污染水试验研究. 长沙：长沙理工大学硕士学位论文.

中国人民共和国卫生部，中国国家标准化管理委员会.2007. GB/T 5749—2006 生活饮用水水质标准. 北京：中国标准出版社.

中国市政东北设计院等.1986.生物固锰除锰技术研究技术报告.

佚名.1989. 活性氧化铝除氟研究.（3）：4-9.

朱莹，陈听.2008. 新旧《生活饮用水卫生标准》常规指标标准限值及检验方法的对比. 环境与职业医学，25（05）：510-512.

祝丹丹，苏喆，康雅，等.2010. 二氧化氯预氧化处理微污染黄河水的中试研究. 给水排水，36（5）：28-30.

宗子翔，郜玉楠，傅金祥.2015. 基于超滤工艺的大伙房水源季节性特征污染集成技术研究. 水处理技术，41（11）：96-99.

邹纯静，杨铁金，巩丽虹.2006. 混合氧化法对模拟地下水中锰的去除研究. 高师理科学刊，26（4）：48-50.

Akcila. 2003. Destruction of cyanide in gold mill effluents: biological versus chemical treatment. Biotechnology Advances，21（6）：501-511.

Amini M，Mueller K，Abbaspour K C，et al. 2008. Statistical modeling of global geogenic fluoride contamination in groundwater. Environmental Science and Technology，42（10）：3662-3668.

Araby R E，Hawash S，Diwani G E. 2009. Treatment of iron and manganese in simulated groundwater via ozone technology. Desalination，249（3）：1345-1349

Bansiwal A，Pillewan P，Biniwale R B，et al. 2010. Copper oxide incorporated mesoporous alumina for defluoridation of drinking water. Microporous Mesoporous Mater，129（1）：54-61.

Bordoloi S，Nath S K，Dutta R K，et al. 2011. Iron ion removal from groundwater using bananaash，carbonates and bicarbonates of Na and K，and their mixtures. Desalination，281：190-198.

Bouwer E J，Croue P B. 1998. Biological processes in drinking water treatment. Journal AWWA，80（9）：82-93.

Bray R，Olanczuk-Neyman K. 2001. The influence of changes in groundwater composition on the efficiency of manganese and ammonia nitrogen removal on mature quartz and filtering beds. Water Science and Technology，1（2）：91-98.

Camacho L M，Torres A，Saha D，et al. 2010. Adsorption equilibrium and kinetics of fluoride on sol–gel-derived activated alumina adsorbents. Journal of Colloid and Interface Science.，349（1）：307-313.

Christensen M. 2005. Microfiltration and Ultrafiltration Membranes for Drinking Water . Denver, Colo: AWWA.

Daifullah A A M，Yakout S M，Elreefy S A. 2007. Adsorption of fluoride in aqueous solutions using $KMnO_4$ -modified activated carbon derived from steam pyrolysis of rice straw. Journal of Hazardous Materials，147: 633-643.

Emerson D. 2000. Microbial Oxidation of Fe and Mn at Circumneutral pH. Environmental Microbe-Metal Interactions，Washington. D. C. 31-52.

Fang M A，Yang H Y，Wang H Y. 2006. Immobilization biological activated carbon used in advanced drinking water treatment. Journal of Harbin Institute of Technology(New Series)，13(6): 678-682.

Fang M A，Shi S，Yang J. 2000. Study on formation of immobilized BAC and function. Journal of Harbin University of Civil Engineering and Architecture.

Frischherz H，Zibuschka F，Jung H，et al. 1985. Biological elimination of iron and manganese. Wat. Supply，3: 207-221.

Gere A R. 1997. Microfiltration operating costs. Journal，89 （10）: 40-49.

Ghorai S，Pant K K. 2004. Investigations on the column performance of fluoride adsorption by activated alumina in a fixed-bed. Chemical Engineering Journal，98 （1-2）: 165-173.

Ghorai，Pant K K. 2005. Equilibrium，kinetics and breakthrough studies for adsorption of fluoride on activated alumina. Separation and Purification Technology，42 （3）: 265-271.

Gijsbertsen-Abrahamse A，Schmidt W，Chorus I，et al. 2006. Removal of cyanotoxins by ultrafiltration and nanofiltration. Journal of Membrane Science，276 （1-2）: 252-259.

Giridhar U，Jackson J，Clancy T M ，et al. 2010. Simultaneous removal of nitrate and arsenic from drinking water sources utilizing a fixed-bed bioreactor system. Water Research，44 （17）: 4958-4969.

Gosselin R J，Smith R O. 1984. Clinical toxicology of commercial products 5th ed. Baltimore，MD: Williams and Wikins: 185-193.

Gouzinis A，Kosmidins，Vayenas D，et al. 1998. Remoal of Mn and simultaneous removal of NH_3，Fe and Mn from potable water using a tricking filter. Water Research，32 （8）: 2442-2450.

Grabinska-Loniewska A，Perchuc M，Kornilowicz-Kowalska T. 2004. Biocenosis of BACFS used for groundwater treatment. Water Resertch，38: 1695-1706.

Harma V K. 2007. Disinfection performance of Fe （Ⅵ） in water and wastewater : a review. Water Science and Technology，55 （1－2）: 225-232.

Hsu B，Huang C，Rushing-Pan J. 2001. Filtration behaviors of giardia and cryptosporidium - ionic strength and pH effect. Water Resources，35 （16）: 3777-3782.

Jia R，Zhang X，Zhang W，et al. 2003. Fluctuation of microcystins in water plant. Journal of Environmental Science and Health，38 （12）: 2867-2875.

Jo C H，Dietrich A M，Tanko，et al. 2011. Simultaneous degradation of disinfection byproducts and earthy-musty odorants by the UV/H$_2$O$_2$ advanced oxidation process. Water Research，45（8）：2507-2516.

Keisuke I，Mohamed G E，Shane A S. 2008. Ozonation and advanced oxidation treatment of emerging organic pollutants in water and wastewater. Ozone: Science and Engineering，30（1）21-26.

Kifer R R，Payne W L，Ambrose M E. 1969. Selenium content of fish meals. Ⅱ. Feedstuffs，24-25.

Kim H S，Hwang S J，Shin J K，et al. 2007. Effects of limiting nutrients and N: P ratios on the phytoplankton growth in ashallow hypertrophic reservoir. Hydrobiologia，589（1）：317-317.

Ku Y，Chiou H M. 2002. The adsorption of fluoride ion from aqueous solution by activated alumina. Water Air Soil Pollut，133（1-4）：349-361.

Lau T K，Chu W，Graham N. 2007. Reaction pathways and kinetics of butylated hydroxyanisole with UV，ozonation，and UV / O$_3$ processes. Water Research，41（4）：765-774.

Li Dong，Zhang Jie，Yang Hong，et al. ，2004. Application of biologic al removal of iron and manganese from groundwa-ter treatment plant . China Water and Wastewater，20（12）：85-88.

Listed N. 1988 Vited states Environmental Protection Agency Office of Drinking Water Health. Advisories. Reviews of Environmental lontamination & Toxicology，104（1）：115-118.

Ma Y，Wang S G，Fan M，et al. 2009. Characteristics and defluoridation performance of granular activated carbons coated with manganese oxides. Journal of Hazardous Materials，168（2-3）：1140-1146.

Maliyekkal S M ，Shukla S，Philip L，et al. 2008. Enhanced fluoride removal from drinking water by magnesia-amended activated alumina granules. Chemical Engineering Journal，140（1-3）：183-192.

Mettler S，Abdelmoula M，Hoehn E，et al. 2001. Characterization of iron and manganese precipitates from an in situ groundwater treatment plant. Groundwater，39（6）：921-930.

Mihee L，Myoung J K. 2010. Effectiveness of potassium ferrate （K$_2$FeO$_4$）for simultaneous removal of heavy metals and natural organic matters from river water. Water Air Soil Pollut，211（1-4）：313-322.

Mjengera H，Mkongo G. 2003. Appropriate deflouridation technology for use in flourotic areas in Tanzania，Physics and Chemistry of the Earth，28（20-27）：1097-1104.

Mouchet P. 1992. From conventional to biological removal of iron and manganese in France. Journal，84（4）：158-167.

Prasenjit Mandal，Chandrajit Balomajumder，Bikash Mohanty. 2007. A laboratory study of the treatment of arsenic，iron，and manganese bearing ground water using Fe^{3+} impregnated activated carbon：effects of shaking time，pH and temperature. Journal of Hazardous Matericus，144：420-426.

Qina J J，Oo M H，Kekrea K A，et al. 2006. Reservoir water treatment using hybrid coagulation ultrafiltraion. Desalination，193（1）：344-349.

Rapala J，Niemela M，Berg K，et al. 2006. Removal of cyanobacteria，cyanotoxins，heterotrpohic bacteria and endotoxins at an operating surface water treatment plant. Water Science and Technology，54（3）：23.

Renneker J，Corona-Vasquez B，Driedger A，et al. 2000. Synergism in sequential disinfection of cryptosporidium parvum. Water Science and Technology，41（7）：47-52.

Rodriguez E，Majado M，Meriluoto J，et al. 2007. Oxidation of microcystins by permanganate: reaction kinetics and implications for water treatment. Water Research，41（1）：102.

Sawada S，Sumida I，Matsumoto K 2001. Membrane filtration of surface water in the presence of ozone. Water Science & Technology Water Supply，1（2）：96-113.

Shang N C，Chen Y H，Ma H W，et al. 2007. Oxidation of methyl methacrylate from semiconductor wastewater by$O_3$and O_3/ UV processes. Journal of Hazardous Materials，147（1）：307-312.

Sharma S K，Kappelhof J，Groenendijk M，et al. 2001. Comparison of physicochemical iron removal mechanisms in filters. Water Supply: Research and Technology Aqua，50（4）：187-198.

Sogaard E G，Aruna R，Abraham-Peskir J. 2001. Conditions for biologiacal precipitation of iron by gallionella ferruginea in a slightly polluted groundwater. Applied. Geochemistry. 16: 1129-1137.

Stenkam V S，Benjamin M M. 1994. Effeetof iron oxide coatingon sand filtration. AWWA，86（8）：37-50.

Sundaram C S，Viswanathan N，Meenakshi S. 2009. Fluoride sorption by nanohydroxyapatite/chitin composite，Journal of Hazardous Materials，172（1）：147-151.

Tamara Stembal，Marinko Markic，Natasa Ribicic. 2005. Removal of ammonia，iron and manganese from groundwaters of northern Croztia—pilot plant studies. Process Biochemistry，40（1）：327-335.

Tekerlekopoulo A G，Vayenas D V. 2007. Ammonia，iron and manganese removel from potable water using trickling filters. Desalination，210（1）：225-235.

Thebault P. 1992. Ultrafiltration in drinking water treatment，long term estimation of operating cost and water quality. Proceedings of the Conference Euromembrane. Paris，（6）：127-132.

Tripathy S S，Bersillon J L，Gopal K. 2006. Removal of fluoride from drinking water by adsorption onto alum-impregnated activated alumina. Separation and Purification Technology，50（3）：310-317.

Viswanathan N，Meenakshi S. 2010. Selective fluoride adsorption by a hydrotalcite/chitosan composite. Applied Clay Science，48（4）：607-611.

Vscsie stenkam Panal Mark M. Benjamin. 1994. Effect of iron oxide coating on sand f: ctration. AWWA，86（8）：37-50.

Listed N. 1988. United States Environmental Protection Agency Office of drinking water health advisories. Reviews of Environmental Contamination and Toxicology，104（1）：115-118.

Wei R，Chen Charles M，Sharpless Karl G，et al. 2006. Treatment of volatile organic chemicals on the EPA contaminant candidate list using ozonation and the O_3/H_2O_2 advanced oxidation process.

Environment Science and Technology，40（8）: 2734-2739.

WHO. 2004. Guidelines for drinking-water quality，World Health Organisation，Geneva.

Zouboulis A I，Katsoyiannis I A. 2002. Removal of Arsenic from Contaminated Groundwater Using Combined Chemical and Biological Treatment Methods. Chemical water and wastewater treatment，London: IWA Publishing.

编　后　记

　　《博士后文库》（以下简称《文库》）是汇集自然科学领域博士后研究人员优秀学术成果的系列丛书。《文库》致力于打造专属于博士后学术创新的旗舰品牌，营造博士后百花齐放的学术氛围，提升博士后优秀成果的学术和社会影响力。

　　《文库》出版资助工作开展以来，得到了全国博士后管委会办公室、中国博士后科学基金会、中国科学院、科学出版社等有关单位领导的大力支持，众多热心博士后事业的专家学者给予积极的建议，工作人员做了大量艰苦细致的工作。在此，我们一并表示感谢！

《博士后文库》编委会